W0268487

Teubner Studienbücher

Becker: **Technische Strömungslehre**
Eine Einführung in die Grundlagen und technischen Anwendungen
der Strömungsmechanik. 2. Auflage. 142 Seiten. DM 11,80

Becker/Piltz: **Übungen zur Technischen Strömungslehre**
120 Seiten. DM 10,80

Bourne/Kendall: **Vektoranalysis**
228 Seiten. DM 15,80

Clegg: **Variationsrechnung**
138 Seiten. DM 12,80

Collatz: **Differentialgleichungen**
Eine Einführung unter besonderer Berücksichtigung
der Anwendungen. 4. Auflage. 226 Seiten. DM 18,80

Françon: **Physik für Biologen, Chemiker und Geologen**
Band 1 208 Seiten. DM 16,80
Band 2 171 Seiten. DM 14,80

Grigorieff: **Numerik gewöhnlicher Differentialgleichungen**
Band 1 Einschrittverfahren. 202 Seiten. DM 12,80
Band 2 Mehrschrittverfahren

Heber/Weber: **Grundlagen der Quantenphysik**
Band 1 Quantenmechanik. VI, 158 Seiten. DM 12,80
Band 2 Quantenfeldtheorie. VI, 178 Seiten. DM 13,80
Vertrieb nur in der BRD und West-Berlin

Hilbert: **Grundlagen der Geometrie**
11. Auflage. VII, 271 Seiten. DM 16,80

Hotz: **Informatik: Rechenanlagen**
Struktur und Entwurf. 136 Seiten. DM 12,80

Fortsetzung 3. Umschlagseite   Preisänderungen vorbehalten

Teubner Studienbücher   Elektrotechnik

W. Leonhard
Statistische Analyse linearer Regelsysteme

Statistische Analyse linearer Regelsysteme

Von Dr.-Ing. W. LEONHARD
o. Professor an der Technischen Universität Braunschweig

1973. Mit 134 Bildern

B. G. Teubner Stuttgart

Prof. Dr.-Ing. Werner Leonhard

Geboren 1926 in Weiden/Oberpfalz. Von 1946
bis 1951 Studium der Elektrotechnik an der
Technischen Hochschule Stuttgart. Von 1951
bis 1954 Mitarbeiter und Assistent am Institut
für Theorie der Elektrotechnik der Technischen
Hochschule Stuttgart (Prof. Dr. W. Bader).
1954 Promotion zum Dr.-Ing. an der Technischen
Hochschule Stuttgart. Von 1954 bis 1958 bei
Westinghouse Electric Corp., Pittsburgh/USA.
Von 1959 bis 1963 bei Siemens-Schuckert-Werke,
Erlangen. Seit 1963 o. Professor für Regelungstechnik an der Technischen Universität Braunschweig.

ISBN 978-3-519-02046-2   ISBN 978-3-322-99746-3 (eBook)
DOI 10.107/978-3-322-99746-3

Umschlaggestaltung: W.Koch, Stuttgart

Vorwort

Die vorliegende Schrift stellt den erweiterten Inhalt einer
Wahlvorlesung über die Anwendung statistischer Verfahren in
der Regelungstechnik dar, die seit mehreren Jahren an der
Technischen Universität Braunschweig gehalten wird. Die Vorlesung beschränkt sich auf die notwendigen Grundlagen; sie
soll den Hörer aber in die Lage versetzen, Anschluß an das
umfangreiche und weitgestreute Schrifttum zu gewinnen. Auswahl und Darstellung des Stoffes erfolgten vorwiegend unter
didaktischen Gesichtspunkten.

Nachdem die Schrift zunächst als Vorlesungsumdruck ausgegeben
worden war, bestand der Wunsch, sie einem weiteren Kreis von
Interessenten zugänglich zu machen, die sich über dieses Arbeitsgebiet informieren wollen, ohne umfangreiche Lehrbücher
oder verstreute Aufsätze mit heterogener Nomenklatur durchar-
beiten zu müssen. Da das Arbeitsgebiet noch stark im Fluß
ist, war es notwendig, eine einfache und kompakte Ausgabeform
zu verwenden; dies führte auf die Wahl eines Studienskriptums.

Für das Verständnis des Stoffes werden besondere Vorkenntnisse
aus der Wahrscheinlichkeitsrechnung und Statistik nicht vorausgesetzt, da - auch im Interesse einer einheitlichen Bezeichnungsweise - die wichtigsten Grundtatsachen in den ersten
Abschnitten kurz erläutert werden, wenn auch ohne Anspruch
auf Vollständigkeit und mathematische Strenge. Aus dem Gebiet
der Regelungstechnik werden Kenntnisse vorausgesetzt, wie sie
in einführenden Vorlesungen oder durch Lehrbücher über lineare
Regelsysteme erworben werden.

An der Entwicklung der Vorlesung hatten über mehrere Jahre
hinweg verschiedene Mitarbeiter Anteil. Besonders hervorheben
möchte ich Herrn Dr. K. Fieger, der die Vorlesung auch zwei
Semester vertretungsweise gehalten hat, sowie Herrn
Dr. P. Pomper. Später haben mich vor allem die Herren

Dipl.-Ing. H. Röhe, H. Langemack, F. Maurer und Dr. H. Schulze unterstützt; zahlreiche Ergänzungen gehen auf ihre Anregungen zurück. Ein Teil der mit dem Digitalrechner ausgeführten Beispiele wurde in Studien- und Diplomarbeiten behandelt,
die in den letzten Jahren am Institut für Regelungstechnik
entstanden sind; darüber hinaus haben die Herren Dipl.-Ing.
H. Hofmeister und W. Dankmeier sowie cand. el. H. Straub und
S. Lingaya verschiedene Beispiele berechnet, die erfahrungs-
gemäß wesentlich zum Verständnis beitragen. Frau H. Haahtela
hat sich bei der Anfertigung der Zeichnungen und
Frau M. Niedner beim Schreiben des Manuskripts viel Mühe gegeben.

Allen Beteiligten möchte ich für ihre Mitwirkung und Unter-
stützung herzlich danken.

W. Leonhard

Inhaltsverzeichnis

Einleitung

Bei der elementaren Analyse und Synthese von Regelsystemen
werden gewöhnlich starke Vereinfachungen getroffen. Dazu ge-
hört z.B. die Annahme, daß das System aus räumlich konzentrierten Übertragungsgliedern besteht, die in bestimmter Weise miteinander gekoppelt sind und auf die an definierten Stellen äußere Kräfte, also Führungs- und Störgrößen, einwirken.
Das Ergebnis einer solchen Idealisierung ist dann ein Blockschaltbild, d.h. ein graphischer Strukturplan, wie er in
Bild 0.1 dargestellt ist.

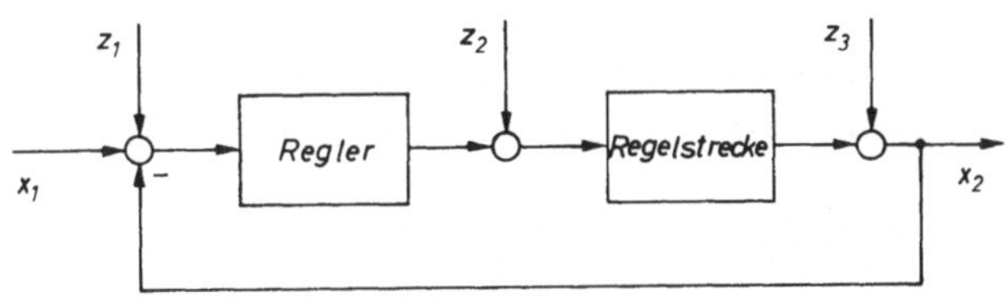

Bild 0.1

Weiterhin wird üblicherweise vereinfachend angenommen, daß
es sich bei den von außen kommenden Anregungen x_1, z_i um bekannte und reproduzierbare Funktionen der Zeit, sogen. deterministische Funktionen, handelt; dazu gehören z.B. Impuls-,
Sprung- oder Anstiegsfunktionen sowie alle Arten periodischer
Anregungen.

Da aber jedes technische Gebilde, auch eine Regelstrecke oder
ein Regler, eine endliche räumliche Ausdehnung hat, ist es
auch der Wirkung verteilter äußerer Störgrößen ausgesetzt,
deren Angriffspunkte häufig nicht lokalisierbar sind; der
zeitliche Verlauf dieser Anregungen ist meistens unbekannt
und nicht reproduzierbar. Anhand einiger Beispiele soll dies
deutlich gemacht werden.

Bei jedem elektronischen Gerät, etwa einem Verstärker, lassen
sich neben den konzentrierten Anregungsgrößen wie Eingangssignal, Versorgungsspannung oder Belastung, zahlreiche verteilte Einflüsse nennen, z.B. Temperatureffekte oder Alterung
bei den verschiedenen aktiven und passiven Bauteilen, ferner
die in den Verstärkerelementen als Rauschen entstehenden oder
als Folge der räumlichen Ausdehnung von außen eingestreuten
Störsignale.

Ähnlich ist es bei der Lageregelung eines Flugzeuges. Hier wirken neben der Belastung, der Flughöhe und der Geschwindigkeit
vor allem der Antriebsschub und die Ruderwinkel als definierte
Parameter bzw. konzentrierte äußere Anregungen. Hinzu kommen
wieder zahlreiche verteilte Einflüsse, z.B. Luftböen, Eisbil-
dung an den Tragflächen, Unterschiede im Schub der Motoren,
Änderungen der Trimmung, Bewegungen der Passagiere usw.

Sehr verwickelte Verhältnisse liegen bei manchen Produktions-
anlagen vor, etwa bei einer Papiermaschine, wo Art und Quali-
tät des erzeugten Produktes zwar in erster Linie durch das
Rohmaterial und dessen Aufbereitung, die Rezeptur für die Zu-
schläge, die Beheizung und die Drehzahlen der verschiedenen
Maschinenabschnitte bestimmt werden, gleichzeitig aber auch
zahllose zusätzliche Einflüsse wirksam sind. Hierzu gehören
feine Unterschiede in der Beschaffenheit und der Aufbereitung
des Holzschliffes, die Abnutzung des Schleifers, der Zustand
des Siebes und der Entwässerungseinrichtungen, Feuchtigkeits-
und Temperaturschwankungen an verschiedenen Stellen des Trok-
kenteiles, Zugänderungen der Papierbahn und viele andere mehr.

Es ist einleuchtend, daß nicht alle diese Einflüsse getrennt
erfaßt werden können; allein der Aufwand an Meßgebern würde
dies verbieten. Im Prinzip ist dies auch gar nicht notwendig,
denn es ist ja gerade der Zweck einer Regelung, Störeinflüsse
ohne Rücksicht auf Ursache und Entstehungsort auszugleichen.
Allerdings ist jede Regelung nur in einem gewissen Frequenzbereich vollständig wirksam, so daß es notwendig sein kann,

die Störgrößen nach Ort der Entstehung und ihrem zeitlichen Verlauf wenigstens pauschal abzuschätzen. Eine genaue Berechnung des Einflusses auf die Regelgröße ist dann natürlich nicht möglich, doch genügt manchmal schon die Angabe eines mittleren Streubereichs der Regelgröße.

Verwandte Probleme bestehen in der Meßtechnik, z.B. wenn es darauf ankommt, ein durch unbekannte Störungen verfälschtes Meßsignal aus dem Störpegel herauszulösen. Als Beispiel sei eine Radarortung genannt, bei der atmosphärische Störungen das Nutzsignal weit überdecken können.

Alle diese Überlegungen führen auf eine statistische Betrachtungsweise von Meß- und Regelsystemen und der in ihnen auftretenden Signale. Früher abgeleitete Kriterien oder Auslegungsgrundsätze werden dadurch natürlich nicht ersetzt, sondern allenfalls ergänzt; bei einem linearen System ist dies auch ohne weiteres einleuchtend, da seine Stabilitäts- und Dämpfungsbedingungen von der Systemstruktur, d.h. der homogenen Differentialgleichung, nicht aber von der speziellen Form der Anregung abhängen.

Die Anwendung statistischer Kriterien erfordert meist einen größeren mathematischen Aufwand als konventionelle Entwurfsverfahren. Auch sind die statistischen Kenngrößen des Nutz- und Störsignals gewöhnlich nicht genau bekannt; sie können oft nur geschätzt werden.

Die Anfänge der statistischen Betrachtung dynamischer Systeme gehen im wesentlichen auf K o l m o g o r o f f |1| und W i e n e r |2| zurück, aus deren Arbeiten sich in den vergangenen Jahrzehnten ein Teilgebiet der Regelungs- und Systemtheorie mit einem fast unübersehbaren Schrifttum entwickelt hat |z.B. 3 - 18|.

Ein Bereich, wo praktisch nur mit statistischen Hilfsmitteln gearbeitet werden kann, ist die Wirtschaft mit ihren kompli-

zierten Steuer- und Regelvorgängen.Die Schwierigkeiten einer
analytischen Beschreibung liegen hier vor allem in der großen
Zahl schwer meßbarer Zustandsgrößen, Kopplungen und Anregungsgrößen sowie in der Tatsache, daß im Gegensatz zu technischen Systemen aufmerksame und intelligente Gegenspieler
mit abweichenden Zielvorstellungen am Werke sind. Solche Anwendungen gehen allerdings über das Ziel dieser einführenden
Darstellung hinaus.

In den letzten Jahren haben sich, vor allem im Zusammenhang
mit der Bildung mathematischer Modelle mit Hilfe von Digital-
rechnern und der Anwendung von Rechnern zur Regelung technischer Prozesse, weitere umfangreiche Anwendungsgebiete der
statistischen Systemanalyse herausgebildet. Um z.B. einen
Hochofen oder einen chemischen Reaktor regeln und darüber
hinaus optimal betreiben zu können, braucht man ein quantitatives mathematisches Modell, d.h. eine genaue Kenntnis des
gegenwärtigen Zustandes und der voraussichtlichen Auswirkungen beabsichtigter Steuereingriffe. Da aber praktische Meß-
größen stets durch unbekannte und veränderliche Störeinflüsse
verfälscht, manche Größen außerdem überhaupt nicht meßbar
sind und aus anderen Größen abgeleitet werden müssen, sind
statistische Verfahren anzuwenden, um aufgrund zahlreicher
Meßwerte zu Schätzungen zu gelangen, d.h. die Regelstrecke
zu 'identifizieren' |z.B. 12 - 14, 18 - 21|.

Auch hier war es notwendig, die Darstellung auf die Grundverfahren zu beschränken.

Die in den Übungen behandelten Beispiele konnten in diese
Schrift nur teilweise aufgenommen werden.

1. Zufallsvariable und Wahrscheinlichkeit

1.1. Wahrscheinlichkeit und Wahrscheinlichkeitsverteilung

Führt man einen gleichartigen Versuch, etwa die Messung der
Durchschlagsspannung einer Funkenstrecke, mehrmals aus, so
werden die Meßwerte wegen zufälliger Einflüsse, z.B. Schwankungen des Luftdruckes oder der Luftfeuchtigkeit, etwas voneinander abweichen. Ähnliches ist bei der Messung der Wider-
standswerte nominell gleicher Widerstände einer Serienferti-
gung zu beobachten; auch hier ist als Folge unvermeidlicher
und im einzelnen nicht lokalisierbarer Toleranzen eine Streuung der Meßwerte zu erwarten. Um die Streuung und damit die
Toleranzen des Herstellungsverfahrens zu beurteilen, kann man
eine Häufigkeitsverteilung auftragen. Hierfür werden die normierten Widerstands-Meßwerte $x = R/R_0$ in verschiedene Klassen
unterteilt, z.B.

$$x_i - \frac{\Delta x}{2} \leq x < x_i + \frac{\Delta x}{2} , \quad i = 0,1,2,\ldots \tag{1}$$

Die Anzahl n_i der in jedes Intervall fallenden Meßwerte wird
dann als Ordinate über x_i dargestellt (Bild 1.1). Die Summe

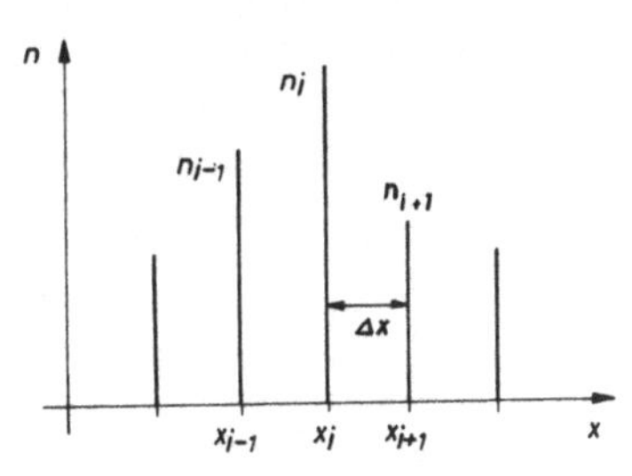

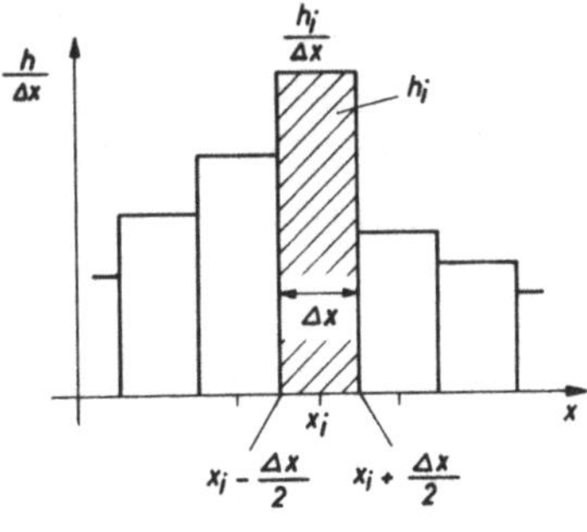

Bild 1.1

Bild 1.2

aller Ordinatenwerte entspricht somit gerade der Gesamtzahl N der Versuche.

Um von der speziellen Durchführung der Meßreihe unabhängig zu werden, ist es vorteilhaft, die Intervallmengen n_i mit N zu normieren,

$$h_i = \frac{n_i}{N} \, ,$$

und h_i auf die Intervallbreite Δx zu beziehen. Die entstehende normierte Häufigkeitsverteilung

$$\frac{h_i}{\Delta x} = \frac{n_i}{N} \; \frac{1}{\Delta x} \tag{2}$$

wird als Stufenkurve über der x-Achse aufgetragen (Bild 1.2).

Die Fläche unter dieser Stufenkurve ist nach Definition Eins

$$\sum_{i=-\infty}^{\infty} \frac{h_i}{\Delta x} \; \Delta x = 1 \, .$$

Denkt man sich nun die Breite Δx der Abschnitte verkleinert, während gleichzeitig die Zahl N der Versuche beliebig gesteigert wird, so geht die Stufenkurve unter bestimmten Voraussetzungen in eine stückweise stetige Kurve, die sog. Wahrscheinlichkeits-Verteilungsdichte, über.[1] Dies ist in Bild 1.3 angedeutet.

---

[1] Die Wahrscheinlichkeits-Verteilungsdichte $w(x)$ wird üblicherweise $p(x)$ genannt. Wegen der später vorkommenden komplexen Frequenz $p = \sigma + j\omega$ wurde hier ein anderes Symbol gewählt.

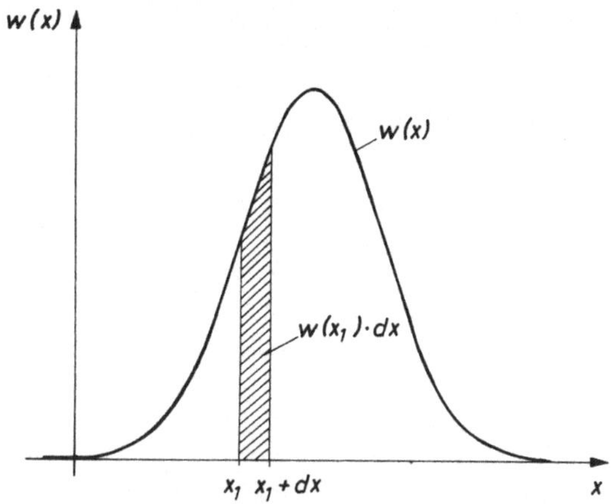

Bild 1.3

$$w(x) = \lim_{\Delta x \to 0} \frac{h_i}{\Delta x} \quad , \quad N \to \infty. \tag{3}$$

Man kann w(x) als inkrementelle Wahrscheinlichkeit bezeichnen; die Wahrscheinlichkeit, daß der Wert der kontinuierlichen Variablen x im Intervall $x_1 \leq x < x_1 + dx$ liegt, ist ja gerade $w(x_1)dx$.

Aufgrund der Definition ist $w(x) \geq 0$, außerdem ist die Fläche unter der Kurve Eins

$$\int_{-\infty}^{\infty} w(x)dx = 1 \; ;$$

das Integral entspricht ja der Wahrscheinlichkeit, daß die Variable x irgendeinen Wert annimmt, also der Gewißheit.

Anstelle der Verteilungsdichte $w(x)$ kann man zur Kennzeichnung der statistischen Variablen auch die Wahrscheinlichkeit
$W(x_1)$ heranziehen, daß $x \leq x_1$ ist, wobei x_1 wieder irgendeinen
Wert annehmen kann. Mit der Definition (3) gilt dann

$$W(x \leq x_1) \equiv W(x_1) = \int_{-\infty}^{x_1} w(x)dx \ . \tag{4a}$$

$W(x_1)$ ist also eine Funktion von x_1. Ersetzt man x_1 durch x,
so erhält Gl.(4a) die Form

$$W(x) = \int_{-\infty}^{x} w(\xi)d\xi \ ; \tag{4b}$$

damit gilt auch $W(\infty) = 1$ (Bild 1.4). $W(x)$ wird als Wahrscheinlichkeitsverteilung bezeichnet.

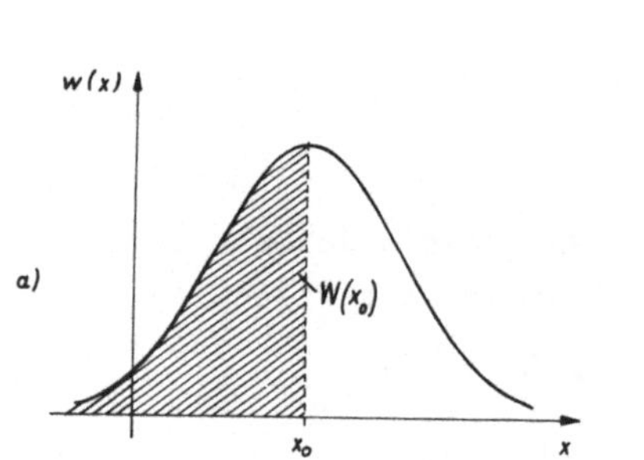

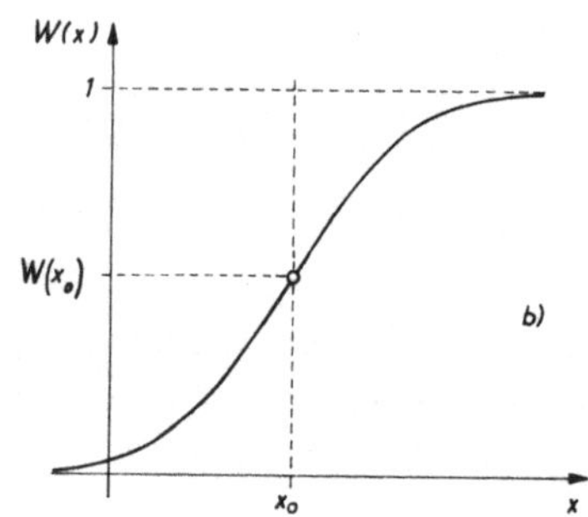

Bild 1.4

Aus Gl.(4b) folgt, sofern $W(x)$ differenzierbar ist,

$$w(x) = \frac{dW(x)}{dx} \ . \tag{5}$$

Wegen $w(x) \geq 0$ steigt $W(x)$ monoton an. Falls $w(x)$ stetig ist
und Extrema aufweist, hat $W(x)$ an den entsprechenden Stellen
Wendepunkte. Ein Maximum von $w(x)$ bei $x = x_0$ (Bild 1.4a) kenn-

zeichnet x_o als den "wahrscheinlichsten" Funktionswert. Die
Breite des Scheitelbereiches ist ein Maß für die Unsicherheit
oder Streuung des Funktionswertes. Hierfür wird später ein
quantitatives Maß eingeführt.

Es kann sich bei w(x) auch um eine Funktion handeln, die nur
für diskrete Werte von x definiert ist, was am Beispiel eines
Würfelversuches unmittelbar deutlich wird. Falls der Würfel
keine Symmetriefehler aufweist, ist bei einer großen Zahl von
Würfen jede Lage gleich wahrscheinlich. Da x nur ganzzahlige
Werte zwischen 1 und 6 annehmen kann, hat die Wahrscheinlichkeitsverteilung W(x) den in Bild 1.5b skizzierten stufenförmi-
gen Verlauf. Überträgt man die Beziehungen (4b) und (5) sinngemäß auf diese Funktion, so erhält man als Verteilungsdichte
w(x) eine Folge von sechs gleichen Impulsen mit den Flächen
1/6 (Bild 1.5).

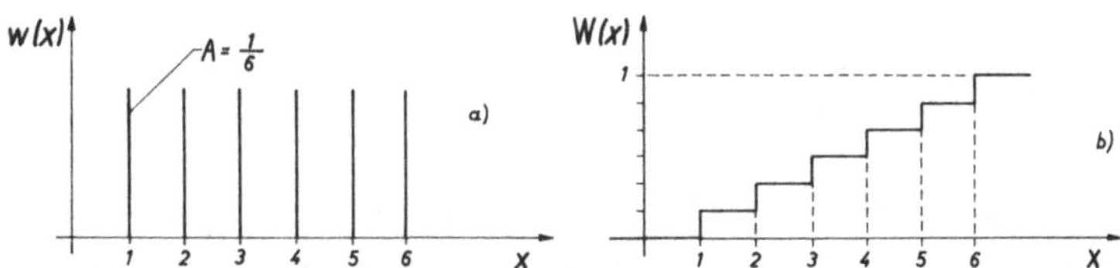

Bild 1.5

1.2. Mittelwert (Erwartungswert) einer Verteilung

Gegeben sei eine Anzahl N von zufälligen Funktionswerten $x(\nu)$,
die man sich als Abtastwerte einer kontinuierlichen Funktion
x(t) mit statistischem Verlauf, einer sog. stochastischen
Funktion (griech. zufällig), denken kann. Der Mittelwert[1] die-

---

[1] Der Querstrich wird später auch zur Kennzeichnung einer konjugiert komplexen Zahl verwendet; eine Verwechslungsgefahr
besteht vorerst nicht.

ser Datenmenge ist definiert durch

$$\overline{x} = \lim_{N \to \infty} \frac{1}{N} \sum_{\nu=1}^{N} x(\nu) \ . \tag{6}$$

Wenn $x(\nu)$ eine echt statistische Wertefolge darstellt, ist es nicht möglich, aufgrund vorliegender Werte einen einzelnen neuen Wert vorherzusagen; immerhin kann man aber bei bekannter Verteilungsdichte den Mittelwert angeben, um den sich auch die künftigen Funktionswerte gruppieren werden.

Ordnet man die Meßwerte unter der Summe (6) nach ihrer Größe und faßt sie wieder in Klassifikationsintervalle mit den relativen Häufigkeiten $h_i = \frac{n_i}{N}$ zusammen, so gilt doch

$$\overline{x} = \sum_{i=-\infty}^{\infty} x_i \ h_i \quad = \quad \sum_{i=-\infty}^{\infty} x_i \ \frac{h_i}{\Delta x} \ \Delta x \ .$$

Durch Grenzübergang entsteht daraus

$$\overline{x} = \int_{-\infty}^{\infty} x \ w(x) \ dx \tag{7}$$

Jeder Wert von x wird also mit seiner inkrementellen Wahrscheinlichkeit $w(x) \, dx$ gewichtet. Man bezeichnet den Ausdruck (7) in Analogie zur Mechanik auch als das erste Moment der Verteilungsdichte $w(x)$. Der Mittelwert $\overline{x}$ wird auch Erwartungswert $E(x)$ genannt.

1.3. Quadratischer Mittelwert, Streuung einer Verteilung

Entsprechend dem linearen ist der quadratische Mittelwert definiert. Er lautet

$$\overline{x^2} = \lim_{N \to \infty} \frac{1}{N} \sum_{\nu=1}^{N} x^2(\nu) ,$$

oder nach Größenklassifikation und Grenzübergang

$$\overline{x^2} = \int_{-\infty}^{\infty} x^2\, w(x)\,dx \;.\qquad\qquad (8)$$

Dieser Ausdruck wird auch als zweites Moment der Verteilung
bezeichnet.

Interpretiert man eine stationäre stochastische Variable $x(\nu)$
mit konstanten Mittelwerten $\overline{x}$ und $\overline{x^2}$ als Überlagerung eines
Gleichanteils $\overline{x}$ und eines mittelwertfreien statistischen Wechselanteils $\xi(\nu)$, Bild 1.6,

$$x(\nu) = \overline{x} + \xi(\nu) \quad , \quad \overline{\xi} = 0 \;,\qquad\qquad (9)$$

so ergibt sich nach Bildung der quadratischen Mittelwerte auf
beiden Seiten

$$\overline{x^2} = \overline{\left[\overline{x} + \xi(\nu)\right]^2} = \overline{\overline{x}^2 + 2\,\overline{x}\,\xi(\nu) + \xi^2(\nu)} =$$

$$= \overline{x}^2 + \overline{\xi^2} \;,$$

oder

$$\overline{\xi^2} = \overline{\left[x(\nu) - \overline{x}\right]^2} = \overline{x^2} - \overline{x}^2 \;.\qquad\qquad (10a)$$

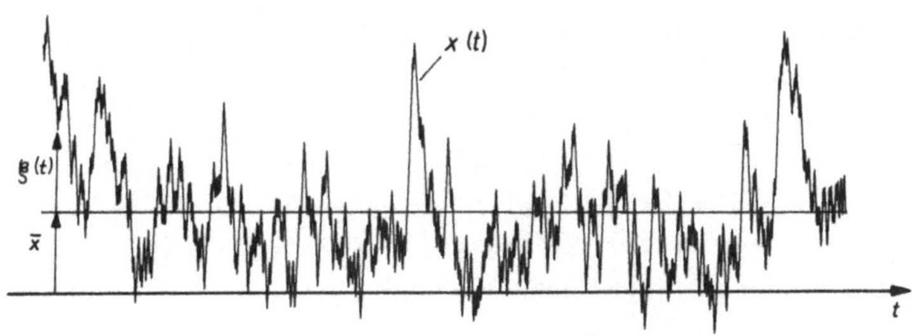

Bild 1.6

$\overline{\xi^2}$ stellt dabei den quadratischen Mittelwert des Wechselanteils von $x(\nu)$ dar und ist somit ein quantitatives Maß für die Streuung von $x(\nu)$ um den Mittelwert $\overline{x}$. Man nennt diese Größe Varianz, Dispersion oder zweites zentrales Moment der Verteilung und bezeichnet sie üblicherweise mit σ^2,

$$\sigma^2 = \overline{\xi^2} \, . \tag{10b}$$

σ^2 kennzeichnet also die "Breite" der Verteilungsdichtefunktion $w(x)$, d.h. die Unsicherheit einer möglichen Vorhersage. Die äquivalente Größe

$$\sigma = \sqrt{\overline{x^2} - \overline{x}^2} \tag{11}$$

wird Streuung genannt; σ entspricht damit dem Effektivwert des statistischen Wechselanteils ξ.

Falls $x(\nu)$ in Wirklichkeit keine stochastische Variable darstellt, sondern einen festen und bekannten Wert $\overline{x}$ annimmt, haben Streuung und Varianz den Wert Null.

1.4. Normalverteilung

Die am häufigsten vorkommende oder angenommene Wahrscheinlichkeitsverteilung ist die Normalverteilung oder Gaußsche Verteilung. Sie entsteht durch Überlagerung unendlich vieler statistisch unabhängiger elementarer Vorgänge. Dies gilt z.B. für eine Geschwindigkeitskomponente von Elektronen in einem Leiter oder von Molekülen in einem Gasvolumen (Brownsche Molekularbewegung). Dabei ist es im Prinzip gleichgültig, ob die Zustände sehr vieler Moleküle zu einem bestimmten Zeitpunkt oder eines Moleküls während eines langen Zeitraumes betrachtet werden; in beiden Fällen erhält man die gleiche Verteilung.

1.4.1. Symmetrische Normalverteilung

Gegeben sei eine diskrete statistische Wertefolge $x(\nu)$, die durch eine gerade Verteilungsdichtefunktion der Form

$$w(x) = w(o)\ e^{-\frac{x^2}{2\sigma^2}}$$

beschrieben wird (Bild 1.7). Die Funktion $w(x)$ hat bei $x = 0$ ein Maximum; sie erstreckt sich nach beiden Seiten bis Unendlich, wenn auch die Wahrscheinlichkeit des Auftretens eines großen Wertes von x schnell abnimmt. Der Parameter σ hat zunächst nur die Bedeutung eines Formfaktors; wegen

$$w(\pm\sigma) = w(o)\ e^{-\frac{1}{2}} \simeq 0{,}60\ w(o)$$

entspricht er ja gerade jenem Wert der Variablen x, bei der die Verteilungsdichte auf etwa o.6 des Maximalwertes abgesunken ist. Der Scheitelwert $w(o)$ ist durch die Normierung $W(\infty) = 1$ festgelegt. Mit Gl. (4b) gilt doch

$$w(o) \int_{-\infty}^{\infty} e^{-\frac{x^2}{2\sigma^2}}\,dx = 2\,w(o) \int_{0}^{\infty} e^{-\frac{x^2}{2\sigma^2}}\,dx = 1.$$

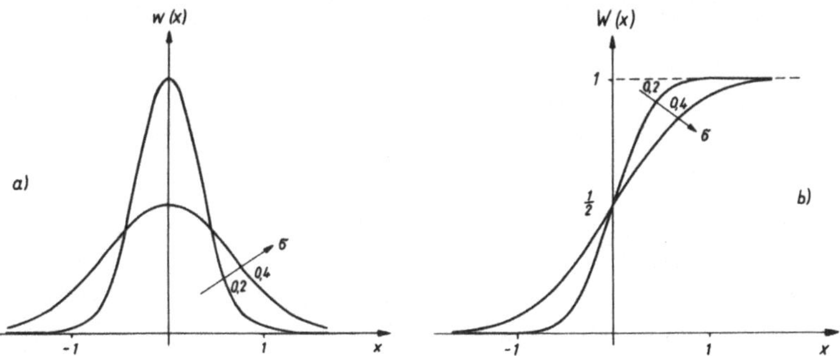

Bild 1.7

Daraus folgt mit der Substitution

$$x^2 = 2\sigma^2 \, \xi^2 \, ,$$

$$w(o) = \frac{1}{\sqrt{2}\sigma} \cdot \frac{1}{\displaystyle\int_0^\infty \xi^{-\frac{1}{2}} e^{-\xi} \, d\xi} \, .$$

Das bestimmte Integral im Nenner stellt einen Sonderfall der
Eulerschen Gamma-Funktion dar |36|

$$\int_0^\infty \xi^{-\frac{1}{2}} e^{-\xi} \, d\xi = \sqrt{\pi} \, .$$

Damit lautet der vollständige Ausdruck für die Gaußsche- oder
Normal-Verteilungsdichtefunktion

$$w(x) = \frac{1}{\sqrt{2\pi}\sigma} \, e^{-\frac{x^2}{2\sigma^2}} \, . \tag{12}$$

Bild 1.7a zeigt den Verlauf von $w(x)$ für zwei Werte von σ.

Der Mittelwert läßt sich mit Gl.(7) auf einfache Weise berechnen. Da $w(x)$ eine gerade Funktion ist, $w(x) = w(-x)$, ist
$xw(x)$ eine ungerade Funktion. Damit wird der Mittelwert Null,

$$\overline{x} = 0 \, .$$

Der quadratische Mittelwert der symmetrischen Gauß-Verteilung
folgt aus Gl.(8),

$$\overline{x^2} = \frac{2}{\sqrt{2\pi}\sigma} \int_0^\infty x^2 \, e^{-\frac{x^2}{2\sigma^2}} \, dx \, .$$

Die Substitution $x^2 = 2\sigma^2\xi$ ergibt

$$\overline{x^2} = \frac{2\sigma^2}{\sqrt{\pi}} \int\limits_0^\infty \xi^{\frac{1}{2}} e^{-\xi} d\xi = \frac{2\sigma^2}{\sqrt{\pi}} \Gamma\left(\frac{3}{2}\right) \ .$$

Dabei ist $\Gamma\left(\frac{3}{2}\right)$ wieder die Gamma-Funktion. Mit der Rekursions-
formel

$$\Gamma(m+1) = m\Gamma(m) \quad \text{und} \quad m = \frac{1}{2}$$

erhält man das einfache Ergebnis

$$\overline{x^2} = \sigma^2 \quad \text{oder} \quad \sqrt{\overline{x^2}} = X_{eff} = \sigma \ .$$

Der in Gl.(12) mit σ bezeichnete Formfaktor der Gaußschen Verteilung ist also mit dem in Abs. 1.3 eingeführten Wert der
Streuung identisch. Wegen des verschwindenden Mittelwertes $\overline{x}$
entspricht die Streuung gleichzeitig dem Effektivwert X_{eff};
dies ist bei allen symmetrischen Verteilungsdichtefunktionen
der Fall.

Die Normalverteilung selbst entsteht gemäß Gl.(4b) durch Integration der Verteilungsdichte

$$W(x) = \int\limits_{-\infty}^x w(\xi)d\xi = \frac{1}{\sqrt{2\pi}\sigma} \int\limits_{-\infty}^x e^{-\frac{\xi^2}{2\sigma^2}} d\xi =$$

$$= \frac{1}{2} + \frac{1}{\sqrt{2\pi}\sigma} \int\limits_0^x e^{-\frac{\xi^2}{2\sigma^2}} d\xi \ ;$$

die Substitution $\xi = \sigma\eta$ liefert

$$W(x) = \frac{1}{2} + \frac{1}{\sqrt{2\pi}} \int\limits_0^{\frac{x}{\sigma}} e^{-\frac{\eta^2}{2}} d\eta \ . \tag{13}$$

Man bezeichnet das Integral als das Gaußsche Fehlerintegral; es ist in Handbüchern tabelliert. In Bild 1.7b ist $W(x)$ für zwei Werte von σ aufgetragen. Bei $x = -\sigma$ hat $W(x)$ den Wert $W(-\sigma) \approx 0.16$ und bei $x = +\sigma$ den Wert $W(\sigma) \approx 0.84$ erreicht.

1.4.2. Unsymmetrische Normalverteilung

Durch Verschiebung, $x \to x-x_0$, entsteht aus der symmetrischen die unsymmetrische Normalverteilung (Bild 1.8)

$$w(x) = \frac{1}{\sqrt{2\pi}\,\sigma}\; e^{-\dfrac{(x-x_0)^2}{2\sigma^2}} \qquad (14)$$

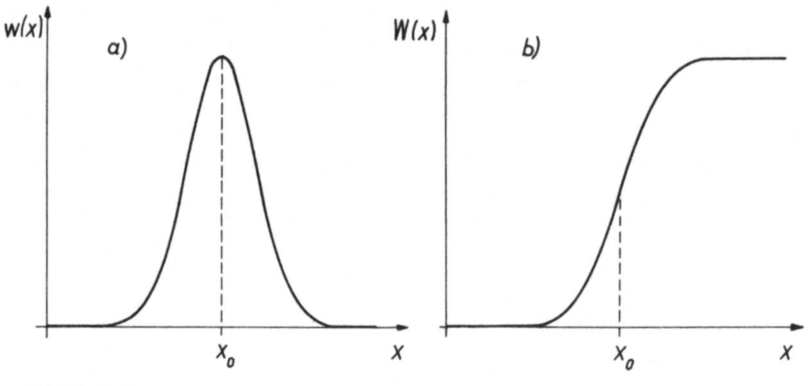

Bild 1.8

Der wahrscheinlichste Wert liegt nun bei $x = x_0$; wegen der Symmetrie der Verteilungsdichte-Funktion zu diesem Wert ist x_0 gleichzeitig der Mittelwert $\bar{x}$. Dies geht aus folgender Überlegung hervor:

$$\bar{x} = \int\limits_{-\infty}^{\infty} x\, w(x)\, dx = \frac{1}{\sqrt{2\pi}\,\sigma} \int\limits_{-\infty}^{\infty} x\, e^{-\dfrac{(x-x_0)^2}{2\sigma^2}}\, dx\,.$$

Mit $x - x_0 = \xi$ erhält man

$$\bar{x} = \frac{1}{\sqrt{2\pi}\,\sigma} \left[\int_{-\infty}^{\infty} \xi\, e^{-\frac{\xi^2}{2\sigma^2}}\, d\xi + x_0 \int_{-\infty}^{\infty} e^{-\frac{\xi^2}{2\sigma^2}}\, d\xi \right] .$$

Der erste Summand verschwindet wegen des ungeraden Integranden, der zweite entspricht der Fläche unter einer symmetrischen Verteilungsdichte-Funktion; somit gilt $\bar{x} = x_0$.
Auf entsprechende Weise wird der quadratische Mittelwert berechnet

$$\overline{x^2} = X^2_{eff} = \int_{-\infty}^{\infty} x^2 w(x)\, dx = \frac{1}{\sqrt{2\pi}\,\sigma} \int_{-\infty}^{\infty} x^2\, e^{-\frac{(x-x_0)^2}{2\sigma^2}}\, dx .$$

Mit $x - x_0 = \xi$ folgt daraus

$$\overline{x^2} = \frac{1}{\sqrt{2\pi}\,\sigma} \left[\int_{-\infty}^{\infty} \xi^2\, e^{-\frac{\xi^2}{2\sigma^2}}\, d\xi + 2\, x_0 \int_{-\infty}^{\infty} \xi\, e^{-\frac{\xi^2}{2\sigma^2}}\, d\xi + \right.$$

$$\left. + x_0^2 \int_{-\infty}^{\infty} e^{-\frac{\xi^2}{2\sigma^2}}\, d\xi \right] .$$

Das mittlere Integral wird wegen des ungeraden Integranden wieder Null; die beiden anderen sind bereits bekannt. Somit gilt die in Abs. 1.3 gefundene Beziehung

$$\sigma^2 = \overline{\xi^2} = \overline{x^2} - \bar{x}^2 .$$

1.5. Andere Verteilungsfunktionen

Neben der Normalverteilung gibt es eine große Zahl anderer
Verteilungsfunktionen, die in bestimmten Anwendungsgebieten
von Bedeutung sind. In den folgenden Abschnitten werden einige Beispiele betrachtet.

1.5.1. Konstante Verteilungsdichte

Bei manchen Variablen ist innerhalb eines bestimmten Bereiches jeder Wert gleich wahrscheinlich. Eine solche Verteilung
würde z.B. entstehen, wenn man sich eine zwischen a und a+b
verlaufende dreieck- oder sägezahnförmige periodische Spannung mittels eines Digital-Spannungsmessers zu unregelmäßigen
Zeitpunkten abgetastet denkt. Da jeder mögliche Spannungswert
gleich wahrscheinlich ist, hätte die angezeigte Zahlenfolge
eine konstante Verteilungsdichte,

$$w(x) = \frac{1}{b} \quad \text{für} \quad a \leq x \leq a+b \ ,$$

$$w(x) = 0 \quad \text{für} \quad a+b < x < a \ .$$

Dieser Verlauf ist in Bild 1.9a dargestellt. Der Mittelwert
der Zahlenfolge ist erwartungsgemäß

$$\overline{x} = \int\limits_{a}^{a+b} x \cdot \frac{1}{b} \, dx = \left. \frac{1}{2b} \, x^2 \right|_{a}^{a+b} = a + \frac{b}{2} \ ;$$

der quadratische Mittelwert ist

$$\overline{x^2} = \frac{1}{b} \int\limits_{a}^{a+b} x^2 \, dx = \left. \frac{1}{3b} \, x^3 \right|_{a}^{a+b} = \left(a+\frac{b}{2}\right)^2 + \frac{b^2}{12} \ .$$

Daraus folgt die Streuung

$$\sigma = \sqrt{\overline{x^2} - \overline{x}^2} = \frac{b}{\sqrt{12}} \ .$$

Bild 1.9b zeigt die zugehörige Wahrscheinlichkeitsverteilung.
Für $a + \frac{b}{2} = 0$ entsteht der Sonderfall einer symmetrisch zu
$x = 0$ liegenden konstanten Verteilungsdichte.

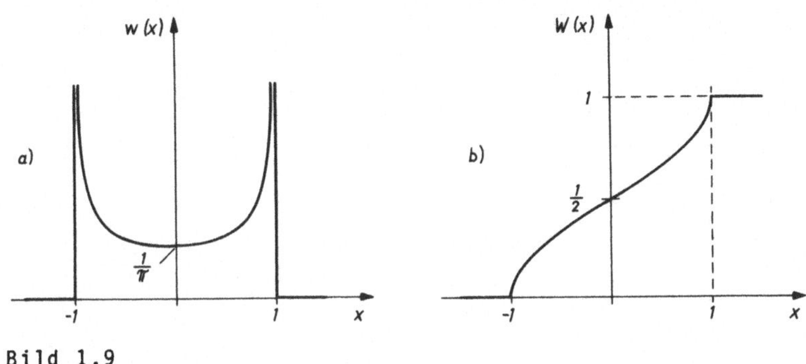

Bild 1.9

Wird bei dem eben erwähnten Gedankenversuch anstelle der Säge-
zahnspannung eine sinusförmige Spannung $x(\tau) = \frac{u(\tau)}{\hat{u}} = \cos \tau$
zu regellosen Zeitpunkten abgetastet, so haben die Abtastwerte
naturgemäß eine völlig andere Verteilungsdichte. Da jeder Ab-
tastzeitpunkt nach Voraussetzung gleich wahrscheinlich ist,
entspricht die Verteilung der abgetasteten Meßwerte der Verteilung der abzutastenden Funktionswerte.

Ist dx ein zum Zeitelement $d\tau$ gehöriges Funktionselement, so
ist wegen der Periodizität von $\cos \tau$

$$w(x)|dx| = \frac{|d\tau|}{\pi} \, , \quad 0 < \tau \leq \pi \, ,$$

die zugehörige inkrementelle Wahrscheinlichkeit seines Auftretens. Daraus folgt

$$w(x) = \frac{1}{\pi} \frac{1}{\left|\frac{dx}{d\tau}\right|} \, .$$

Die Abtastwerte häufen sich also an jenen Stellen, wo $x(\tau)$
flach verläuft.

Mit $x(\tau) = \cos\tau$ folgt

$$w(x) = \frac{1}{\pi}\ \frac{1}{\sqrt{1 - x^2}} \ , \quad |x| \le 1 \ ,$$

und

$$W(x) = \int_{-1}^{x} w(\xi)\,d\xi = \frac{1}{2} + \frac{1}{\pi}\arcsin x \ .$$

Bild 1.10 zeigt diese Kurven; wegen der Form der abgetasteten Funktion $x(\tau)$ kommen Werte in der Nähe von ±1 natürlich besonders häufig vor. Als Folge der Symmetrie der Verteilungsdichte ist der Mittelwert Null, $\overline{x} = 0$.

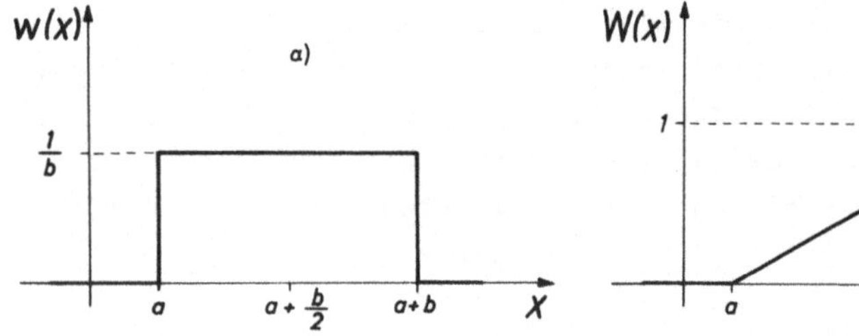

Bild 1.10

Der quadratische Mittelwert folgt aus

$$\overline{x^2} = \int_{-1}^{1} x^2 w(x)\,dx = \frac{1}{\pi}\int_{-1}^{1} \frac{x^2}{\sqrt{1 - x^2}}\,dx = \frac{1}{2} \ ,$$

d.h.

$$\sqrt{\overline{x^2}} = x_{eff} = \frac{1}{\sqrt{2}} \ .$$

Da die Abtastzeitpunkte statistisch gleichmäßig, d.h. ohne
Vorzugslage, verteilt sind, stimmt der Effektivwert der Abtastwerte mit dem Effektivwert der abgetasteten Funktion
überein.

1.5.2. Exponential- und Raleigh-Verteilung

Bei statistischen Variablen, die auf ein einziges Vorzeichen
beschränkt sind, ist die Normalverteilung nicht anwendbar,
da sie sich in beiden Richtungen bis Unendlich erstreckt.
Hier kann z.B. eine Exponentialverteilung der Form

$$w(x) = \frac{1}{x_0}\, e^{-\frac{x}{x_0}} \quad \text{für } x \geq 0$$

$$= 0 \quad \text{für } x < 0$$

vorliegen (Bild 1.11). Die Berechnung von Mittelwert, qua-
dratischem Mittelwert und Streuung liefert

$$\overline{x} = x_0\,, \quad \overline{x^2} = 2\,x_0{}^2\,, \quad \sigma = \sqrt{\overline{x^2} - \overline{x}^2} = x_0\,.$$

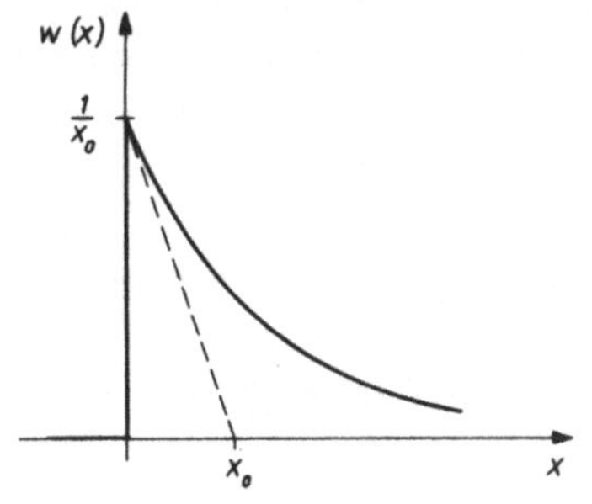

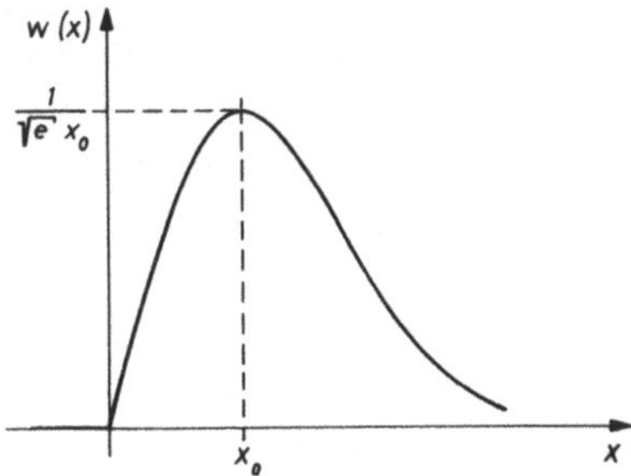

Bild 1.11   Bild 1.12

Ein anderer häufig verwendeter Ansatz ist die durch

$$w(x) = \frac{x}{x_0^2}\, e^{-\frac{x^2}{2x_0^2}} \quad , \quad \text{für} \quad x \geq 0 \, ,$$

$$= 0 \qquad\qquad , \quad \text{für} \quad x < 0$$

beschriebene Raleigh-Verteilung (Bild 1.12).

Hier ist

$$\bar{x} = \sqrt{\frac{\pi}{2}}\, x_0 \; , \quad \overline{x^2} = 2\, x_0^2 \; , \quad \sigma = \sqrt{2 - \frac{\pi}{2}}\; x_0 \; .$$

Um mit Sicherheit entscheiden zu können, welche Verteilung bei einem gegebenen Satz von Zahlen vorliegt, sind große Mengen von Daten zu analysieren. Hierfür wurden in der Statistik besondere Verfahren entwickelt. In vielen Fällen ist die Verteilung durch die Entstehung der Meßwerte bekannt; häufig genügt es, näherungsweise eine Normalverteilung anzunehmen.

1.5.3. Unstetige Verteilung

Wegen der einfachen Erzeugung und Verarbeitung werden als statistische Testsignale gerne binäre Funktionen verwendet, die in statistischer Folge die normierten Werte ±1 annehmen und den Mittelwert Null haben. Bild 1.13 zeigt einen Ausschnitt einer solchen Funktion. Bei vernachlässigbarer Umschaltzeit und gleicher Wahrscheinlichkeit der Werte ±1 gilt die in Bild 1.14b gezeichnete unstetige Wahrscheinlichkeitsverteilung; die Wahrscheinlichkeitsdichte-Funktion (Bild 1.14a) besteht aus zwei Impulsen, jeweils mit der Fläche 1/2. Dies entspricht ja gerade der Wahrscheinlichkeit, daß x den Wert +1 bzw. -1 annimmt. Für Mittelwert und Streuung gelten

$$\bar{x} = 0 \; , \quad \overline{x^2} = 1 \; , \quad \sigma = \sqrt{\overline{x^2} - \bar{x}^2} = 1 \, .$$

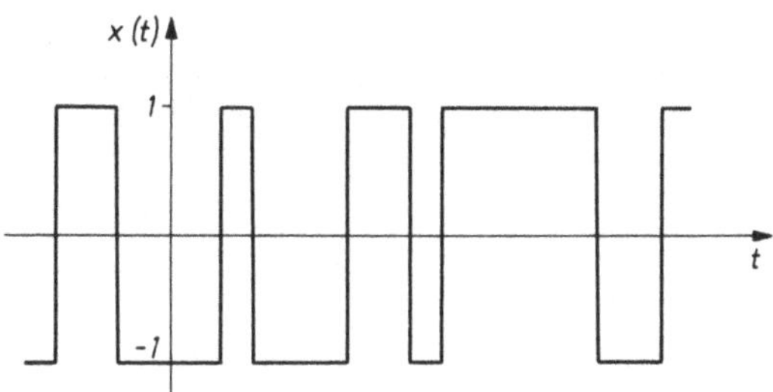

Bild 1.13

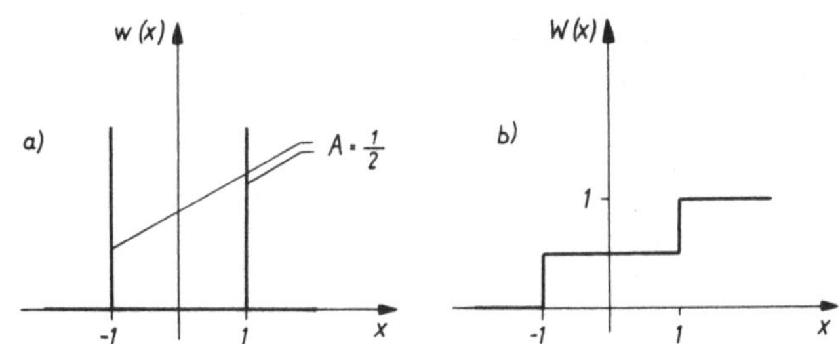

Bild 1.14

Die Umschaltzeitpunkte sind zunächst beliebig angenommen, so daß auch beliebig schnell aufeinanderfolgende Schaltvorgänge möglich sind. Aus praktischen Gründen bevorzugt man oft ein synchronisiertes statistisches Binärsignal, bei dem die Schaltvorgänge in einem festen Zeitraster νT liegen. Mittelwerte und Streuung werden dadurch nicht geändert (Abs. 6.5).

1.6. Lineare und nichtlineare Übertragung

Wird eine statistische Wertefolge $y(\nu)$ oder eine kontinuierliche Funktion $y(t)$, deren Amplitudenwerte die Verteilungsdichte $w_y(y)$ aufweist, durch ein augenblicklich wirkendes, möglicherweise nichtlineares Übertragungsglied verformt (Bild 1.15), so stimmt die Amplitudenverteilung $w_x(x)$ des Ausgangssignals x im allgemeinen nicht mit der des Eingangssignals überein. Falls die Übertragungskennlinie $x=f(y)$ jedoch monoton ansteigt, $\frac{df(y)}{dy} \geq 0$, gilt

$$W_x(x \leq x_1) = W_y(y \leq y_1) \;, \quad x_1 = f(y_1) \;.$$

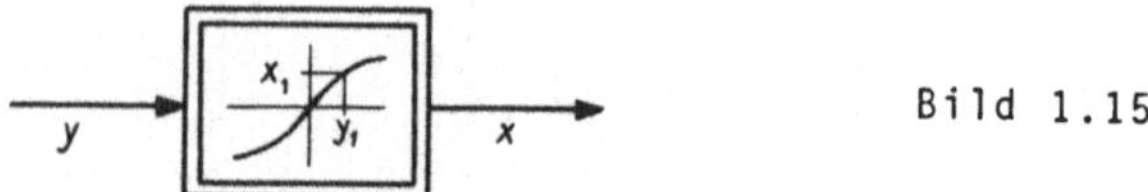

Bild 1.15

Die Wahrscheinlichkeit für $x \leq x_1$ ist also gleich der Wahrscheinlichkeit für $y \leq y_1$, wobei y_1, x_1 zusammengehörige Werte sind. Differentiation nach y unter Anwendung der Kettenregel liefert

$$\frac{dW_x}{dx} \; \frac{dx}{dy} \;=\; \frac{dW_y}{dy} \;,$$

oder mit

$$\frac{dW_x}{dx} \;=\; w_x(x) \;, \quad \frac{dW_y}{dy} \;=\; w_y(y) \;, \quad \frac{dx}{dy} \;=\; f'(y) \;,$$

$$w_x(x) \;=\; \frac{1}{f'(y)} \; w_y(y) \;. \tag{15}$$

Als Beispiel sei eine statistische Wertefolge $y(\nu)$ mit konstanter Verteilungsdichte (Bild 1.16)

$$w_y(y) \;=\; \frac{1}{2y_1} \quad \text{für} \quad |y| \leq y_1$$

betrachtet. Sie werde durch ein nichtlineares Übertragungsglied mit der Kennlinie $x=y^3$ in eine hyperbolische Verteilungsdichte umgeformt,

$$w_x(x) = \frac{w_y(y)}{3y^2} = \frac{1}{6y_1 y^2} =$$

$$= \frac{x^{-\frac{2}{3}}}{6y_1} \quad , \quad |x| \leq y_1^{\;3} \; .$$

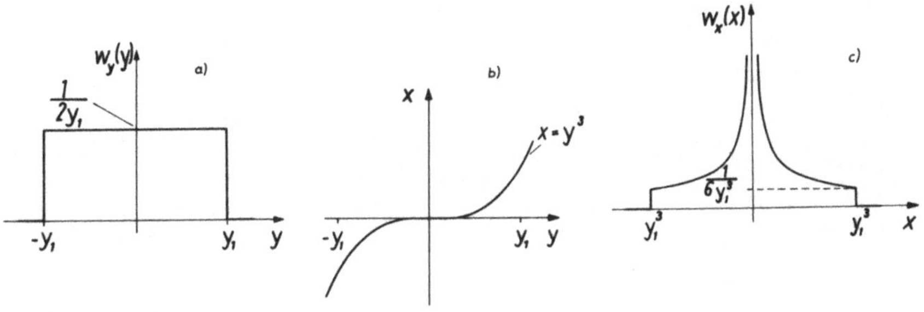

Bild 1.16

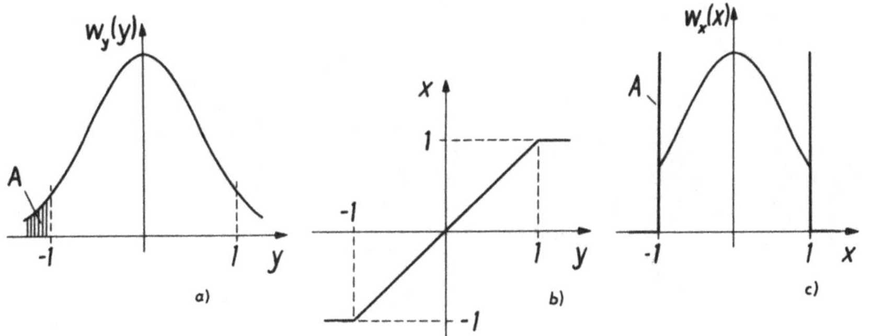

Bild 1.17

In Bild 1.17 ist der Fall einer linearen Übertragung mit Begrenzung angedeutet. Alle Eingangswerte im Bereich $-1 \leq y \leq +1$
werden dabei linear abgebildet, während außerhalb des linearen
Bereiches liegende Werte auf $x = \pm1$ führen. Die Wahrschein-

lichkeit für y $\leq$ -1, entsprechend der schraffierten Fläche A unter $w_y(y)$, ist dann ein Maß für die Impulsfläche von $w_x(x)$ bei x = -1.

Ähnlich wie die Begrenzung wirkt eine Quantisierung, z.B. durch Einführung eines Analog-Digitalwandlers (Bild 1.18). Eine stetige Wahrscheinlichkeitsdichte-Funktion $w_y(y)$ der Eingangsgröße wird dabei in eine den Quantisierungsschritten entsprechende Anzahl von Impulsen zerlegt, aus denen sich $w_x(x)$ zusammensetzt. In Bild 1.18 sind die Flächen dieser Impulse schematisch aufgetragen; sie verkörpern die Wahrscheinlichkeit, daß x den zugehörigen Stufenwert einnimmt.

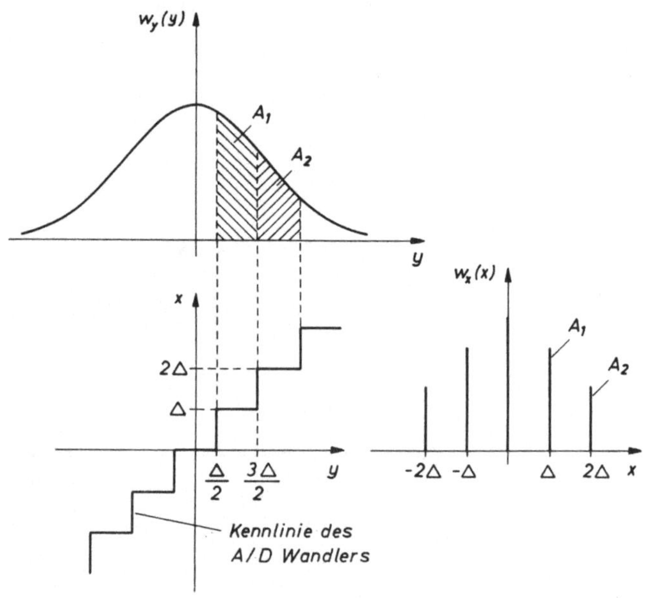

Bild 1.18

Die Übertragung durch eine lineare Strecke,

$$x = Vy$$

stellt einen Sonderfall dar, bei dem die Form der Verteilungsdichte erhalten bleibt. Wegen Gl. (15) gilt hier

$$w_x(x) = \frac{1}{V} w_y(y) = \frac{1}{V} w_y(\tfrac{x}{V}) \ . \tag{16}$$

Dies entspricht lediglich einer Maßstabsänderung von w_y.
Bild 1.19 zeigt ein Beispiel für konstante Verteilungsdichte
und V = 2.

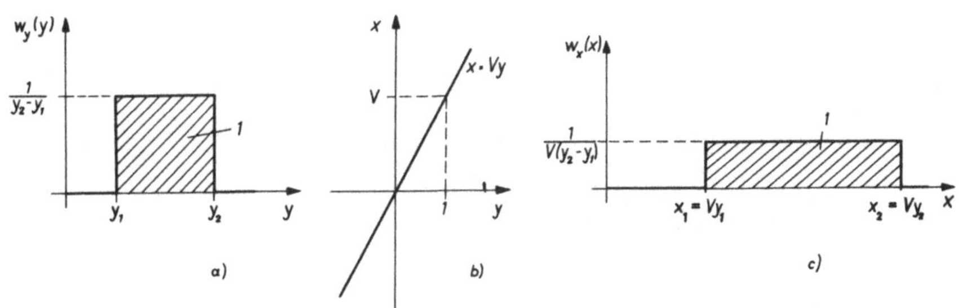

Bild 1.19

2. Mehrdimensionale Wahrscheinlichkeitsverteilung

2.1. Verbundwahrscheinlichkeit

Ein zufälliges Ereignis kann durch mehr als eine einzige Grös-
se gekennzeichnet sein. Wirft man z.B. gleichzeitig zwei ver-
schiedenfarbige Würfel, so sind insgesamt 36 Zahlenpaare möglich, da beide Würfel sechs Merkmale, x, y = 1, 2, ... 6, aufweisen. Für das Ergebnis läßt sich somit eine zweidimensionale
Verteilungsdichte w(x,y) angeben, die von den zwei diskreten
Variablen x und y abhängt. Man bezeichnet w(x,y) als Verbund-
Wahrscheinlichkeitsdichte. Da im vorliegenden Sonderfall die
Variablen x, y

nur für die ganze (Wurf)-Zahl definiert sind,
nur ganzzahlige Werte annehmen können,
voneinander statistisch unabhängig und gleich wahrscheinlich sind,

ergibt sich für w(x,y) ein Feld von 36 gleichen Werten der
Größe 1/36 (Bild 2.1). Man kann w(x,y) formal als räumliche
Impulse über der x,y-Ebene mit dem Volumen von je 1/36 inter-
pretieren.

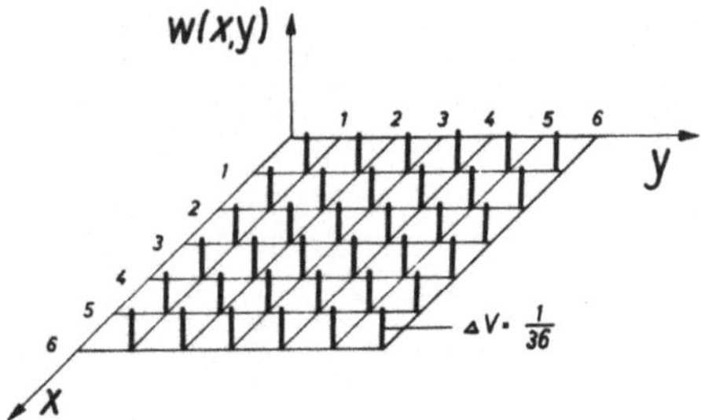

Bild 2.1

Wenn x und y kontinuierlich veränderlich sind, geht auch die
Funktion w(x,y) in eine kontinuierliche Funktion der Variablen
x,y über. Dabei bedeutet $w(x_1, y_1)$dxdy die inkrementelle Wahrscheinlichkeit, daß

$$x_1 \leq x < x_1 + dx \text{ und gleichzeitig } y_1 \leq y < y_1 + dy$$

ist. Man kann sich $w(x,y) \geq o$ als Fläche über der x,y-Ebene
aufgespannt denken (Bild 2.2). Das Differential

$$w(x,y) \, dxdy$$

läßt sich dann als Volumenelement des von der x,y-Ebene und
der Fläche w(x,y) begrenzten Prismas mit der Grundfläche
dx·dy deuten. Das von der Fläche w(x,y) und der x,y-Ebene ein-

geschlossene Gesamtvolumen ist somit Eins,

$$\int\limits_{-\infty}^{\infty}\!\!\!\int w(x,y)\ dx\ dy = 1.$$

Bild 2.2

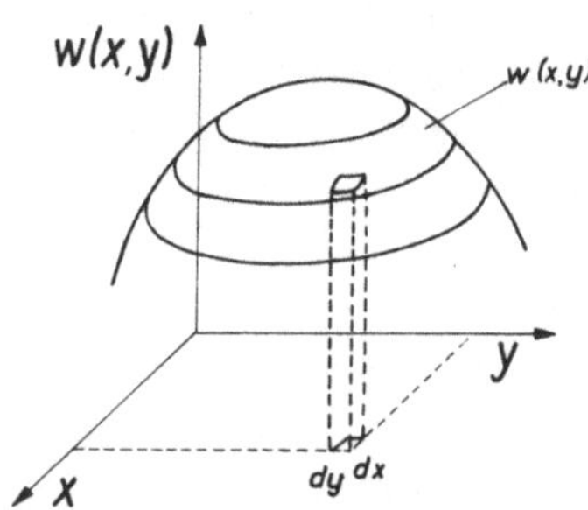

Die Wahrscheinlichkeit, daß das Ereignis (x,y) einem Gebiet G der x,y-Ebene angehört, entspricht dem Volumen des über G liegenden und nach oben von w(x,y) begrenzten Körpers,

$$W(x,y\ \text{in}\ G) = \int\limits_{G}\!\!\int w(x,y)\ dx\ dy\ .$$

Treten die Merkmale x und y des Ereignisses (x,y) statistisch unabhängig voneinander auf, so läßt sich die Verbund-Wahrscheinlichkeitsdichte w(x,y) als Produkt zweier Einzel-Wahrscheinlichkeitsdichten schreiben,

$$w(x,y) = w_x(x) \cdot w_y(y)\ . \tag{1}$$

Achsenparallele Schnitte der Fläche w(x,y) sind dann einander ähnlich. Damit gilt auch

$$\int\limits_{-\infty}^{\infty}\!\!\!\int w(x,y)dxdy = (\int\limits_{-\infty}^{\infty} w_x(x)dx)\ (\int\limits_{-\infty}^{\infty} w_y(y)dy) = 1\ .$$

Der Begriff der statistischen Unabhängigkeit soll anhand
von zwei Beispielen erläutert werden:

a) In einem Behälter befinden sich 10^4 Zettel, auf denen je
   eine vierstellige Zahl geschrieben ist; jede der Zahlen
   0000 bis 9999 komme genau einmal vor. Greift man aus der
   ungeordneten Menge einen Zettel, dann ist die Wahrscheinlichkeit, eine bestimmte Zahl, z.B. 5279, zu ziehen, gerade 10^{-4}.
   Andererseits ist die Wahrscheinlichkeit, daß in der ersten Dezimale eine 5 steht, gleich 10^{-1}; das gleiche gilt
   für die anderen Dezimalen. Da die Ziffern in den einzelnen Dezimalen unabhängig voneinander auftreten, ist die
   Wahrscheinlichkeit, eine bestimmte vierstellige Zahl zu
   ziehen, das Produkt der Einzelwahrscheinlichkeiten, also
   gerade wieder $(10^{-1})^4 = 10^{-4}$.

b) Ein Schütze schieße auf den Ursprung einer als Zielscheibe ausgebildeten x,y-Ebene (Bild 2.3). Aus verschiedenen
   Gründen, z.B. wegen Schwankungen der atmosphärischen Bedingungen oder wegen etwas unterschiedlicher Treibladung,
   treten statistische, nicht systematische Zielabweichungen
   auf.

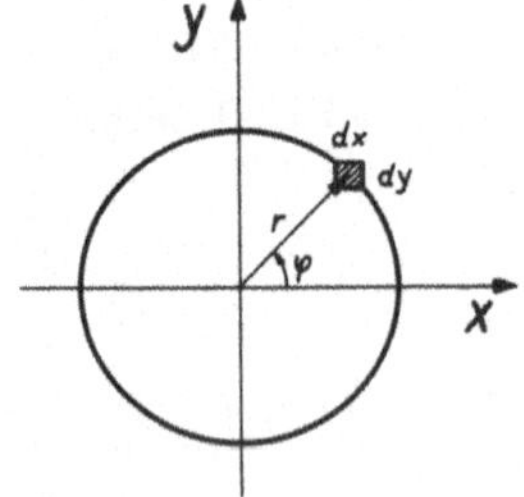

Bei Annahme von Normalverteilungen für die Fehler in beiden Richtungen und bei statistischer Unabhängigkeit gilt

Bild 2.3

$$w(x,y) = w_x(x) \cdot w_y(y) =$$

$$= \frac{1}{\sqrt{2\pi}\,\sigma_x}\, e^{-\frac{x^2}{2\sigma_x^{\,2}}} \cdot \frac{1}{\sqrt{2\pi}\,\sigma_y}\, e^{-\frac{y^2}{2\sigma_y^{\,2}}} =$$

$$= \frac{1}{2\pi\sigma_x\sigma_y}\, e^{-\left[\frac{x^2}{2\sigma_x^{\,2}} + \frac{y^2}{2\sigma_y^{\,2}}\right]}.$$

Die Höhenlinien der $w(x,y)$-Fläche sind somit achsenparallele Ellipsen, die bei Annahme gleicher Streuung, $\sigma_x = \sigma_y = \sigma$, Kreisform annehmen. Mit $x^2 + y^2 = r^2$ gilt dann

$$w(r,\varphi) = \frac{1}{2\pi\sigma^2}\, e^{-\frac{r^2}{2\sigma^2}} = w(r) \ .$$

Wegen der Rotationssymmetrie entfällt also der Einfluß des Winkels, und man erhält eine nur vom Radius r abhängige eindimensionale Verteilung (Bild 2.4). Die Wahrscheinlichkeit, eine Kreisscheibe um den Mittelpunkt mit dem Radius r zu treffen, läßt sich damit als Volumen eines Rotationskörpers berechnen,

$$W(\rho < r) = 2\pi \int\limits_{0}^{r} \rho\, w(\rho)\,d\rho = \frac{1}{\sigma^2} \int\limits_{0}^{r} \rho\, e^{-\frac{\rho^2}{2\sigma^2}}\, d\rho \ .$$

Die Substitution $\rho^2 = 2\sigma^2 \xi$ führt nach einer Zwischenrechnung auf

$$W(\rho < r) = 1 - e^{-\frac{r^2}{2\sigma^2}} \equiv W(r) \ .$$

Für einen Kreis mit dem Radius $r = \sigma$ ist damit die Trefferwahrscheinlichkeit $W(\sigma) \approx 0.4$.

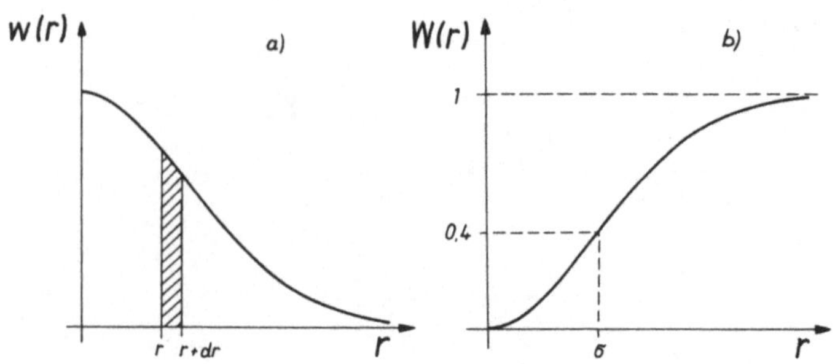

Bild 2.4

2.2. Bedingte Wahrscheinlichkeit

Bei mehrdimensionalen Wahrscheinlichkeitsproblemen interessiert manchmal die Wahrscheinlichkeit eines Ereignisses, wenn ein Teil der Merkmale bereits eingetreten, d.h. bekannt ist.

Die Wahrscheinlichkeit, mit zwei verschiedenfarbigen Würfeln (x,y) eine bestimmte Kombination, z.B. x=1, y=5, zu werfen, ist nach dem vorher Gesagten 1/36. Wenn die Würfel nacheinander geworfen werden und das Teilergebnis y=5 bereits vorliegt, ist die Wahrscheinlichkeit für (x=1, y=5) auf 1/6 angestiegen. Man bezeichnet dies als bedingte Wahrscheinlichkeit und schreibt dafür

$$W(x{=}1/y{=}5) = \frac{1}{6} \ .$$

Die Verbundwahrscheinlichkeit W(x,y) ist somit gleich dem Produkt der Wahrscheinlichkeit W(y) eines Teilergebnisses y und der bedingten Wahrscheinlichkeit W(x/y) nach Vorliegen dieses Teilergebnisses. Bei Ereignissen mit diskreten Merkmalen x,y lautet diese Beziehung

$$W(x,y) = W(x/y) \cdot W(y) \ ,$$

oder

$$W(x/y) = \frac{W(x,y)}{W(y)} \ . \tag{2a}$$

Die bedingte Wahrscheinlichkeit $W(x/y)$ ist also gleich der Verbundwahrscheinlichkeit $W(x,y)$ bezogen auf die einfache Wahrscheinlichkeit $W(y)$.

Aus Symmetriegründen gilt auch

$$W(y/x) = \frac{W(x,y)}{W(x)} \ . \tag{2b}$$

Aus (2a,b) folgt

$$W(x,y) = W(x/y)W(y) = W(y/x)W(x) \ , \tag{3}$$

sowie

$$W(x/y) = \frac{W(x)}{W(y)} \ W(y/x) \ . \tag{4}$$

Die Gln.(1-4) werden als Bayes'sche Regel bezeichnet.

Bei kontinuierlichen Funktionen lassen sich die Gleichungen (1-4) auch in Form der Verteilungsdichte-Funktionen schreiben, z.B.

$$w(x,y) = w(x/y)w(y) = w(y/x)w(x) \ . \tag{5}$$

$w(x/y)$ hat dabei die Bedeutung einer bedingten Wahrscheinlichkeits-Verteilungsdichte, d.h. es bezeichnet die inkrementelle Wahrscheinlichkeit, daß x im Intervall $(x,x+dx)$ liegt, nachdem bereits bekannt ist, daß y sich im Intervall $(y,y+dy)$ befindet. $w(x/y)$ stellt also einen achsenparallelen Schnitt durch die Funktion $w(x,y)$ dar.

2.3. Addition statistisch unabhängiger Variabler

Die Größen $x(\nu)$, $y(\nu)$ seien Abtastwerte der kontinuierlichen und statistisch unabhängigen Variablen $x(t)$, $y(t)$ mit den Verteilungsdichten $w_x(x)$ und $w_y(y)$. Als Folge der angenommenen statistischen Unabhängigkeit ist die Verbund-Wahrscheinlichkeitsdichte das Produkt der Einzel-Wahrscheinlichkeitsdichten,

$$w(x,y) = w_x(x) \cdot w_y(y) \ .$$

Gesucht sei die Verteilungsdichte der statistischen Summen-variablen

$$z = x + y.$$

Zunächst wird die Wahrscheinlichkeitsverteilung von z berech-net. Die Gerade g in der x,y-Ebene (Bild 2.5)

$$y = z_1 - x,$$

stellt die Trennlinie für $z \gtrless z_1$ dar. Wertepaare x,y links der Geraden führen auf $z < z_1$, solche rechts auf $z > z_1$. Somit gilt

$$W(z<z_1) = \iint\limits_{G} w_x(x) \, w_y(y) \, dx \, dy \ .$$

G ist dabei das schraffierte Gebiet links von der Geraden g. Die Ausführung der Integration ergibt

$$W(z<z_1) = \int\limits_{-\infty}^{\infty} w_x(x) \int\limits_{-\infty}^{z_1-x} w_y(y) \, dy \quad dx =$$

$$= \int\limits_{-\infty}^{\infty} w_x(x) \, W_y(z_1-x) \, dx \ .$$

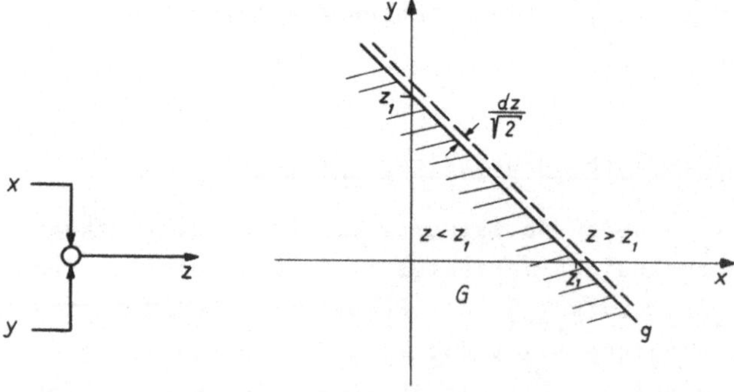

Bild 2.5

Differentiation nach dem Parameter z_1 liefert die Verteilungsdichte

$$\frac{dW(z<z_1)}{dz_1} = w_z(z_1) = \int_{-\infty}^{\infty} w_x(x)\, w_y(z_1-x)\, dx \; ,$$

oder mit $z_1 \to z$

$$w_z(z) = \int_{-\infty}^{\infty} w_x(x)\, w_y(z-x)\, dx \; . \tag{6}$$

Die Summen-Verteilungsdichte w_z entsteht somit als Faltungsintegral der Einzel-Verteilungsdichten w_x, w_y.

Die inkrementelle Wahrscheinlichkeit $w(z)dz$ läßt sich als
Volumen einer zwischen $w(x,y)$ und der x,y-Ebene liegenden
Scheibe deuten, die sich längs der Geraden g erstreckt und
die Dicke $dz/\sqrt{2}$ aufweist.

Falls x und y normalverteilt sind,

$$w_x(x) = \frac{1}{\sqrt{2\pi}\sigma_x}\, e^{-\frac{(x-\bar{x})^2}{2\sigma_x^{\,2}}} \; , \quad w_y(y) = \frac{1}{\sqrt{2\pi}\sigma_y}\, e^{-\frac{(y-\bar{y})^2}{2\sigma_y^{\,2}}} \; ,$$

gilt

$$w_z(z) = \frac{1}{2\pi\sigma_x\sigma_y} \int_{-\infty}^{\infty} e^{-\left[\frac{(x-\bar{x})^2}{2\sigma_x^{\,2}} + \frac{(z-x-\bar{y})^2}{2\sigma_y^{\,2}}\right]} dx \; .$$

Mit der Substitution

$$x - \bar{x} = \xi \; , \quad y - \bar{y} = \eta \; , \quad z - \bar{z} = \zeta$$

und mit
$$\bar{x} + \bar{y} = \bar{z}$$

folgt daraus

$$w_z(z) = \frac{1}{2\pi\sigma_x\sigma_y} \int\limits_{-\infty}^{\infty} e^{-\left[\frac{\xi^2}{2\sigma_x^2} + \frac{(\zeta-\xi)^2}{2\sigma_y^2}\right]} d\xi \ .$$

Nach einer längeren Zwischenrechnung entsteht daraus

$$w_z(z) = \frac{1}{\sqrt{2\pi(\sigma_x^2+\sigma_y^2)}} e^{-\frac{(z-\bar{z})^2}{2(\sigma_x^2+\sigma_y^2)}} \ ,$$

eine Normalverteilung mit dem Mittelwert

$$\bar{z} = \bar{x} + \bar{y}$$

und der Streuung

$$\sigma_z = \sqrt{\sigma_x^2 + \sigma_y^2} \ .$$

Während sich also die Mittelwerte linear überlagern, nimmt die Streuung weniger stark zu. Dies ist eine Folge der statistischen Unabhängigkeit von x und y, durch die eine teilweise Kompensation der Schwankungen eintritt.

Das Gedankenexperiment läßt sich schrittweise fortsetzen. Durch Addition von m normalverteilten, statistisch unabhängigen Variablen

$$y_1(\nu), \quad y_2(\nu),\dots \quad y_m(\nu)$$

mit den jeweiligen Mittelwerten

$$\bar{y}_1, \quad \bar{y}_2, \ \dots \ \bar{y}_m$$

und den Streuungen

$$\sigma_{y1}, \quad \sigma_{y2}, \ \dots \quad \sigma_{ym}$$

entsteht dabei eine normalverteilte Summen-Variable $x(\nu) = \sum\limits_{\mu=1}^{m} y_\mu(\nu)$ mit dem Summen-Mittelwert

$$\overline{x} = \sum_{\mu=1}^{m} \overline{y_\mu}$$

und der Summen-Streuung

$$\sigma_x = \sqrt{\sum_{1}^{m} \sigma_\mu^{\,2}} \ .$$

Falls die Wertefolgen y_μ gleichen Mittelwert und gleiche Streuung aufweisen, z.B. da sie unabhängige Stichproben aus ein und demselben Wertevorrat darstellen,

$$\overline{y}_1 = \overline{y}_2 = \ \ldots \ \overline{y_m} = \overline{y} \ ,$$

$$\sigma_{y1} = \sigma_{y2} = \ \ldots \ \sigma_{ym} = \sigma_y \ ,$$

erhält man für Mittelwert und Streuung der Summenvariablen $x(\nu)$

$$\overline{x} = m \ \overline{y} \ ,$$

$$\sigma_x = \sqrt{m} \ \sigma_y \ .$$

Die zugehörige Verteilungsdichte lautet dann

$$w_x(x) = \frac{1}{\sqrt{2\pi m \sigma_y^{\,2}}} \ e^{-\frac{(x-m\overline{y})^2}{2m \ \sigma_y^{\,2}}} \ .$$

Betrachtet man nun das Mittel aus einer Stichprobe,

$$\xi(\nu) = \frac{1}{m} \ x(\nu) = \frac{1}{m} \sum_{\mu=1}^{m} y_\mu(\nu) \ ,$$

als neue statistische Variable, so folgt nach Abs. 1.6,(Gl. 16),

$$w_\xi(\xi) = m\, w_x(m\xi) = \frac{m}{\sqrt{2\pi m \sigma_y{}^2}}\, e^{-\frac{(m\xi - m\overline{\xi})^2}{2m\sigma_y{}^2}} =$$

$$= \frac{1}{\sqrt{2\pi \sigma_y{}^2/m}}\, e^{-\frac{(\xi - \overline{\xi})^2}{2\sigma_y{}^2/m}} \; .$$

Somit gilt

$$\overline{\xi} = \overline{y} \; , \quad \sigma_\xi = \frac{\sigma_y}{\sqrt{m}} \; .$$

Durch die Verwendung von Stichproben mit m Komponenten wird
also die Streuung gegenüber der y-Verteilung um den Faktor
$1/\sqrt{m}$ reduziert (Bild 2.6).

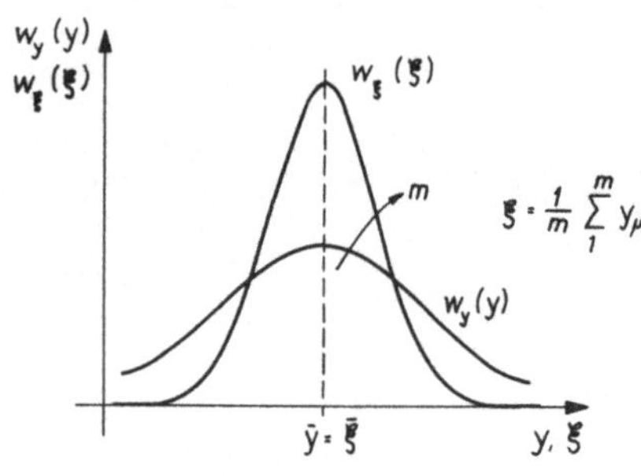

Bild 2.6

Dieses Verfahren wird bei der Auswertung unsicherer Daten häufig angewendet. z.B. kann man eine streuende Messung mehrfach wiederholen und anschließend das Mittel bilden. Sofern die Messung keinen systematischen Fehler enthält, geht die Streuung des gemittelten Meßwertes mit der Wurzel der Anzahl der Komponenten zurück.

Dies beruht auf der teilweisen Kompensation der statistischen
Schwankungen.

Bei der Addition mehrerer statistischer Variabler $y_\mu(\nu)$

$$x(\nu) = \sum_{\mu=1}^{m} y_\mu(\nu)$$

gelten die Beziehungen

$$\overline{x} = \sum_{\mu=1}^{m} \overline{y_\mu} \quad ,$$

$$\overline{(x-\overline{x})^2} = \sum_{\mu=1}^{m} \overline{(y_\mu - \overline{y_\mu})^2}$$

übrigens unabhängig von der Art der Verteilungsdichten $w(y_\mu)$, sofern die y_μ nur voneinander unabhängig sind.

Dagegen ist die Tatsache, daß bei der Addition von zwei oder mehreren unabhängigen Variablen gleicher Verteilungsdichte eine Summengröße mit wiederum gleicher Verteilungsdichte entsteht, eine Besonderheit der Normalverteilung. Im nächsten Abschnitt wird dies deutlich.

2.4. Berechnung der Summen-Verteilungsdichte aufgrund einer Analogie

Wenn y_1 und y_2 unabhängige statistische Variable mit den Verteilungsdichten w_1 und w_2 sind, so hat die Summe $x = y_1 + y_2$ gemäß Abs. 2.3 die Verteilungsdichte

$$w(x) = \int_{-\infty}^{\infty} w_1(y_1)\, w_2(x-y_1)\, dy_1 \;.$$

Für den Sonderfall $w_1(y_1<0) = w_2(y_2<0) \equiv 0$ verkürzt sich das Integrationsintervall,

$$w(x) = \int_{0}^{x} w_1(y_1)\, w_2(x-y_1)\, dy_1 \;. \tag{7}$$

Dieser Ausdruck weist eine formale Analogie zum Faltungsintegral auf, das die Impulsantwort einer Kettenschaltung zweier rückwirkungsfreier linearer Übertragungsglieder liefert | z.B. 23|.

Bei der in Bild 2.7 skizzierten Anordnung sind $g_1(t)$, $g_2(t)$ die Impulsantworten der beiden Übertragungsglieder; $F_1(p)$, $F_2(p)$ sind die zugehörigen Übertragungsfunktionen. Bei einem realisierbaren System ist $g_1(t<o) = g_2(t<o) \equiv o$. Die Impulsantwort der Kettenschaltung ist dann

$$g(t) = \frac{1}{1s} \int_0^t g_1(\tau)\, g_2(t-\tau)\, d\tau \ . \qquad (8)$$

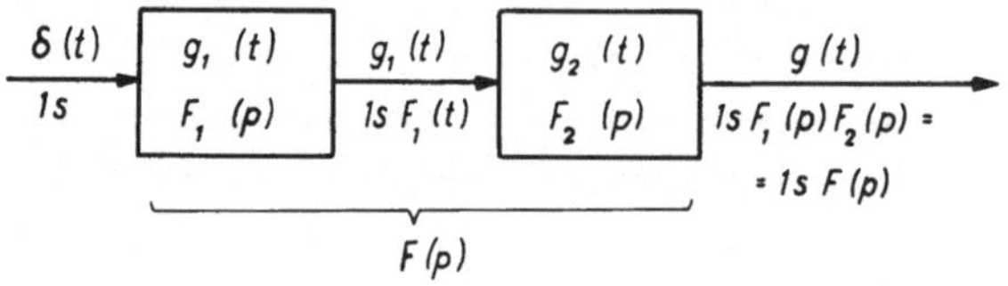

Bild 2.7

Falls $g_1(t\geq o)\geq o$, $g_2(t\geq o)\geq o$, besteht zwischen den Gln.(7) und (8) folgende Analogie:

Gl. (7):	x	y_1	w_1	w_2	w
Gl. (8):	$\frac{t}{1s}$	$\frac{\tau}{1s}$	g_1	g_2	g

Die Summenverteilungsdichte $w(x)$ läßt sich demnach als Impulsantwort einer Kettenschaltung bestimmen. Die Berechnung kann dabei im Bildbereich erfolgen,

$$g(t) = L^{-1}\left[1s\, F_1(p)\, F_2(p)\right] .$$

Betrachtet man anschließend wieder das Mittel

$$\xi = \frac{x}{2} = \frac{y_1 + y_2}{2} \ ,$$

so läßt sich dessen Verteilungsdichte gemäß Abs. 1.4 auf einfache Weise gewinnen

$$w_\xi(\xi) = 2\,w_x(2\xi)\ . \tag{9}$$

Das Berechnungsverfahren ist rekursiv anwendbar, d.h. auf die Additon mehrerer Variabler erweiterungsfähig.

Anhand eines einfachen Beispieles, das sich allerdings auch ohne diesen Analogieschluß leicht überblicken läßt, wird die Anwendung dieses Verfahrens gezeigt. Zwei statistische Variable y_1 und y_2 mit der gleichen konstanten Verteilungsdichte (Bild 2.8a)

$$w_1(y_1) = w_2(y_2) = w_y(y)$$

sollen addiert werden; die Verteilungsdichte $w(x)$ der Summenvariablen

$$x = y_1 + y_2$$

ist gesucht. Die Berechnung erfolgt mit Hilfe der beschriebenen Analogie im Frequenzbereich, indem zwei lineare Obertragungsglieder mit der gleichen Obertragungsfunktion

$$F_1(p) = F_2(p) = e^{-T_a p}\ \frac{1 - e^{-T_b p}}{T_b p}$$

gemäß Bild 2.7 hintereinander geschaltet werden. Die zu F_1, F_2 gehörige Impulsantwort hat gerade die in Bild 2.8b gezeigte Form. Die Obertragungsfunktion der Kettenschaltung lautet dann

$$F(p) = F_1^{\,2}(p) = e^{-2T_a p}\ \frac{1 - 2e^{-T_b p} + e^{-2T_b p}}{(T_b p)^2}\ .$$

Die zugehörige Impulsantwort folgt aus $g(t) = L^{-1}(1sF(p))$ durch Oberlagerung der entsprechenden zeitlich verschobenen Anteile |23|,

$$g(t) = \frac{1s}{T_b} \left[\frac{t-2T_a}{T_b} \cdot s(t-2T_a) - \right.$$

$$- 2 \frac{t-2T_a-T_b}{T_b} \cdot s(t-2T_a-T_b) +$$

$$\left. + \frac{t-2T_a-2T_b}{T_b} \cdot s(t-2T_a-2T_b) \right] .$$

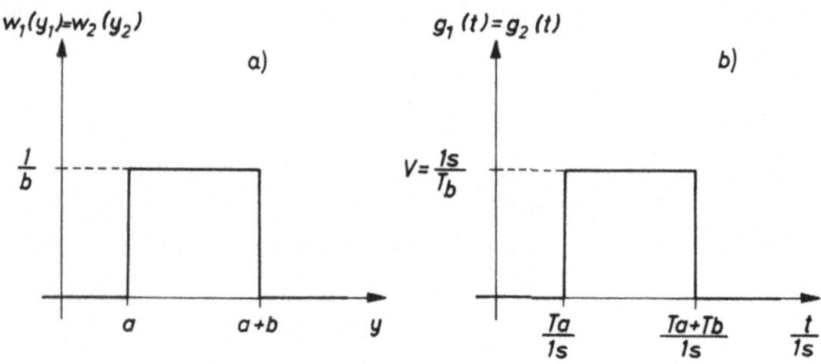

Bild 2.8

Dabei wurde zur Abgrenzung der Gültigkeitsbereiche wieder die Sprungfunktion

$$s(t<o) \equiv o \ , \quad s(t\geq o) \equiv 1$$

verwendet. Bild 2.9 zeigt den zu g(t) gehörigen zeitlichen Verlauf. Die aufgrund der Analogiebeziehung der Verteilungs- dichte w(x) zugeordneten Größen sind in die Skizze ebenfalls eingetragen.

Die Verteilungsdichte des Mittels, $\xi = x/2$, entsteht nun aus w(x) durch eine Maßstabsänderung gemäß Gl. (9). Diese Kurve ist in Bild 2.10 dargestellt. Ein Vergleich mit Bild 2.8 zeigt, daß als Folge der Mittelung der zentrale Bereich stärker hervortritt, die Streuung also reduziert wurde. Die Rechnung ergibt

$$\sigma_\xi \;=\; \sqrt{\overline{(\xi-\overline{\xi})^2}} \;=\; \frac{1}{\sqrt{24}}\, b$$

gegenüber $b/\sqrt{12}$ für die Rechteckverteilung. Die Streuung ist also, wie erwartet, um den Faktor $1/\sqrt{2}$ zurückgegangen.

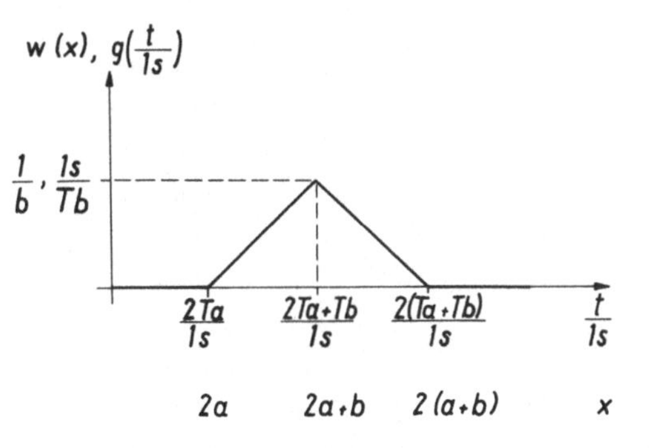

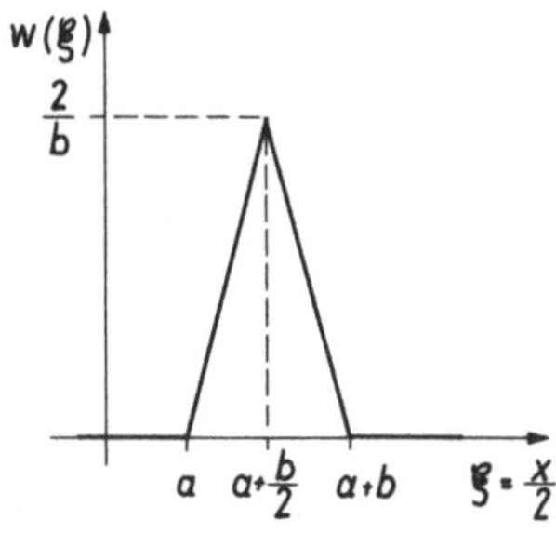

Bild 2.9   Bild 2.10

Das beschriebene Verfahren läßt sich rekursiv auf unabhängige Stichproben mit m Komponenten erweitern; in der Analogie entspricht dem eine Kettenschaltung von m Übertragungsgliedern.

Für den besonders einfachen Fall einer Rechteckverteilung von y läßt sich w(x) auch unmittelbar gewinnen. Die Wahrscheinlichkeitsdichte $w_1(y_1) = w_2(y_2) = w_y(y)$ ist dann im quadratischen Bereich $a \le (y_1, y_2) \le (a + b)$ der y_1, y_2-Ebene konstant (Bild 2.11); aus der Überlegung zu Bild 2.5 folgt, daß die Länge der Schnittlinie einer um $-45°$ geneigten Geraden $y_2 = x - y_1$ mit dem Quadrat gerade der Wahrscheinlichkeitsdichte

54

w(x) entspricht. Man erkennt, daß w(x), bei x = 2a beginnend,
linear ansteigt, bei x = 2a+b ein Maximum durchläuft und bei
x = 2(a+b) wieder Null wird. Werte, die unterhalb 2a oder
oberhalb von 2(a+b) liegen, kommen in x nicht vor.

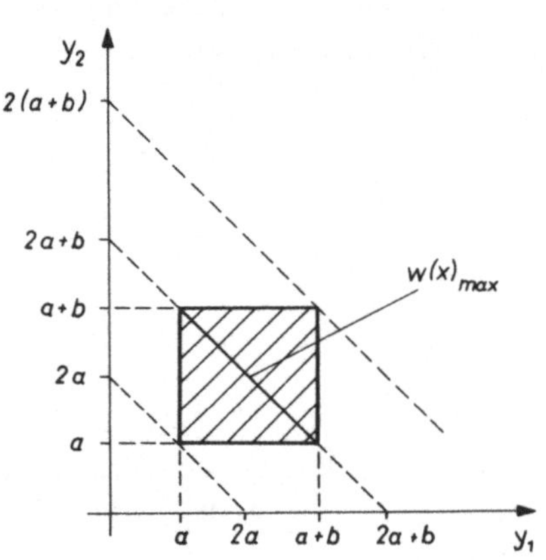

Bild 2.11

Das gezeigte Analogie-
verfahren mit dem Fal-
tungsintegral ist nur
von geringem prakti-
schen Nutzen, da die
Kenntnis einer der
Verteilungsdichte w(y)
ähnlichen Impulsant-
wort g(t) vorausge-
setzt wird. Als inter-
essantes Nebenprodukt
dieser Überlegungen ist
dagegen folgendes Er-
gebnis zu werten:
Eine Kette aus m glei-
chen Übertragungs-
strecken, deren Impuls-
antworten einer Normal-
verteilungsdichte ähn-

lich sind, hat eine Gesamt-Impulsantwort, die für beliebiges
m wieder einer Normalverteilungsdichte ähnlich ist. Dabei
tritt lediglich eine zeitliche Dehnung auf. Wegen des beidseitig unbegrenzten Verlaufs einer Normalverteilungsdichte
und wegen ihrer analytischen Form ist die 'analoge' Übertragungsstrecke allerdings nur angenähert realisierbar.

3. Lineare Regressionsanalyse

In einem dynamischen System, dessen Eigenschaften vollständig
bekannt sind und in dem nur deterministische Anregungen wirken, sind die verschiedenen Systemgrößen streng kausal miteinander verknüpft. Bei Kenntnis des Anfangszustandes und der
Anregungen können alle abhängigen Größen zu jedem späteren
Zeitpunkt bestimmt werden.

Wenn unbekannte und nicht-deterministische Anregungen vorliegen, ferner bei unvollständiger Kenntnis der Systemeigenschaf-
ten, besteht eine solche Berechnungsmöglichkeit nicht, da die
anzuwendenden Rechenregeln nicht oder nicht genau bekannt
sind; dieser Fall liegt bei allen praktischen Meß- und Steu-
erproblemen vor. Die abhängigen Größen zeigen dann Schwankungen und Drifterscheinungen, deren Ursachen im einzelnen ver-
borgen bleiben, obwohl sie natürlich im Prinzip kausal be-
dingt sind. Es liegt deshalb nahe, sie als statistische Grös-
sen zu behandeln und ihnen aufgrund von Überlegungen oder
Messungen bestimmte statistische Eigenschaften zuzuschreiben.

3.1. Eindimensionale Regressionsanalyse

Im einfachsten Fall kann das beschriebene Problem so ausse-
hen, daß eine größere Anzahl N von Wertepaaren

$$\left[x(\nu),\ y(\nu) \right], \quad \nu = 1,2,\ldots N,$$

vorliegt, die infolge unvermeidlicher und unbekannter Störein-

flüsse mit Streuung behaftet sind. Die Wertepaare lassen sich
z.B. als Punkte in einer x,y-Ebene auftragen (Bild 3.1). Sie
belegen dort in unterschiedlicher Häufung einen gewissen
Streubereich G. Ein eindeutiger funktionaler Zusammenhang
x=f(y) ist also nicht feststellbar, wenngleich die Form des
Streubereiches oft eine gewisse statistische oder tendenziel-
le Abhängigkeit 'im Großen' erkennen läßt. Es gibt viele Beispiele dieser Art, etwa der Zusammenhang zwischen Jahreszeit
und Temperatur, Tageszeit und Belastung eines Energieversor-
gungsnetzes, Gesprächstarif und Telefonverkehr, abgelesener
Meßwert und 'echte' Meßgröße usw.

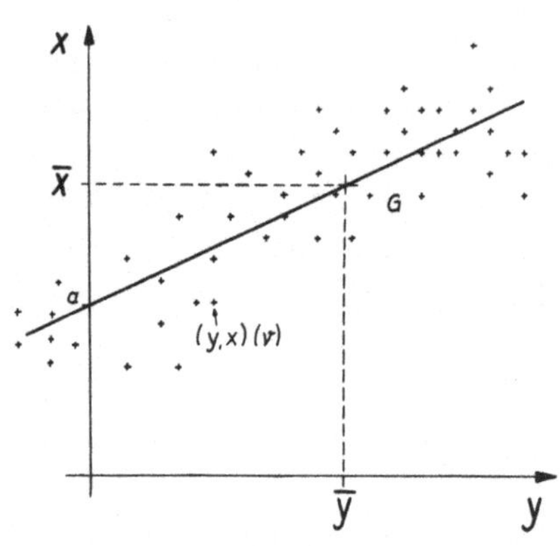

Bild 3.1

Um die Möglichkeit
einer Prognose des
wahrscheinlichen
künftigen Wertebe-
reiches von x zu
haben, kann der
Wunsch bestehen, den
statistischen Zusam-
menhang $(x(\nu),\ y(\nu))$
in einem gewissen Be-
reich durch eine li-
neare Funktion x =
a + by zu approxi-
mieren. Die Parame-
ter a,b sind dabei
so zu wählen, daß
bestmögliche Über-
einstimmung zwischen
den gemessenen Daten
und dem 'mathematischen Modell' besteht. Als Kriterium für
die optimalen Koeffizienten a,b kann die Forderung dienen,
den mittleren quadratischen Fehler zwischen den Meßwerten
$x(\nu)$ und den anhand des Modelles vorhergesagten Funktionswerten $a+by(\nu)$ zu einem Minimum zu machen. Ein solches Kriterium

hat den Vorzug, daß nur die Beträge der Fehler eingehen und
daß größere Abweichungen stärker bewertet werden; außerdem
läßt es sich mathematisch einfach handhaben.

Der Fehler beim ν. Wertepaar ist

$$e(\nu) = x(\nu) - (a + by(\nu)) \; ; \tag{1}$$

daraus folgt der mittlere quadratische Fehler[1]

$$\overline{e^2(\nu)} = \frac{1}{N} \sum_{\nu=1,2,.}^{N} e^2(\nu) \to \underset{a,b}{\text{Min}} \quad , \tag{2}$$

der zum Minimum bezüglich a,b gemacht werden soll.
Einsetzen von (1) in (2) liefert mit den Abkürzungen

$$\overline{y} = \frac{1}{N} \sum_{\nu=1,2,.}^{N} y(\nu) \; , \quad \overline{x} = \frac{1}{N} \sum_{\nu=1,2,.}^{N} x(\nu) \; ,$$

$$\overline{y^2} = \frac{1}{N} \sum_{\nu=1,2,.}^{N} y^2(\nu) \; , \quad \overline{xy} = \frac{1}{N} \sum_{\nu=1,2,.}^{N} x(\nu)y(\nu) \; ,$$

$$\overline{x^2} = \frac{1}{N} \sum_{\nu=1,2,.}^{N} x^2(\nu)$$

die Bedingung

$$\overline{e^2} = \overline{x^2} + a^2 + b^2\overline{y^2} - 2a\overline{x} - 2b\overline{xy} + 2ab\overline{y} \to \underset{a,b}{\text{Min}} \quad .$$

$\overline{e^2}$ ist quadratisch in a,b, also gibt es nur einen einzigen
Extremwert. Wegen der positiven Koeffizienten von a^2, b^2 kann
es sich dabei nur um ein Minimum handeln. Somit muß gelten:

------

[1] Es handelt sich dabei im statistischen Sinne nur um einen
Teilmittelwert, der erst für $N \to \infty$ gegen den wahren Mittelwert konvergiert; das gleiche gilt für die übrigen in diesem Zusammenhang verwendeten Mittelwerte.

58

$$\frac{\partial \overline{e^2}}{\partial a} = 2(a - \overline{x} + b\overline{y}) = 0 \;,$$

$$\frac{\partial \overline{e^2}}{\partial b} = 2(b\overline{y^2} - \overline{xy} + a\overline{y}) = 0 \;.$$

Man erhält also zwei lineare Gleichungen für a und b. Die Lösungen stellen Schätzwerte $\hat{a}$, $\hat{b}$ der gesuchten Koeffizienten dar

$$\hat{a} = \overline{x} - \frac{\overline{xy} - \overline{x}\,\overline{y}}{\overline{y^2} - \overline{y}^2}\,\overline{y} = \overline{x} - \hat{b}\,\overline{y} \;,$$

$$\hat{b} = \frac{\overline{xy} - \overline{x}\,\overline{y}}{\overline{y^2} - \overline{y}^2} \;.$$

Die optimale Gerade $\quad x = \hat{a} + \hat{b}\,y$
oder

$$x - \overline{x} = \frac{\overline{xy} - \overline{x}\,\overline{y}}{\overline{y^2} - \overline{y}^2}\,(y - \overline{y}) = k\,(y - \overline{y})$$

geht durch den Mittelwert $(\overline{y}, \overline{x})$ der Punkteschar. Der Faktor $k = \hat{b}$ wird als Regressionskoeffizient bezeichnet; er beschreibt die Steigung der optimalen Geraden in der x,y-Ebene.

Mit $\quad \overline{y^2} - \overline{y}^2 = \sigma_y^2, \quad \overline{x^2} - \overline{x}^2 = \sigma_x^2$

erhält man eine normierte Schreibweise

$$\frac{x - \overline{x}}{\sigma_x} = \frac{\overline{xy} - \overline{x}\,\overline{y}}{\sigma_x \sigma_y}\,\frac{y - \overline{y}}{\sigma_y} = \rho\,\frac{y - \overline{y}}{\sigma_y} \;;$$

der dabei entstehende Faktor ρ wird Korrelationskoeffizient genannt.

Im Fall einer deterministischen linearen Abhängigkeit, d.h. bei Abwesenheit einer statistischen Komponente, wird $\rho = 1$. Dies wird am Beispiel eines linearen Verstärkungsgliedes, $x = Vy$, deutlich; wegen

$$\overline{x} = V\overline{y} \;, \quad \overline{x^2} = V^2\overline{y^2} \;, \quad \overline{xy} = V\overline{y^2} \;, \quad \sigma_x = V\sigma_y$$

gilt

$$\rho = \frac{\overline{xy} - \overline{x}\,\overline{y}}{\sigma_x\,\sigma_y} = \frac{V(\overline{y^2} - \overline{y}^2)}{V(\overline{y^2} - \overline{y}^2)} = 1.$$

Wenn andererseits x,y statistisch unabhängig sind, läßt sich
der Mittelwert $\overline{xy}$ über die Verbundwahrscheinlichkeit auf einfache Weise berechnen, (Abs. 2.1),

$$\overline{xy} = \int\!\!\!\int\limits_{-\infty}^{\infty} xy\; w(x,y)\; dx\; dy =$$

$$= (\int\limits_{-\infty}^{\infty} x\; w(x)\; dx)\; (\int\limits_{-\infty}^{\infty} y\; w(y)\; dy) = \overline{x}\,\overline{y}\;.$$

Der Korrelationskoeffizient ρ wird damit Null.
Zwischen den Grenzfällen der deterministischen Abhängigkeit
(ρ= 1) und der statistischen Unabhängigkeit (ρ=0) liegt das
Gebiet der statistischen Abhängigkeit; diese ist nur pauschal
für die Gesamtheit der Meßwerte, nicht aber an Einzelmessun-
gen nachweisbar.

3.2. Mehrdimensionale Regressionsanalyse

Bei dem im vorigen Abschnitt für den eindimensionalen Fall
beschriebenen Verfahren der 'linearen Regressionsanalyse' mit
dem Ziel der Minimisierung des mittleren quadratischen Fehlers handelt es sich um ein auf C.F. G a u ß zurückgehendes
Grundverfahren der Statistik (Verfahren der kleinsten Fehler-
quadrat-Summe, Ausgleichsrechnung), das sich in verschiedener
Hinsicht erweitern läßt. Hier sei vorerst nur das allgemeine
Prinzip erläutert |z.B. 11|; Anwendungen werden in einem spä-
teren Abschnitt in Verbindung mit der System-Identifizierung
behandelt.

Gegeben sei ein Satz zusammengehöriger diskreter Beobachtungswerte $[y_1, y_2, \ldots y_\mu, \ldots y_m, x](\nu)$, von denen bekannt ist
oder vermutet wird, daß sie in einer linearen Beziehung der
Form

$$\sum_{\mu=1}^{m} a_\mu \, y_\mu \, (\nu) = x(\nu) \qquad (3)$$

stehen. Aufgrund von N solchen Datensätzen sollen Schätzwerte
für die unbekannten Koeffizienten a_μ gefunden werden ('Mathematisches Modell').

Falls die Beobachtungen fehlerfrei und voneinander linear unabhängig sind, genügen m Datensätze ($\nu = 1,2,\ldots m$), um aus den
zugehörigen m Gleichungen (3) die a_μ zu bestimmen. Aus den
vorher erläuterten Gründen sind die Beobachtungen jedoch in
allen praktischen Fällen Störungen ausgesetzt und daher feh-
lerbehaftet, so daß die Koeffizienten nur geschätzt werden
können; auch stellt der lineare Zusammenhang häufig nur eine
Näherung dar. Eine Auflösung der Gleichungen (3) für N=m Beobachtungen kann unter diesen Umständen zu völlig unbrauchba-
ren Ergebnissen führen, entsprechend z.B. einer Geraden durch
zwei zufällig gewählte Punkte aus dem in Bild 3.1 gezeichneten Streubereich. Aus diesem Grund sollen zusätzliche Beobachtungen verwertet werden, d.h. N >> m. Je größer N ist, eine
desto besser fundierte Schätzung der Koeffizienten a_μ in Anwesenheit von Störungen ist zu erwarten.

Die unbekannten Abweichungen zwischen den Meßwerten und den
Ausgangsgrößen des Modelles (3) werden wieder durch besondere
Fehlerglieder $e(\nu)$ berücksichtigt,

$$\sum_{\mu=1}^{m} a_\mu \, y_\mu(\nu) + e(\nu) = x(\nu) \; , \; \nu = 1,2,\ldots N \; . \qquad (4)$$

Dies ist in Bild 3.2 graphisch dargestellt; die a_μ verkörpern
dabei unbekannte Einflußfaktoren. Man kann das 'mathematische
Modell' somit als Proportionalglied mit mehreren Eingangs-

größen und einer Störgröße deuten.

Die Zahl der Unbekannten a_μ, $e(\nu)$ ist nun m+N; die N Gleichungen (4) sind also nicht ohne zusätzliche Nebenbedingungen
lösbar.

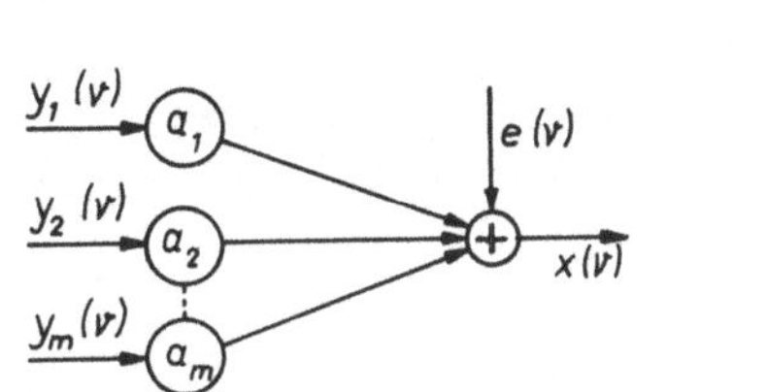

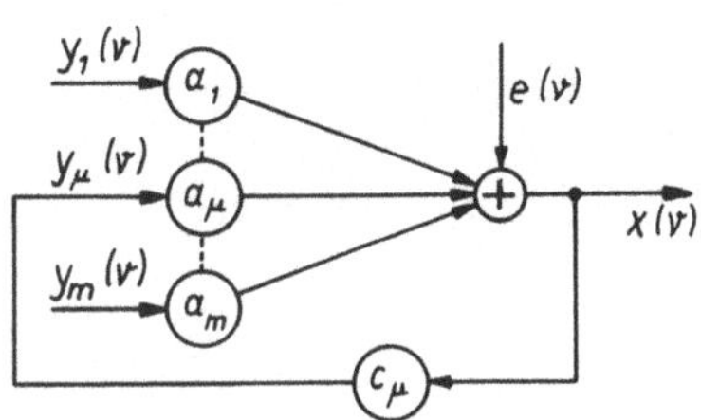

Bild 3.2   Bild 3.3

Für die weiteren Überlegungen sei angenommen, daß die Beobachtungen nur zufälligen Streuungen unterliegen und keine
systematischen Fehler aufweisen. Falls $x(\nu)$ z.B. einen von
$y_\mu(\nu)$ unabhängigen konstanten Anteil enthalten kann, läßt dieser sich durch Annahme einer zusätzlichen konstanten Eingangsgröße $y_{m+1}(\nu) = 1 = \text{const.}$ und eines unbekannten Koeffizienten a_{m+1} bestimmen.

Als Nebenbedingung für die optimale Schätzung der Koeffizienten a_μ wird nun gefordert, daß der mittlere quadratische Fehler minimal wird.

$$\overline{e^2} = \frac{1}{N} \sum_1^N e^2(\nu) \underset{a_\mu}{\to} \text{Min} . \tag{5}$$

Für einen festen Wert von N wird dann auch die Quadratsumme
minimal,

$$Q = \sum_1^N e^2(\nu) = N \overline{e^2} \underset{a_\mu}{\to} \text{Min} . \tag{5a}$$

Diese Bedingung liefert gerade die noch fehlenden m Gleichungen zur Berechnung der a_μ, $e(\nu)$.

Aus Gl. (4) folgt

$$e(\nu) = x(\nu) - \sum_1^m a_\mu \, y_\mu(\nu) \; . \tag{4a}$$

Einsetzen in Q führt auf einen quadratischen Ausdruck in a_μ. Da die Beiwerte der Glieder mit a_μ^2 positiv sind, kommt als Extremwert wieder nur ein Minimum in Frage. Somit muß gelten

$$\frac{\partial Q}{\partial a_\mu} = 0 \; , \quad \mu = 1,2,\ldots m \; . \tag{6}$$

Differentiation von Gln.(5a) nach der Kettenregel führt auf

$$\frac{\partial Q}{\partial a_\mu} = 2 \sum_{\nu=1,2,.}^N e(\nu) \, \frac{\partial e(\nu)}{\partial a_\mu} = 0, \quad \mu = 1,2,\ldots m \; . \tag{7}$$

Aus Gl.(4a) folgt

$$\frac{\partial e(\nu)}{\partial a_\mu} = - y_\mu(\nu) \; .$$

Durch Einsetzen in Gl.(7) entsteht damit ein System von m linearen Gleichungen

$$\sum_{\nu=1}^N y_\mu(\nu) \, e(\nu) = 0, \quad \mu = 1,2,\ldots m. \tag{8}$$

Zusammen mit Gl.(4) verfügt man also gerade über die erforderliche Zahl von Gleichungen für die m+N Unbekannten a_μ und $e(\nu)$. Durch Einsetzen von Gl.(4a) in Gl.(8) lassen sich die $e(\nu)$ eliminieren, so daß m Gleichungen für die m Unbekannten a_μ übrigbleiben.

Die Durchführung der Rechnung wird in Matrizenschreibweise besonders übersichtlich. Mit den Vektoren

$$\underline{x} = \begin{bmatrix} x(1) \\ x(2) \\ \cdot \\ \cdot \\ \cdot \\ x(N) \end{bmatrix} , \quad \underline{e} = \begin{bmatrix} e(1) \\ e(2) \\ \cdot \\ \cdot \\ \cdot \\ e(N) \end{bmatrix} , \quad \underline{y}_\mu = \begin{bmatrix} y_\mu(1) \\ y_\mu(2) \\ \cdot \\ \cdot \\ \cdot \\ y_\mu(N) \end{bmatrix} , \quad \mu = 1,2,\ldots m,$$

und

$$\underline{a} = \begin{bmatrix} a_1 \\ a_2 \\ \cdot \\ \cdot \\ \cdot \\ a_m \end{bmatrix} ,$$

den transponierten Vektoren $\underline{x}_T$, $\underline{y}_{\mu}T$, $\underline{e}_T$ usw.
sowie der Matrix

$$\underline{Y} = (\underline{y}_1, \underline{y}_2, \cdot\cdot \underline{y}_\mu, \cdot\cdot \underline{y}_m)$$

lauten die Gln.(4a, 5a und 8)

$$\underline{e} = \underline{x} - \underline{Y}\,\underline{a} , \tag{4b}$$

$$Q = \underline{e}_T\,\underline{e} \underset{\underline{a}}{\rightarrow} \text{Min} , \tag{5b}$$

$$\underline{Y}_T\,\underline{e} = \underline{0} . \tag{8b}$$

Aus (4b, 8b) folgt

$$\underline{Y}_T\,\underline{e} = \underline{Y}_T\,\underline{x} - \underline{Y}_T\,\underline{Y}\,\underline{a} = \underline{0} . \tag{9}$$

$\underline{Y}_T\,\underline{Y}$ wird als Gaußsche Transformation bezeichnet; sie führt
auf eine symmetrische und daher i.a. auch invertierbare
Matrix der Dimension $m \cdot m$,

$$
\underline{Y}_T\underline{Y} = \begin{bmatrix} \sum\limits_1^N y_1{}^2(\nu), & \sum\limits_1^N y_1(\nu)y_2(\nu), & .. & \sum\limits_1^N y_1(\nu)y_m(\nu) \\[2ex] \sum\limits_1^N y_1(\nu)y_2(\nu), & \sum\limits_1^N y_2{}^2(\nu), & & \\[1ex] \cdot & & & \\ \cdot & & & \\ \cdot & & & \\[1ex] \sum\limits_1^N y_1(\nu)y_m(\nu) & & & \sum\limits_1^N y_m{}^2(\nu) \end{bmatrix} \qquad (10)
$$

Die Lösung von Gl.(9) liefert einen Schätzwert $\hat{\underline{a}}$ für den gesuchten Koeffizientenvektor,

$$\hat{\underline{a}} = (\underline{Y}_T\,\underline{Y})^{-1}\,\underline{Y}_T\,\underline{x}\,, \qquad (11a)$$

oder mit Gl.(4b)

$$\hat{\underline{a}} = \underline{a} + (\underline{Y}_T\,\underline{Y})^{-1}\,\underline{Y}_T\,\underline{e} \qquad (11b)$$

Das Regressionsverfahren erfordert somit die Inversion einer quadratischen Matrix $\underline{Y}_T\underline{Y}$ von der Dimension $m\cdot m$. Der numerische Aufwand bleibt deshalb auch bei großen Datenmengen (N) überschaubar. Dennoch können bei ungünstig gelagerten Fällen numerische Schwierigkeiten auftreten, die zu großen Fehlern führen |z.B. 13, 32|. Im Grenzfall N=m ist die Matrix $\underline{Y}$ bereits quadratisch. Sofern $\underline{Y}$ nicht singulär ist, läßt sich Gl.(4b) dann mit $\underline{e}=o$ unmittelbar lösen. Dieser Sonderfall ist in Gl. (11) enthalten,

$$(\underline{Y}_T\underline{Y})^{-1}\,\underline{Y}_T = \underline{Y}^{-1}\,\underline{Y}_T{}^{-1}\,\underline{Y}_T = \underline{Y}^{-1}\,.$$

Man bezeichnet den Ausdruck $(\underline{Y}_T\underline{Y})^{-1}\,Y_T$ deshalb auch als Pseudoinverse der Matrix Y. Wie schon erwähnt, ist der Fall N=m wegen der Störungen oder Meßunsicherheiten für eine Schätzung von $\underline{a}$ unbrauchbar.

Der Schätzwert des Koeffizientenvektors $\underline{\hat{a}}$ stimmt gemäß Gl. (11b) nur dann mit dem richtigen Wert $\underline{a}$ überein, wenn Gl.(8) erfüllt ist; daraus folgt gemäß Abs. 4.2 die Forderung nach Unabhängigkeit der Beobachtungsgrößen $y_\mu(\nu)$ und des Fehlers $e(\nu)$. Bei einem System, das z.B. eine Rückwirkung enthält (Bild 3.3), ist diese Bedingung nicht erfüllt. Gl.(11) ergibt dann eine fehlerhafte Schätzung.

Die Quadratsumme Q, d.h. der quadratische Mittelwert des Fehlers wird, mit Gl.(4,5),

$$Q_{Min} = \underline{e}_T\underline{e} = (\underline{x} - \underline{Y}\,\underline{\hat{a}})_T(\underline{x} - \underline{Y}\,\underline{\hat{a}}) \; .$$

Daraus folgt nach einer Zwischenrechnung und Einsetzen der Lösung (11a)

$$Q_{Min} = \underline{x}_T\underline{x} - \underline{x}_T\underline{Y}\,(\underline{Y}_T\underline{Y})^{-1}\,\underline{Y}_T\underline{x} \; .$$

Eine wesentliche Erweiterungsmöglichkeit dieses Schätzverfahrens besteht darin, anstelle des in $y_\mu(\nu)$ und a_μ linearen Gleichungssystems (4) einen nur noch in den Koeffizienten a_μ linearen allgemeineren Ansatz

$$\sum_{\mu=1}^{m} a_\mu\, f_\mu(y(\nu)) + e(\nu) = x(\nu), \quad \nu = 1,2,..N \; ,$$

zu verwenden (Bild 3.4). Die Größen $y(\nu)$, $x(\nu)$ sind dabei zusammengehörige Beobachtungswerte, während die $f_\mu(y)$ als nichtlineare Funktionen, z.B. Potenzen von y, gewählt werden können.

Der Lösungsweg ist der gleiche wie vorher; mit der Definition

$$\underline{Y} = \begin{bmatrix} f_1(y(1)) & f_2(y(1)) & \cdots & f_m(y(1)) \\ f_1(y(2)) & f_2(y(2)) & & f_m(y(2)) \\ \cdot & & & \\ \cdot & & & \\ \cdot & & & \\ f_1(y(N)) & f_2(y(N)) & & f_m(y(N)) \end{bmatrix}$$

liefert Gl.(11) wieder einen Schätzwert $\underline{\hat{a}}$ für den Koeffizientenvektor. Die gemäß Gl.(11) erforderliche numerische Inver-

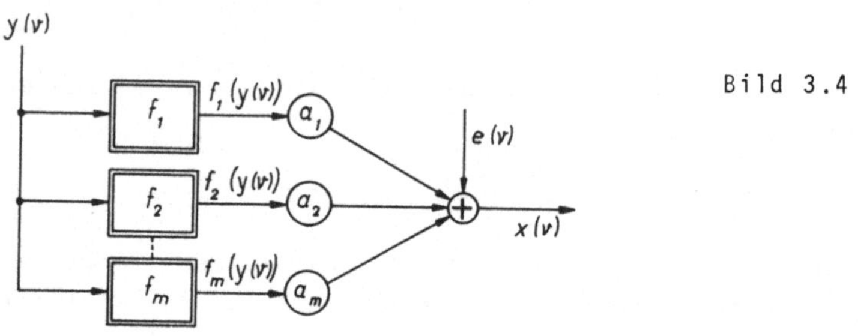

Bild 3.4

sion der quadratischen symmetrischen Matrix

$$\underline{Y}_T\underline{Y} = \begin{bmatrix} \sum\limits_1^N f_1^2(y(\nu)), & \sum\limits_1^N f_1(y(\nu))f_2(y(\nu)), & \cdots & \sum\limits_1^N f_1(y(\nu))f_m(y(\nu)) \\ \sum\limits_1^N f_1(y(\nu))f_2(y(\nu)), \ldots & & & \\ \cdot & & & \\ \cdot & & & \\ \cdot & & & \\ \sum\limits_1^N f_1(y(\nu))f_m(y(\nu)), \ldots & & & \sum\limits_1^N f_m^2(y(\nu)) \end{bmatrix}$$

wird besonders einfach, wenn die Glieder außerhalb der Haupt-
diagonale verschwinden,

$$\sum_{1}^{N} f_i(y(\nu))\, f_k(y(\nu)) = 0 \quad \text{für } i \neq k.$$

Dies ist für äquidistante $y(\nu)$ bei sog. orthogonalen Funktionen $f_\mu(y)$ der Fall. Am bekanntesten sind die trigonometrischen Fourier-Reihen und Tschebyscheff-Polynome, doch
gibt es zahlreiche weitere orthogonale Funktionen $|$z.B. 34$|$.

Im nächsten Absatz wird die Anwendung des Regressionsverfahrens anhand eines Beispiels gezeigt. Weitere Anwendungen
werden in Abs. 9 behandelt.

3.3. Beispiel einer Regressionsanalyse

Gegeben seien N Wertepaare $(x(\nu), y(\nu))$, die durch einen
Polynomansatz der Form

$$x(\nu) = \sum_{\mu=0}^{m} a_\mu y^\mu(\nu) + e(\nu)$$

approximiert werden sollen. Die Koeffizienten a_μ sind so zu
bestimmen, daß die Quadratsumme der Fehler,

$$Q = \sum_{1}^{N} e^2(\nu) = \sum_{1}^{N} \left[x(\nu) - \sum_{\mu=0}^{m} a_\mu y^\mu(\nu) \right]^2 ,$$

minimal wird. Die Glieder des Polynoms stellen keine orthogonalen Funktionen dar.

Mit den Bezeichnungen des Abs. 3.2 lautet das Gleichungssystem

$$\underline{x} = \underline{Y}\,\underline{a} + \underline{e} .$$

Dabei ist

$$\underline{x} = \begin{bmatrix} x(1) \\ x(2) \\ \cdot \\ \cdot \\ \cdot \\ x(N) \end{bmatrix}, \quad \underline{e} = \begin{bmatrix} e(1) \\ e(2) \\ \cdot \\ \cdot \\ \cdot \\ e(N) \end{bmatrix}, \quad \underline{a} = \begin{bmatrix} a_0 \\ a_1 \\ \cdot \\ \cdot \\ \cdot \\ a_m \end{bmatrix},$$

$$\underline{Y} = \begin{bmatrix} 1 & y(1) & y^2(1) & .. & y^m(1) \\ 1 & y(2) & y^2(2) & & y^m(2) \\ \cdot \\ \cdot \\ 1 & y(N) & y^2(N) & & y^m(N) \end{bmatrix} \quad \text{(Vandermonde'sche Matrix)}.$$

In Bild 3.5 sind angenommene Funktionswerte dargestellt, die durch ein Regressionspolynom unterschiedlichen Grades approximiert wurden. Die mit dem vorstehend beschriebenen Verfahren gefundenen Approximationspolynome sind für m=0,2,10 zusammen mit den zugehörigen Werten von Q aufgetragen. Daraus ist zu erkennen, daß sich die Güte der Approximation mit wachsendem Grad m subjektiv verbessert, obwohl die Quadratsumme schließlich nur noch geringfügig abnimmt.

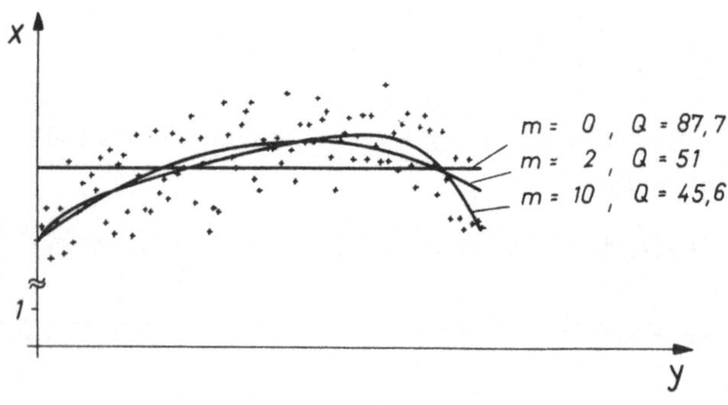

Bild 3.5

4. Korrelationsfunktionen

Statistische Vorgänge oder solche, die mangels ausreichender
Informationen über ihre Entstehung als statistisch betrachtet werden, haben in Meß- und Regelsystemen gewöhnlich die
Form scheinbar regelloser (stochastischer) Schwankungen der
verschiedenen Systemgrößen. Es handelt sich dabei entweder
um kontinuierliche Funktionen der Zeit oder um diskrete Wertefolgen. Die diskreten Funktionen können natürlich auch Ab-
tastfolgen von kontinuierlichen stochastischen Vorgängen sein.

4.1. Autokorrelationsfunktion

Über die Eigenschaften eines stochastischen Vorgangs $x(t)$
lassen sich manchmal globale Aussagen machen, indem man Funktionswerte $x(t)$, $x(t-\tau)$, die in bestimmtem Abstand τ aufeinander folgen, multiplikativ miteinander verknüpft und den
Mittelwert des Produktes bildet (Bild 4.1),

$$\overline{x(t)\ x(t-\tau)} = \lim_{T\to\infty} \frac{1}{2T} \int_{-T}^{T} x(t)x(t-\tau)dt \equiv \varphi_{xx}(\tau). \quad (1)$$

Bild 4.1

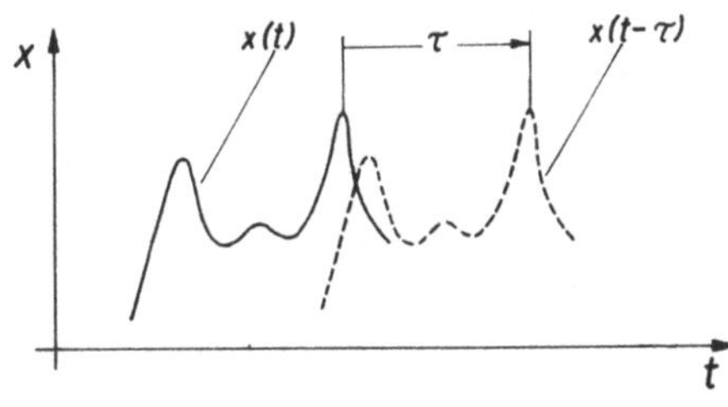

Wenn $x(t)$ stationär ist, d.h. bei unveränderlichen statistischen Eigenschaften von $x(t)$, ist der als Autokorrelationsfunktion bezeichnete Mittelwert $\varphi_{xx}(\tau)$ nur von τ abhängig.
$\varphi_{xx}(\tau)$ stellt gemäß der Definition ein Maß für den inneren
Zusammenhang der Funktion $x(t)$ dar. Ein solcher Zusammenhang

kann z.B. bei der Übertragung des Signals durch eine Strecke
mit Speicherwirkung entstanden sein. Die Berechnung eines
Punktes der Autokorrelationsfunktion erfordert also eine
Integration über ein (theoretisch) unendlich langes Zeitintervall.

Da die Korrelationsfunktion einen Mittelwert darstellt, lassen sich daraus keine Rückschlüsse auf einzelne Funktionswerte x(t) ziehen.

Bild 4.2a zeigt ein Gedankenexperiment für die Messung der
Autokorrelationsfunktion. Dabei wird x(t) mit Hilfe eines
Laufzeitgliedes verzögert; das Produkt x(t) x(t-τ) wird inte-
griert, der Wert des Integrals auf das Integrationsintervall
bezogen. Als Grenzwert entsteht gerade die Autokorrelationsfunktion,

$$\varphi_{xx}(\tau) = \lim_{t \to \infty} u(t,\tau) = \lim_{t \to \infty} \frac{1}{t} \int_0^t x(\sigma)\, x(\sigma-\tau)\, d\sigma \ . \qquad (2)$$

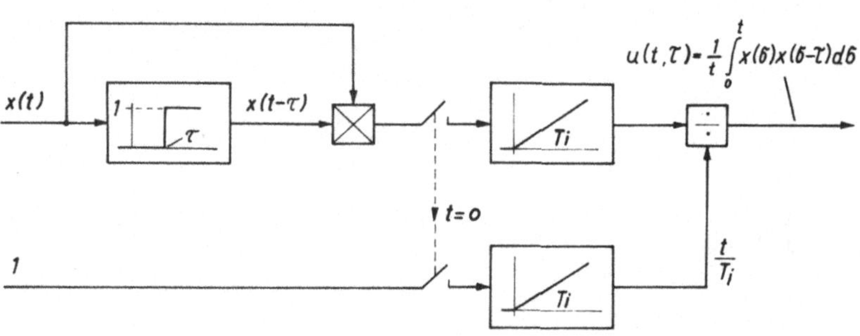

Bild 4.2a

Da die Mittelwertbildung praktisch natürlich nur über eine
endliche Zeit erstreckt werden kann, spricht man auch von
einer Kurzzeit-Korrelation. Die für eine Konvergenz des Mittelwertes erforderliche Länge des Intervalles hängt vom Verlauf von x(t) und der gewünschten Genauigkeit ab.

Die in Gl.(2) verwendete Definition eines laufenden Mittelwertes hat für die praktische Berechnung den Vorzug, daß aus den Schwankungen von u(t,τ) erkennbar ist, wann die Integration abgebrochen werden kann, ohne größere Fehler befürchten zu müssen. Dies ist in Bild 4.2b zu erkennen, wo u(t,τ) für eine binäre Zufallsfunktion x(t) = ±1 berechnet wurde. Bereits nach wenigen Umschaltungen hat sich u(t,τ) dem Grenzwert $\varphi_{xx}(\tau)$ sehr dicht genähert.

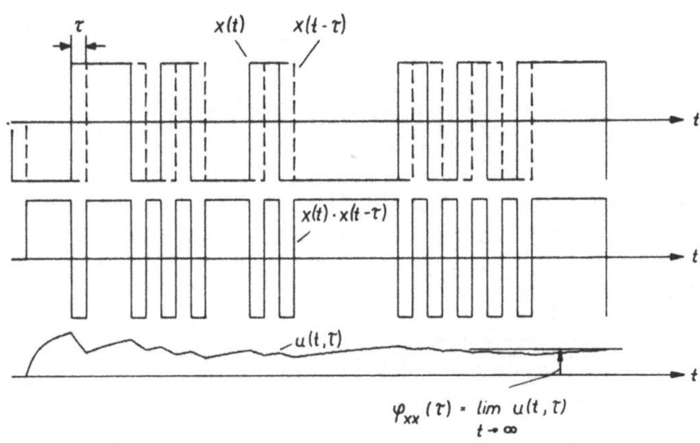

Bild 4.2b

Häufig wird für die Mittelwertbildung auch ein Tiefpaß verwendet. Da sich die Ausgangsgröße eines linearen Übertragungsgliedes als Faltungsintegral schreiben läßt |z.B. 23|,

$$u_1(t,\tau) = \frac{1}{Ts} \int_0^t \underbrace{\left[x(\sigma)\, x(\sigma-\tau)\right]}_{y(\sigma)} g(t-\sigma)\, d\sigma \ ,$$

wo g(t) die Impulsantwort des Tiefpaßgliedes darstellt, liegt hier eine gewichtete Mittelwertbildung über das Produkt

$y(t)=x(t)x(t-\tau)$vor. Bei passend gewähltem $g(t)$gilt somit auch
hier

$$\varphi_{xx}(\tau) \simeq \lim_{t\to\infty} u_1(t,\tau) \ .$$

Die Korrelationsfunktion läßt sich auch mit Hilfe der Verbundwahrscheinlichkeit $w(x_1,x_2)$ ausdrücken; sie stellt nämlich den Mittelwert des Produktes $x_1 \cdot x_2$ dar, wobei x_1,x_2 beliebige Funktionswerte $x(t)$ im Abstand τ sind,

$$x(t) \equiv x_1 \ , \quad x(t-\tau) \equiv x_2 \ ,$$

$$\varphi_{xx}(\tau) = \int\limits_{-\infty}^{\infty}\!\!\int x_1 \cdot x_2 \ w(x_1,x_2) \ dx_1 \ dx_2 \ . \tag{3}$$

τ ist bezüglich der Integration ein konstanter Parameter der
Verbundwahrscheinlichkeitsdichte.

Falls es sich bei x um eine diskrete Funktion $x(\nu)$ handelt,
hat auch die Autokorrelationsfunktion diskreten Charakter.
Die zu (1) analoge Definition lautet dann

$$\overline{x(\nu) \ x(\nu-i)} = \lim_{N\to\infty} \frac{1}{2N+1} \sum_{\nu=-N}^{N} x(\nu) \ x(\nu-i) \equiv$$

$$\equiv \varphi_{xx}(i) \ , \quad i = 0, \ \pm 1, \ \pm 2, \ .. \tag{4}$$

Für die praktische Berechnung wird zweckmäßigerweise auch
hier eine Definition analog zu Gl. (2) gewählt, um einen Hin-
weis auf die erforderliche Intervall-Länge N zu erhalten.

Korrelationsfunktion und Amplitudenverteilung beschreiben verschiedene Aspekte eines stochastischen Signals; dies geht aus
folgender Überlegung hervor:

Hat man einen Wertevorrat x durch seine Verteilungsdichtefunktion w(x) beschrieben, so ist damit zunächst noch nichts über
den Verlauf einer gedachten diskreten Funktion $x(\nu)$ ausgesagt,
die man sich aus dem gegebenen Wertevorrat x durch irgendeine

zeitliche Anordnung entstanden denken kann; dieselben Werte x könnten ja beliebig oft gemischt und in irgendeinem Zeitmaßstab zu neuen Folgen $x(\nu)$ zusammengefaßt werden. Da die Korrelationsfunktion aber gerade den inneren Funktionszusammenhang und den Zeitmaßstab von $x(\nu)$ kennzeichnet, wäre bei jeder Gruppierung der vorgegebenen Amplitudenwerte x trotz unveränderter Verteilungsdichte $w(x)$ ein anderer Verlauf der Autokorrelationsfunktion zu erwarten.

Autokorrelationsfunktionen haben einige charakteristische Eigenschaften:

a) Da $x(t)$ stationär sein soll und der Mittelwert über ein theoretisch unendlich großes Intervall gebildet wird, ist eine zeitliche Verschiebung ohne Bedeutung.
   Mit $t-\tau=t'$, $t=t'+\tau$, $dt = dt'$
   folgt aus Gl. (1)

$$\overline{x(t)\ x(t-\tau)} = \overline{x(t'+\tau)\ x(t')} \equiv \overline{x(t)\ x(t+\tau)} \ ;$$

somit gilt $\varphi_{xx}(\tau) = \varphi_{xx}(-\tau)$.

Die Autokorrelationsfunktion ist also eine gerade Funktion der zeitlichen Verschiebung τ.

b) Aus der Beziehung

$$\left[x(t) - x(t-\tau)\right]^2 = x^2(t) - 2x(t)\ x(t-\tau) + x^2(t-\tau) \geq 0$$

folgt

$$x(t)\ x(t-\tau) \leq \frac{1}{2}\left[x^2(t) + x^2(t-\tau)\right] \ .$$

Bildet man auf beiden Seiten Mittelwerte, so erhält man

$$\overline{x(t)\ x(t-\tau)} \leq \overline{x^2(t)} \ ,$$

oder

$$\varphi_{xx}(\tau) \leq \varphi_{xx}(0) \equiv \overline{x^2} \equiv X^2 \geq 0 \ .$$

Das Maximum der Autokorrelationsfunktion liegt also bei
$\tau = 0$; es entspricht dem quadratischen Mittelwert von x.
Dieser Maximalwert kann für $\tau \neq 0$ erreicht, aber nicht
überschritten werden.

c) Mit zunehmender Verschiebung τ geht bei statistischen Funktionen der innere Zusammenhang zwischen $x(t)$ und $x(t-\tau)$
verloren. Ein Blick auf das Wetter und die auch heute noch
bestehenden Unsicherheiten einer Vorhersage macht dies
deutlich: Wegen der vorhandenen Energiespeicher (Wärme,
Luftdruck, Luftbewegung, Feuchtigkeit etc.) besteht ein
erkennbarer Zusammenhang von Wetterlagen, die im Abstand
von Stunden oder Tagen aufeinanderfolgen, doch verbleibt
aufgrund der zahlreichen unbekannten Einflüsse eine
(scheinbar) statistische Komponente, die bewirkt, daß sich
der anfangs sehr enge Zusammenhang mit zunehmendem zeitlichen Abstand lockert. Damit ist natürlich nicht gesagt,
daß nicht auch ein 100-jähriger Kalender gelegentlich zu-
treffende Prognosen liefern kann.
Sind weit voneinander entfernte Funktionswerte statistisch
unabhängig, so folgt aus Gl. (3) und Abs. 2.1

$$\lim_{\tau \to \infty} \varphi_{xx}(\tau) = \lim_{\tau \to \infty} \int\limits_{-\infty}^{\infty}\!\!\int x_1 x_2 \; w(x_1 x_2) \; dx_1 dx_2 =$$

$$= (\int\limits_{-\infty}^{\infty} x_1 \; w(x_1) \; dx_1)(\int\limits_{-\infty}^{\infty} x_2 \; w(x_2) \; dx_2) \; .$$

Da sich beide Integrale über denselben Wertevorrat von x
erstrecken, gilt

$$\lim_{\tau \to \infty} \varphi_{xx}(\tau) = \overline{x}^2 \; .$$

Die Autokorrelationsfunktion einer statistischen Funktion
ohne Gleichanteil strebt also für $\tau \to \infty$ gegen Null. Bei einer stochastischen Funktion $x(t)$ hat $\varphi_{xx}(\tau)$ damit den in
Bild 4.3 skizzierten grundsätzlichen Verlauf. Die Breite

des in der Umgebung von τ = o liegenden Maximums kennzeichnet den Wirkungsbereich der inneren Bindung von x(t). Dieser Zusammenhang zeitlich benachbarter Werte ist besonders
stark, wenn x(t) eine physikalische Größe mit Speicherwirkung kennzeichnet; da x(t) dann stetig verläuft, sind
schnelle und starke Ausschläge wenig wahrscheinlich. Bei
der Filterung eines stochastischen Signals wird die innere
Bindung verstärkt; gleichzeitig geht der Effektivwert zurück. Damit wird die Autokorrelationsfunktion insgesamt
eingeebnet.

Bild 4.3

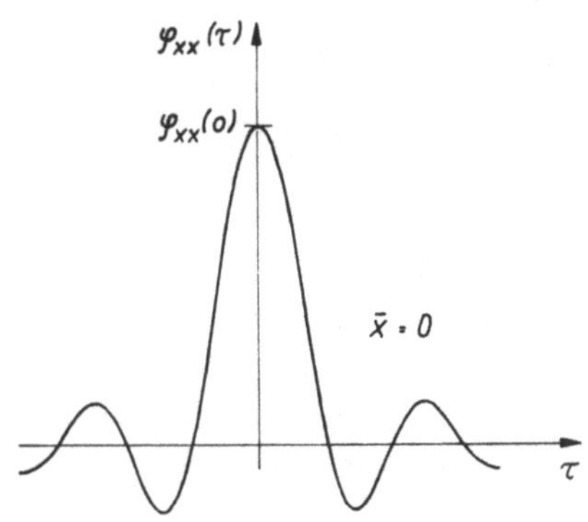

d) Die zur Beschreibung statistischer Funktionen eingeführte
Autokorrelationsfunktion ist natürlich auch auf determi-
nistische Funktionen übertragbar. Zum Beispiel folgt aus
der Definitionsgleichung (1), daß bei einer periodischen
Funktion x(t) auch $\varphi_{xx}(\tau)$ periodisch ist.
Schreibt man die mit $T = 2\pi/\omega$ periodische Funktion x(t)
als komplexe Fourier-Reihe $|$z.B. 22$|$,

$$x(t) = X_o + \sum_{\lambda=1,2}^{\infty} \hat{x}_\lambda \cos(\lambda\omega t + \alpha_\lambda) =$$

$$= \sum_{\lambda=-\infty}^{\infty} c_\lambda\, e^{j\lambda\omega t} \quad ,$$

wobei[1)]

$$X_0 = c_0 \,, \qquad \frac{\hat{x}_\lambda\, e^{j\alpha_\lambda}}{2} = c_\lambda \,, \qquad \frac{\hat{x}_\lambda\, e^{-j\alpha_\lambda}}{2} = \overline{c_\lambda} = c_{-\lambda} \,,$$

so folgt auch

$$x(t-\tau) = \sum_{\lambda=-\infty}^{\infty} c_\lambda\, e^{j\lambda\omega(t-\tau)} \quad .$$

Damit wird die Autokorrelationsfunktion

$$\varphi_{xx}(\tau) = \lim_{T\to\infty} \frac{1}{2T} \int_{-T}^{T} \left(\sum_{-\infty}^{\infty} c_\lambda\, e^{j\lambda\omega t} \right) \left(\sum_{-\infty}^{\infty} c_\lambda\, e^{j\lambda\omega t}\, e^{-j\lambda\omega\tau} \right) dt .$$

Der Integrand stellt wieder eine periodische Funktion der
Zeit t dar. Durch die Integration über ein unbegrenztes
Intervall und den Faktor 1/2T werden alle zeitabhängigen
Anteile unterdrückt; nur die von t unabhängigen Glieder
des Integranden liefern einen Beitrag zum Mittelwert. So-
mit gilt

$$\varphi_{xx}(\tau) = c_0^{\,2} + \sum_{\lambda=1,2}^{\infty} c_\lambda c_{-\lambda}\left(e^{j\lambda\omega\tau} + e^{-j\lambda\omega\tau} \right) =$$

$$= X_0^{\,2} + \sum_{\lambda=1,2,\ldots}^{\infty} \frac{\hat{x}_\lambda^{\,2}}{2} \cos\lambda\omega\tau \quad ,$$

oder mit

$$X_\lambda = \hat{x}_\lambda / \sqrt{2} \quad ,$$

$$\varphi_{xx}(\tau) = X_0^{\,2} + \sum_{\lambda=1,2,\ldots}^{\infty} X_\lambda^{\,2} \cos\lambda\omega\tau \quad .$$

[1)] Der Querstrich bedeutet hier "konjugiert komplex".

Die Autokorrelationsfunktion ist also eine Fourier-Reihe,
bestehend aus cos-Schwingungen aller in x(t) enthaltenen
Frequenzen. Die Amplituden der Teilschwingungen in $\varphi_{xx}(\tau)$
folgen aus den Amplituden der gleichfrequenten Teilschwingungen in x(t), dagegen gehen alle in x(t) enthaltenen
Phasen-Informationen verloren.

Da die Korrelationsfunktion periodisch ist, wird auch das
Maximum in periodischen Abständen angenommen,

$$\varphi_{xx}(0) = \varphi_{xx}\left(k\,\frac{2\pi}{\omega}\right) = \overline{x^2}\,, \qquad k = \pm1,\ \pm2,\ ..$$

Bild 4.4 zeigt den grundsätzlichen Verlauf der Autokorrelationsfunktion für $x(t) = \cos(\omega t + \alpha_1) + \cos(3\omega t + \alpha_3)$.

Bild 4.4

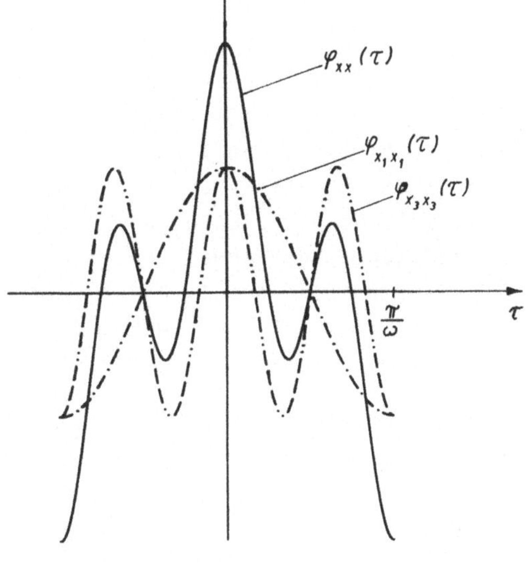

e) Bei Überlagerung eines periodischen Nutz-Anteils $y(t)$ und
einer statistischen Komponente $z(t)$, z.B. eines Störsignals ohne Gleichkomponente, hat die Korrelationsfunktion
des Summensignals

$$x(t) = y(t) + z(t)$$

die Form

$$\varphi_{xx}(\tau) = \lim_{T \to \infty} \frac{1}{2T} \int_{-T}^{T} [y(t)+z(t)]\,[y(t-\tau)+z(t-\tau)]\,dt \ .$$

Sofern zwischen den Funktionen $y(t)$ und $z(t)$ kein Zusammenhang besteht, liefern die gemischten Produkte keinen Beitrag zum Mittelwert; man sagt dann auch, $y(t)$ und $z(t)$ sei-
en nicht korreliert. Somit gilt

$$\varphi_{xx}(\tau) = \lim_{T \to \infty} \frac{1}{2T} \left[\int_{-T}^{T} y(t)y(t-\tau)\,dt + \int_{-T}^{T} z(t)z(t-\tau)\,dt \right] =$$

$$= \varphi_{yy}(\tau) + \varphi_{zz}(\tau) \ .$$

Da die Korrelationsfunktion eines Störsignals ohne Gleichkomponente für große Werte von τ verschwindet, während die
Korrelationsfunktion eines periodischen Signals periodisch
verläuft, bietet sich eine wirkungsvolle Möglichkeit, ein
periodisches Nutzsignal von einem statistischen Störsignal
zu trennen (Bild 4.5a). Die Auswertung der Korrelationsfunktion kann z.B. bei genügend großem τ_1 erfolgen, wo φ_{zz}
schon vernachlässigt werden darf.

Die selektive Filterung durch Korrelation ist in Bild 4.5b
anhand einer Funktion $x(t)$ gezeigt, die aus einem sinusförmigen Nutzsignal $y(t)$ und einer starken unabhängigen Stör-
komponente $z(t)$ kombiniert wurde. Durch laufende Mittelwertbildung gemäß Gl.(2) wurde die Autokorrelationsfunk-
tion $\varphi_{xx}(\tau)$ für verschiedene τ berechnet. Dabei zeigt sich
der erwartete Effekt, daß der Anteil $\varphi_{zz}(\tau)$ des Störsignals
schnell abklingt, während die periodische Komponente

$\varphi_{yy}(\tau)$ zurückbleibt. Die berechneten Werte der Autokorrelationsfunktion sind in Bild 4.5a eingetragen.

Bild 4.5a

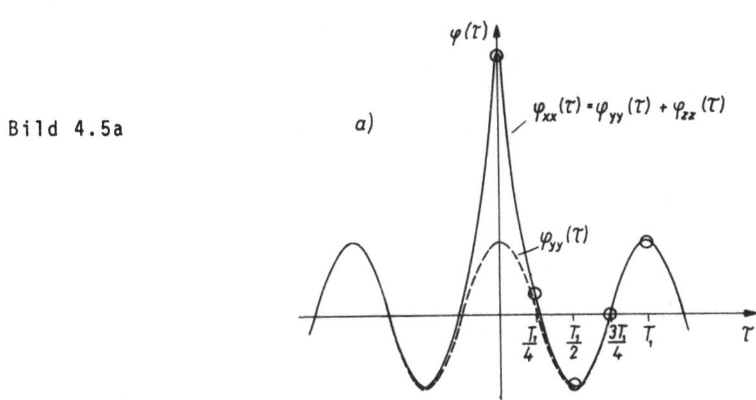

Dem Verlauf der Mittelwerte u(t,τ) ist jedoch auch zu entnehmen, daß erst nach Auswertung vieler Perioden ausreichende Konvergenz zu beobachten ist; dieser Effekt nimmt mit wachsender Störamplitude zu. Dies setzt hohe Genauigkeit der verwendeten Meß- und Rechengeräte voraus.

Von der Möglichkeit, durch Korrelationsanalyse periodische Anteile aus einem starken Störpegel herauszufiltern, wird z.B. auch in der Radioastronomie Gebrauch gemacht; dabei mißt man die zu analysierende Hochfrequenzstrahlung aus dem Weltraum mit zwei im Abstand a aufgestellten gleichen Antennen und korreliert die Empfangssignale (Bild 4.6). Da beide Antennen das gleiche Signal, lediglich mit einer zeitlichen Verschiebung τ = a/c empfangen (c Lichtgeschwindigkeit), lassen sich die gesuchten periodischen Komponenten y(t) durch Korrelation vom regellosen Rauschen z(t) der Strahlung und der Empfänger trennen |5|.

y(t)
T_1
x(t)
τ_1 = 0
u(t, τ_1) = (1/t) ∫_0^t x(σ) x(σ - τ_1) dσ
φ_xx(0)
u(t, τ_2) , τ_2 = T_1/4
φ_xx(T_1/4)
u(t, τ_3) , τ_3 = T_1/2
φ_xx(T_1/2)
u(t, τ_4) , τ_4 = 3T_1/4
φ_xx(3T_1/4) ≈ 0
u(t, τ_5) , τ_5 = T_1
φ_xx(T_1)

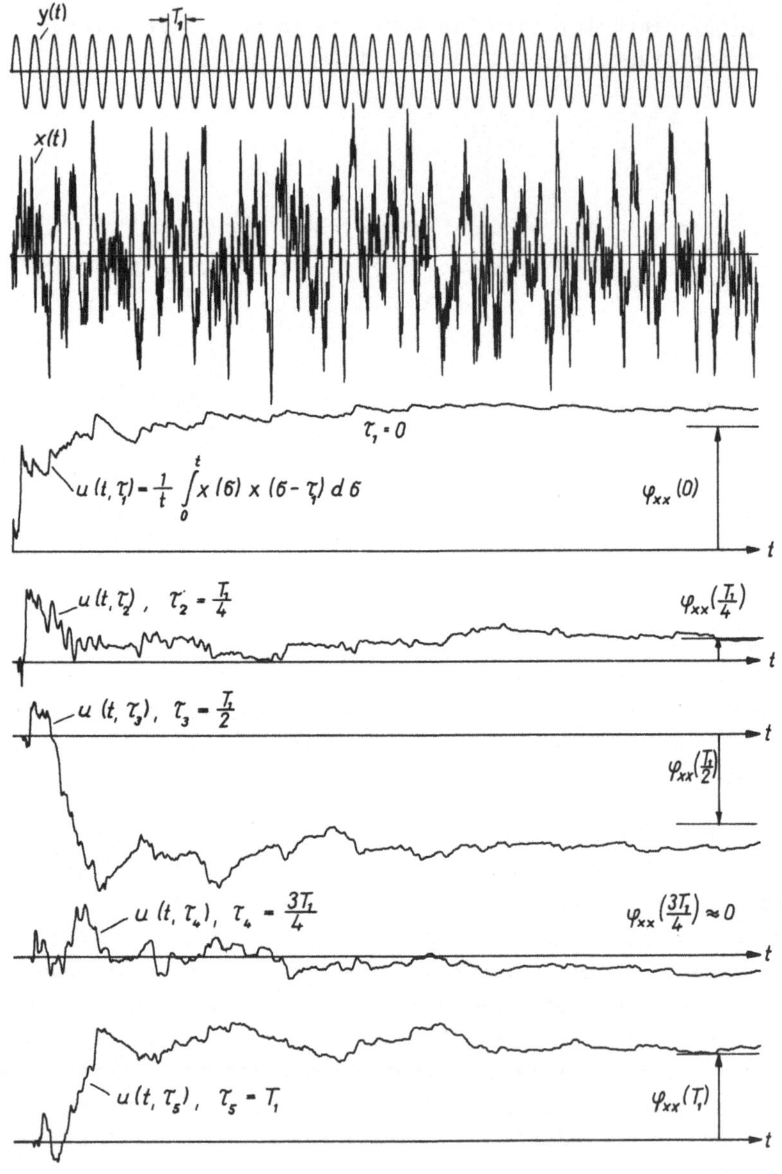

Bild 4.5b

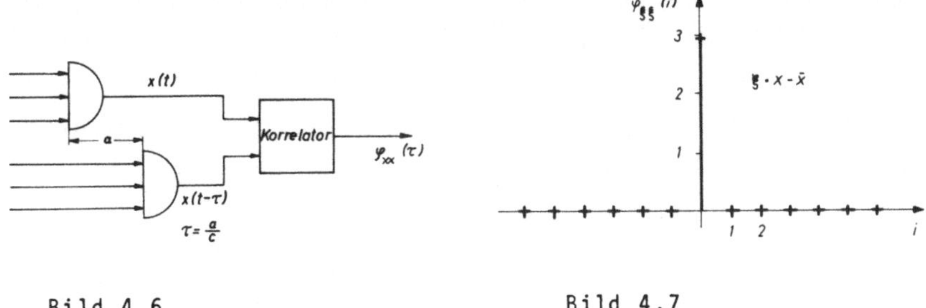

Bild 4.6   Bild 4.7

Als Beispiel einer diskreten stochastischen Funktion sei
eine lange Reihe von zufälligen Würfelergebnissen x(ν) betrachtet. x ist dabei eine ganze Zahl zwischen 1 und 6; jede
Zahl ist gleich wahrscheinlich. Die Mittelwerte sind somit

$$\bar{x} = \frac{1}{6} \sum_1^6 x = \frac{21}{6} \,, \qquad \overline{x^2} = \frac{1}{6} \sum_1^6 x^2 = \frac{91}{6} \,.$$

Wegen des rein zufälligen Zustandekommens ist jedes Ergebnis
von allen vorhergehenden und allen nachfolgenden statistisch
unabhängig. Die Autokorrelationsfunktion

$$\varphi_{xx}(i) = \lim_{N\to\infty} \frac{1}{N} \sum_{\nu=1}^N x(\nu)\,x(\nu-i)$$

wird also von ihrem Maximalwert $\varphi_{xx}(0) = \overline{x^2}$ bei i = 0 sofort
auf den Endwert $\varphi_{xx}(i\neq0) = \bar{x}^2$ absinken. Das Ergebnis wird
noch deutlicher, wenn man den Gleichanteil entfernt und nur
die Wechselkomponente $\xi(\nu) = x(\nu) - \bar{x}$ betrachtet. Der Maximalwert ist nun

$$\varphi_{\xi\xi}(0) = \overline{\xi^2} = \overline{(x-\bar{x})^2} = \overline{x^2} - \bar{x}^2 = \frac{35}{12} \,.$$

Für alle übrigen Werte ist die Korrelationsfunktion $\varphi_{\xi\xi}$ Null
(Bild 4.7). Man bezeichnet einen diskreten Vorgang mit einer
Autokorrelationsfunktion, die für i=0 ungleich Null ist und
sonst überall verschwindet, als rein zufällig oder unkorreliert. Mit der in Abs. 1.2 eingeführten Definition gilt auch

$$\overline{\xi^2} = \sigma_x{}^2 \qquad \text{oder} \qquad \sqrt{\overline{\xi^2}} = \sigma_x \; .$$

Die Streuung der Funktion $x(\nu)$ ist also gleich dem Effektiv-wert der Wechselkomponente $\xi(\nu)$.

4.2. Kreuz-Korrelationsfunktion

Analog zur Autokorrelationsfunktion kann man auch eine Kreuz-korrelationsfunktion definieren, um zu prüfen, ob zwischen zwei verschiedenen stationären stochastischen Funktionen $x(t)$, $y(t)$ eine statistische Abhängigkeit besteht,

$$\varphi_{xy}(\tau) = \lim_{T\to\infty} \frac{1}{2T} \int_{-T}^{T} x(t)y(t-\tau)dt = \overline{x(t)y(t-\tau)}. \quad (5)$$

Die bisher betrachtete Autokorrelationsfunktion ist also ein Sonderfall der Kreuzkorrelationsfunktion, $y(t) = x(t)$.

Für die Berechnung ist es auch hier vorteilhaft, eine laufende Mittelwertbildung analog Gl.(2) zu verwenden.

Bei diskreten Funktionen $x(\nu)$, $y(\nu)$ gilt entsprechend

$$\varphi_{xy}(i) = \overline{x(\nu)\,y(\nu-i)} \; , \quad i = 0, \pm 1, \; .. \quad (6)$$

Auch bei der Kreuzkorrelationsfunktion lassen sich einige allgemeine Eigenschaften angeben.

a) Aus der Definition

$$\varphi_{xy}(\tau) = \overline{x(t)\,y(t-\tau)} = \overline{x(t+\tau)\,y(t)}$$

folgt

$$\varphi_{xy}(\tau) = \overline{y(t)\,x(t+\tau)} = \varphi_{yx}(-\tau) \; .$$

Die Kurven $\varphi_{xy}(\tau)$ und $\varphi_{yx}(\tau)$ verlaufen also spiegelbild-lich; sie schneiden sich bei $\tau=0$: $\varphi_{xy}(0) = \varphi_{yx}(0) = \overline{xy}$.

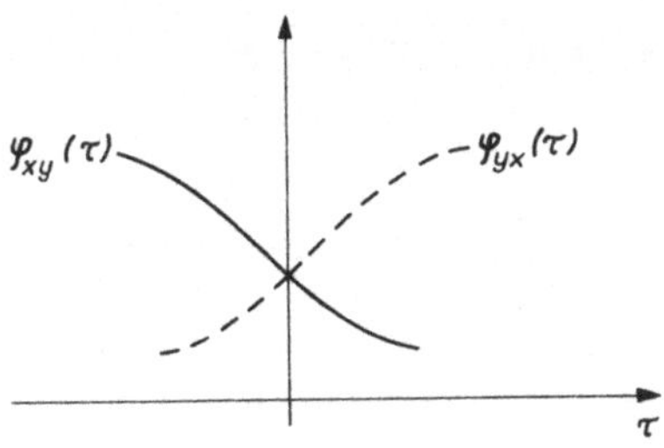

Bild 4.8

b) Bildet man zur Abschätzung wieder den Ausdruck

$$\left[x(t)-y(t-\tau)\right]^2 = x^2(t)-2x(t)y(t-\tau)+y^2(t-\tau) \geq 0 \ ,$$

so folgt

$$x(t)y(t-\tau) \leq \tfrac{1}{2}\left[x^2(t)+y^2(t-\tau)\right] \ .$$

Beidseitige Mittelwertbildung führt auf

$$\varphi_{xy}(\tau) \leq \tfrac{1}{2}\,(\overline{x^2}+\overline{y^2}) = \tfrac{1}{2}\left[\varphi_{xx}(0)+\varphi_{yy}(0)\right] \ .$$

c) Unter der Annahme, daß $x(t)$ und $y(t-\tau)$ für $\tau\to\infty$ statistisch unabhängig sind, gilt analog zur Überlegung in Abs. 4.1c

$$\lim_{\tau\to\infty} \varphi_{xy}(\tau) = \overline{x} \cdot \overline{y} \ .$$

d) Periodische Anteile in $x(t)$ und $y(t)$ tragen nur dann etwas zur Kreuzkorrelationsfunktion bei, wenn Schwingungen gleicher Frequenz enthalten sind. Der Grund hierfür liegt wieder in der Orthogonalitätseigenschaft trigonometrischer Funktionen. Dies wird anhand eines Beispiels deutlich.

Die Funktion $x(t)$ bestehe z.B. aus einem periodischen Nutzsignal, das von einem statistischen Rauschsignal $z(t)$ überdeckt ist,

$$x(t) = \sum_{\lambda=-\infty}^{\infty} c_\lambda\, e^{j\lambda\omega t} + z(t) \ , \qquad c_{-\lambda} = \overline{c_\lambda} \ .$$

Um festzustellen, ob x(t) einen Anteil mit der Frequenz $\omega_k = k\omega$ enthält, kann man ein Prüfsignal dieser Frequenz,

$$y(t-\tau) = \hat{y}_k \cos \omega_k(t-\tau) = \frac{\hat{y}_k}{2} \left[e^{j\omega_k(t-\tau)} + e^{-j\omega_k(t-\tau)} \right],$$

mit x(t) korrelieren. Bild 4.9a zeigt das Meßprinzip; wegen des sinusförmigen Prüfsignals kann die Verzögerung durch eine Phasendrehung erfolgen. Die Kreuzkorrelationsfunktion $\varphi_{xy}(\tau)$ nimmt nur dann einen von Null verschiedenen Wert an, wenn x(t) einen Anteil $x_k(t)$ der Frequenz ω_k enthält,

$$\varphi_{xy}(\tau) = \frac{c_k \hat{y}_k}{2} e^{j\omega_k\tau} + \frac{\overline{c_k} \hat{y}_k}{2} e^{-j\omega_k\tau} .$$

Mit

$$c_k = \frac{\hat{x}_k}{2} e^{j\alpha_k} = \frac{X_k}{\sqrt{2}} e^{j\alpha_k}, \quad \hat{y}_k = \sqrt{2}\, Y_k$$

gilt in reeller Schreibweise

$$\varphi_{xy}(\tau) = X_k Y_k \cos (\omega_k\tau + \alpha_k) .$$

Hat man die periodische Kreuzkorrelationsfunktion für verschiedene τ gemessen, so lassen sich aus ihrer Amplitude und Phase die gesuchten Parameter X_k und α_k bestimmen.

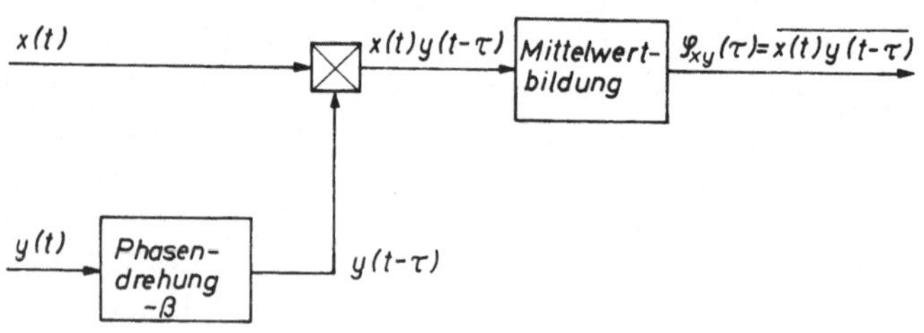

Bild 4.9a

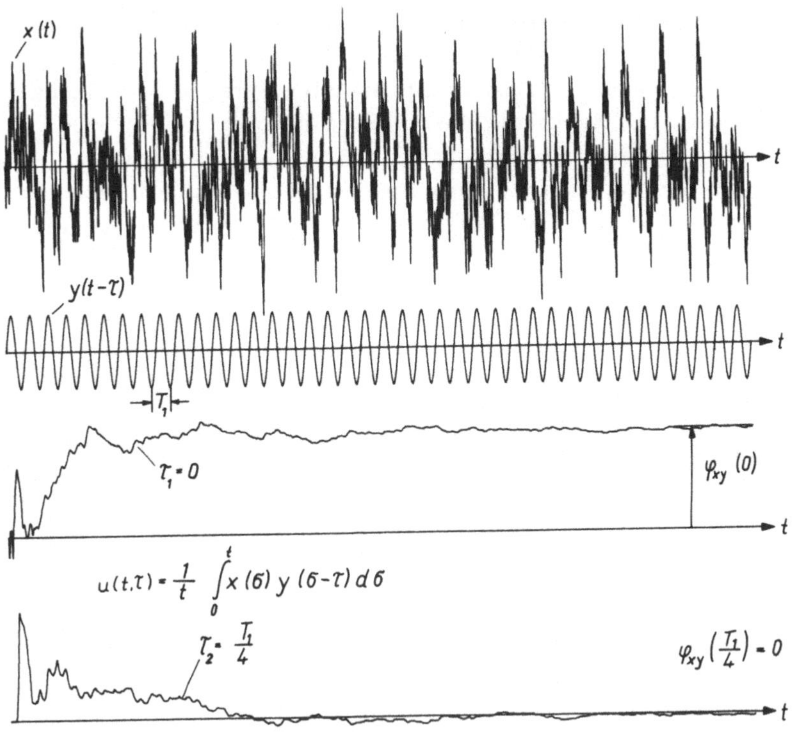

Bild 4.9b

In Bild 4.9b ist das Ergebnis der Korrelation mit sinus-
förmigem Prüfsignal an einem Beispiel dargestellt. Die
Funktion x(t) enthält wieder starke Rauschanteile, die
das sinusförmige Nutzsignal bei weitem überdecken. Wie für
zwei verschiedene Phasenlagen des Prüfsignals gezeigt wird,
läßt sich die gesuchte Nutzkomponente durch mehrere Korrelationsmessungen nach Betrag und Phase bestimmen. Je grös-
ser der Störpegel ist, über einen umso längeren Zeitab-
schnitt ist auch hier der Mittelwert zu bilden, bevor genügende Konvergenz eingetreten ist.

Das Korrelationsprinzip ist ein äußerst leistungsfähiges
Meßverfahren, um periodische Signalkomponenten nachzuwei-
sen |10|. Man ist dabei nicht auf sinusförmige Signale be-
schränkt; ein Beispiel hierfür sind die sog. angepaßten
Filter der Nachrichtentechnik |z.B. 59,60|. Auch das all-
gemeine Problem der Zeichenerkennung in Natur und Technik
führt häufig auf zeitliche oder räumliche Korrelationsverfahren.

Als Korrelationsmessung einfachster Art kann man die elektrische Leistungsmessung mit einem elektrodynamischen Watt-
meter deuten. Die Multiplikation geschieht dabei in Form
der Drehmomenterzeugung, die Mittelwertbildung durch die
mechanische Trägheit (Tiefpaßwirkung) des Drehspulsystems.
Auch wenn der Strom von der Sinusform stark abweicht, z.B.
bei Belastung durch einen Stromrichter, geht bei sinusförmiger Spannung doch nur die Wirkkomponente des Grundwellen-
stromes in die Anzeige ein.

Etwas kompliziertere Verhältnisse liegen vor, wenn als
Prüfsignal $y(t)$ eine nichtsinusförmige Größe verwendet wird
wie bei Demodulatoren, wo $y(t)$ manchmal einen rechteckför-
migen Verlauf hat. Als Beispiel ist in Bild 4.10 das Prinzip eines gesteuerten Gleichrichters gezeigt, wobei an die
Stelle der bewegten Kontakte natürlich auch elektronische
Schalter treten können. Vernachlässigt man die Umschaltzeit, so gilt für den Mittelwert der Ausgangsspannung
$\overline{u_2(t)}$

$$\overline{u_2(t)} \approx \varphi_{u_1 y}(\tau) = \overline{u_1(t)\, y(t-\tau)}\ .$$

Bei genügender Trägheit des Meßgerätes wird näherungsweise
dieser Mittelwert angezeigt. $y(t-\tau)$ ist als periodische
Schaltfunktion zu denken (Bild 4.10b); seine Fourier-Reihe
lautet

$$y(t-\tau) = \frac{4}{\pi} \sum_{\lambda=1,3,\ldots}^{\infty} \frac{1}{\lambda} \sin \lambda\omega_1(t-\tau), \quad \omega_1 = 2\pi/T_1\ .$$

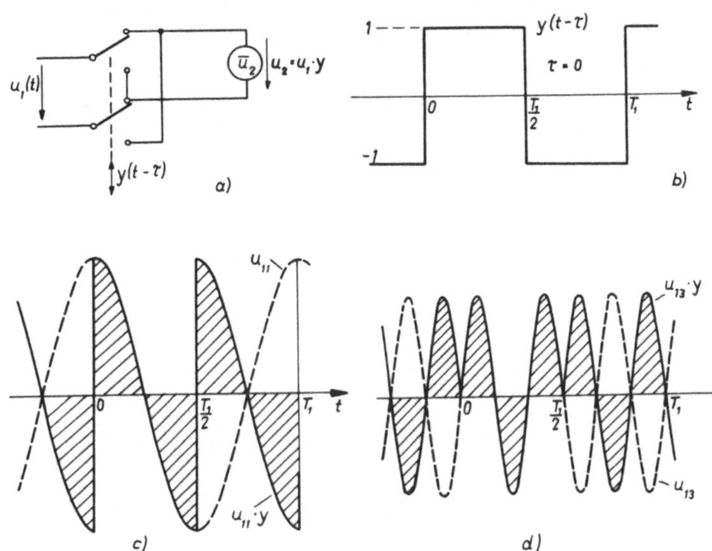

Bild 4.10

Zum Mittelwert $\overline{u_2}$ können also nur solche Anteile in $u_1(t)$ etwas beitragen, deren Frequenzen auch in $y(t)$ enthalten sind. Die Größe der verschiedenen Anteile hängt von der relativen Phasenlage der Teilschwingungen $u_{1\lambda}(t)$ und $y(t-\tau)$ ab. Außerdem werden die Beiträge höherer Frequenz wegen des Faktors $1/\lambda$ in der Fourier-Reihe von $y(t)$ geschwächt. In Bild 4.10c,d ist dies am Beispiel eines Demodulators bei $\lambda=1$ und $\lambda=3$ gezeigt. Die Verschiebung τ ist so gewählt, daß der von u_{11} herrührende Beitrag gerade verschwindet, während der Anteil von u_{13} seinen Maximalwert

$$\overline{u_{13}(t)y(t-\tau)}\Big|_{max} = \frac{1}{3}\ \frac{2}{\pi}\ \hat{u}_{13}$$

annimmt. Bei der Mittelwertbildung kommt hier wegen der teilweisen Elimination der Halbwellen der Faktor 1/3 zustande.

e) Bei der Überlagerung zweier Signale, $x(t) = y(t) + z(t)$, wurde in Abs. 4.1e angenommen, daß keine Korrelation zwischen $y(t)$ und $z(t)$ vorliegt. Ohne diese Einschränkung lautet die Autokorrelationsfunktion

$$\varphi_{xx}(\tau) = \overline{x(t)\,x(t-\tau)} = \overline{(y(t) + z(t))(y(t-\tau) + z(t-\tau))} =$$

$$= \overline{y(t)\,y(t-\tau)} + \overline{z(t)\,z(t-\tau)} +$$

$$+ \overline{y(t)\,z(t-\tau)} + \overline{y(t-\tau)\,z(t)} =$$

$$= \varphi_{yy}(\tau) + \varphi_{zz}(\tau) + \varphi_{yz}(\tau) + \varphi_{yz}(-\tau)\ .$$

Die beiden letzten Terme bilden zusammen wieder eine gerade Funktion in τ. Dieser Anteil verschwindet, wenn $y(t)$ und $z(t)$ statistisch unabhängig sind und wenigstens eine der Funktionen keine Gleichkomponente enthält. Die Eigenschaft der statistischen Unabhängigkeit geht weiter als jene der Nicht-Korreliertheit. Z.B. sind die Funktionen $\sin \omega t$ und $\sin 2\omega t$ für alle τ unkorreliert, doch keineswegs statistisch unabhängig.

f) Bei dem in Abs. 3.1 abgeleiteten Korrelationskoeffizienten

$$\rho = \frac{\overline{xy} - \bar{x}\,\bar{y}}{\sqrt{(\overline{x^2}-\bar{x}^2)(\overline{y^2}-\bar{y}^2)}} = \frac{\varphi_{xy}(0) - \varphi_{xy}(\infty)}{\sqrt{(\varphi_{xx}(0)-\varphi_{xx}(\infty))\,(\varphi_{yy}(0)-\varphi_{yy}(\infty))}}$$

war der zeitliche Verlauf von möglichen gedachten Funktionen $x(\nu)$, $y(\nu)$ ohne Bedeutung. Aus diesem Grund kommen in ρ auch nur die Grenzwerte $\varphi(0)$ und $\varphi(\infty)$ vor.

4.3. Kreuz-Korrelation zwischen Eingangs- und Ausgangsgröße einer linearen Übertragungsstrecke

4.3.1. Ungestörte Übertragung

Bei Anregung eines linearen Übertragungsgliedes (Bild 4.11), dessen Impulsantwort g(t) ist, durch ein Eingangssignal y(t) läßt sich die Antwortfunktion x(t) mit Hilfe des Faltungsintegrals berechnen,

$$x(t) = \frac{1}{1s} \int_0^\infty g(u)\, y(t-u)\, du \ . \tag{7}$$

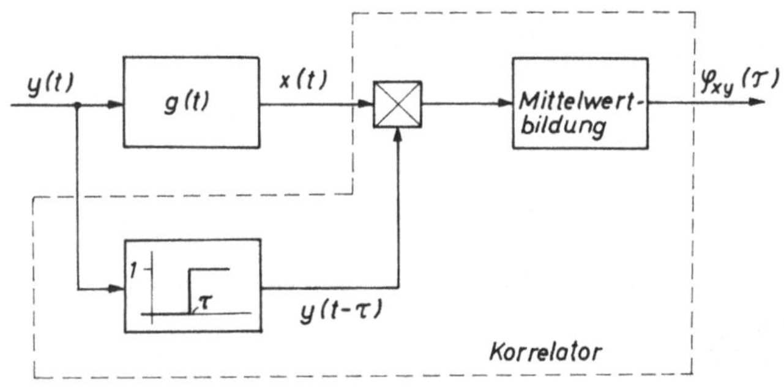

Bild 4.11

Diese Beziehung gilt bei einer seit t =-∞ wirksamen beliebigen Anregung, also auch bei einer statistischen Eingangsgröße y(t). Da x(t) die Folge von y(t) darstellt, ist zu vermuten, daß dieser Zusammenhang sich auch in der Kreuz-Korrelationsfunktion zwischen x und y ausdrückt; diese wird vor allem durch das Übertragungsverhalten der Strecke bestimmt sein |4|.

Die Kreuzkorrelationsfunktion entsteht durch Einsetzen des Faltungsintegrals in die Definitionsgleichung (5)

$$\varphi_{xy}(\tau) = \overline{x(t)y(t-\tau)} = \lim_{T\to\infty} \frac{1}{2T} \int_{-T}^{T} y(t-\tau)\left[\frac{1}{T_S} \int_{0}^{\infty} g(u)y(t-u)du \right] dt \ .$$

Vertauschung der Reihenfolge der Integrationen führt auf

$$\varphi_{xy}(\tau) = \frac{1}{T_S} \int_{0}^{\infty} g(u)\left[\lim_{T\to\infty} \frac{1}{2T} \int_{-T}^{T} y(t-\tau)y(t-u)dt \right] du \ .$$

Der Ausdruck in der eckigen Klammer stellt gerade die Autokorrelationsfunktion von y(t) dar; somit sind auch die Korrelationsfunktionen durch ein Faltungsintegral verknüpft,

$$\varphi_{xy}(\tau) = \frac{1}{T_S} \int_{0}^{\infty} g(u) \, \varphi_{yy}(\tau-u) \, du \ . \tag{8}$$

Ein Vergleich von Gl.(8) mit Gl.(7) zeigt, daß folgende Analogie besteht:

$y(t)$	$x(t)$
$\varphi_{yy}(\tau)$	$\varphi_{xy}(\tau)$

Der Verlauf der Kreuzkorrelationsfunktion $\varphi_{xy}(\tau)$ zwischen Ein-
gangs- und Ausgangsgröße läßt sich also aus der Autokorrelationsfunktion des Eingangssignals y(t) und der Impulsantwort
berechnen; umgekehrt ist es möglich, g(t) aus Messungen von
$\varphi_{yy}(\tau)$ und $\varphi_{xy}(\tau)$ zu berechnen.

Im Bildbereich wird die Analogie besonders deutlich.
Mit

$$F(p) = \frac{1}{T_S} L(g(t))$$

gilt doch

$$F(p) = \frac{L(x(t))}{L(y(t))} = \frac{X(p)}{Y(p)} \ .$$

Dieser Beziehung zwischen y(t) und x(t) steht eine analoge
Beziehung zwischen $\varphi_{yy}(\tau)$ und $\varphi_{xy}(\tau)$ gegenüber,

$$F(p) = \frac{L(\varphi_{xy}(\tau))}{L(\varphi_{yy}(\tau))} \quad .$$

Da es sich bei y,x bzw. φ_{yy},φ_{xy} um stationäre Signale handelt,
die für t<0 bzw. τ<0 nicht verschwinden, ist allerdings die
bisher verwendete einseitige Laplace-Transformation nicht aus-
reichend. Eine Erweiterung auf die sog. zweiseitige Laplace-
Transformation erfolgt erst in einem späteren Abschnitt.

Besonders einfache Verhältnisse ergeben sich für

$$\varphi_{yy}(\tau) \simeq a\delta(\tau) \quad ,$$

d.h. bei Anregung der Strecke durch ein völlig regelloses
Eingangssignal, dessen Autokorrelationsfunktion für $\tau \neq 0$
verschwindet; in diesem Fall bestehen auch keine Schwierigkeiten hinsichtlich des Definitionsbereiches der Laplace-
Transformation. Es ist dann

$$\varphi_{xy}(\tau) \simeq ag(\tau) \quad ;$$

die Kreuzkorrelationsfunktion gleicht also gerade der Impulsantwort. Signale mit impulsförmiger Autokorrelationsfunktion
werden in Abs. 6.5 behandelt.

Dieses Analogieverfahren kann praktische Bedeutung erlangen,
wenn das dynamische Verhalten einer Regelstrecke bestimmt
werden soll. Bei manchen Regelstrecken, z.B. in der Verfah-
renstechnik, ist es unzulässig oder nicht erwünscht, während
des Betriebes größere deterministische Testsignale aufzuschal-
ten, da sich die Anlage dann möglicherweise zu weit von ihrem
stationären Betriebspunkt entfernen würde. Andererseits rei-
chen aperiodische Testsignale kleiner Amplitude aber meistens
nicht aus, das dynamische Verhalten sicher zu beurteilen, da
die entstehende Antwortfunktion von Störungen überdeckt ist.
In solchen Fällen kann es vorteilhaft sein, ein Korrelationsverfahren mit stationären Testsignalen kleiner Amplitude an-

zuwenden. Der hierfür erforderliche Meß- und Rechenaufwand
ist allerdings beträchtlich, da für jeden Punkt $g(\tau)$ der Impulsantwort ein Mittelwert der Form $\overline{y(t-\tau)x(t)}$ zu bilden ist.

4.3.2. Übertragung in Anwesenheit von Störungen

Bei der in Bild 4.12 gezeichneten Übertragungsstrecke wird
nun angenommen, daß außer dem Prüfsignal $y(t)$ an verschiedenen
Stellen unbekannte Störgrößen angreifen, die zu einer konzentrierten Größe $z(t)$ mit einer einzigen Angriffsstelle zusammengefaßt werden können. Von Interesse ist wieder die Impulsantwort $g(t)$; dagegen sind die Teil-Antworten $g_1(t)$ und $g_2(t)$
wegen der fiktiven Natur der Ersatzgröße $z(t)$ ohne Bedeutung.
Das Ausgangssignal folgt durch Überlagerung unter Anwendung
des Faltungsintegrals,

$$x(t) = x_y(t) + x_z(t) =$$

$$= \frac{1}{1s} \int_0^\infty g(u)y(t-u)du + \frac{1}{1s} \int_0^\infty g_2(v)z(t-v)dv. \qquad (9)$$

Aufgrund von Messungen von $y(t)$ und $x(t)$ allein läßt sich $g(t)$
daraus nicht berechnen, da der von den unbekannten Störgrößen
herrührende Anteil unbekannt ist. Dagegen ist es mit der Korrelationsanalyse unter bestimmten Einschränkungen möglich,
den von z herrührenden unbekannten Anteil $x_z(t)$ zu eliminieren.

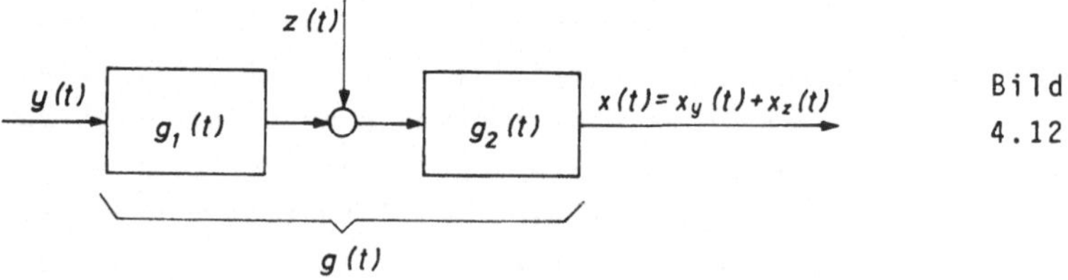

Bild
4.12

Setzt man x(t) in die Definitionsgleichung (5) der Kreuzkorrelationsfunktion ein,

$$\varphi_{xy}(\tau) = \overline{x(t)y(t-\tau)} \, ,$$

und vertauscht wieder die Reihenfolge der Integrale, so entsteht nach einer Zwischenrechnung der Ausdruck

$$\varphi_{xy}(\tau) = \frac{1}{Is} \int\limits_0^\infty g(u) \, \varphi_{yy}(\tau-u) \, du + \\ + \frac{1}{Is} \int\limits_0^\infty g_2(v) \, \varphi_{zy}(\tau-v) \, dv \, . \tag{10}$$

Sofern y(t) und z(t) statistisch unabhängig sind, wird $\varphi_{zy} \equiv 0$ und der störende zweite Term entfällt. Mit zunehmender Störgröße z steigt allerdings wieder das Zeitintervall zur Bildung der Korrelationsfunktion an, da der Grenzwert

$$\lim_{t\to\infty} \frac{1}{t} \int\limits_0^t z(\sigma) \, y(\sigma-\tau+v) \, d\sigma = \varphi_{zy}(\tau-v)$$

mit wachsendem z langsamer gegen Null konvergiert.

Mit der Nebenbedingung $\varphi_{zy} \simeq 0$ ist Gl. (10) auf den vorigen Fall ohne Störung (Gl.8) zurückgeführt. Um auf einfache Weise die unbekannte Impulsantwort g(t) zu erhalten, empfiehlt es sich wieder, ein geeignetes Prüfsignal y(t) mit angenähert impulsförmiger Autokorrelationsfunktion $\varphi_{yy}(\tau)$ zu verwenden. Mit einer solchen speziell erzeugten Testfunktion läßt sich gleichzeitig die Bedingung der Unabhängigkeit von den Störungen am ehesten erfüllen |19,20,40|.

Die Leistungsfähigkeit des beschriebenen Korrelationsverfahrens zur Unterdrückung von unkorrelierten Störungen soll anhand eines Beispiels gezeigt werden. Die Meßanordnung entspricht dabei Bild 4.11. Als Anregung wird ein in Abs. 6.5 genauer beschriebenes Binärsignal y(t) verwendet, dessen Autokorrelationsfunktion die Form eines schmalen Impulses der Brei-

te 2T aufweist; die verwendete Übertragungsstrecke (g(t)) ist
ein Verzögerungsglied 2. Ordnung. In Bild 4.13 sind die zeitlichen Verläufe y(t), x(t) sowie die laufenden Mittelwerte

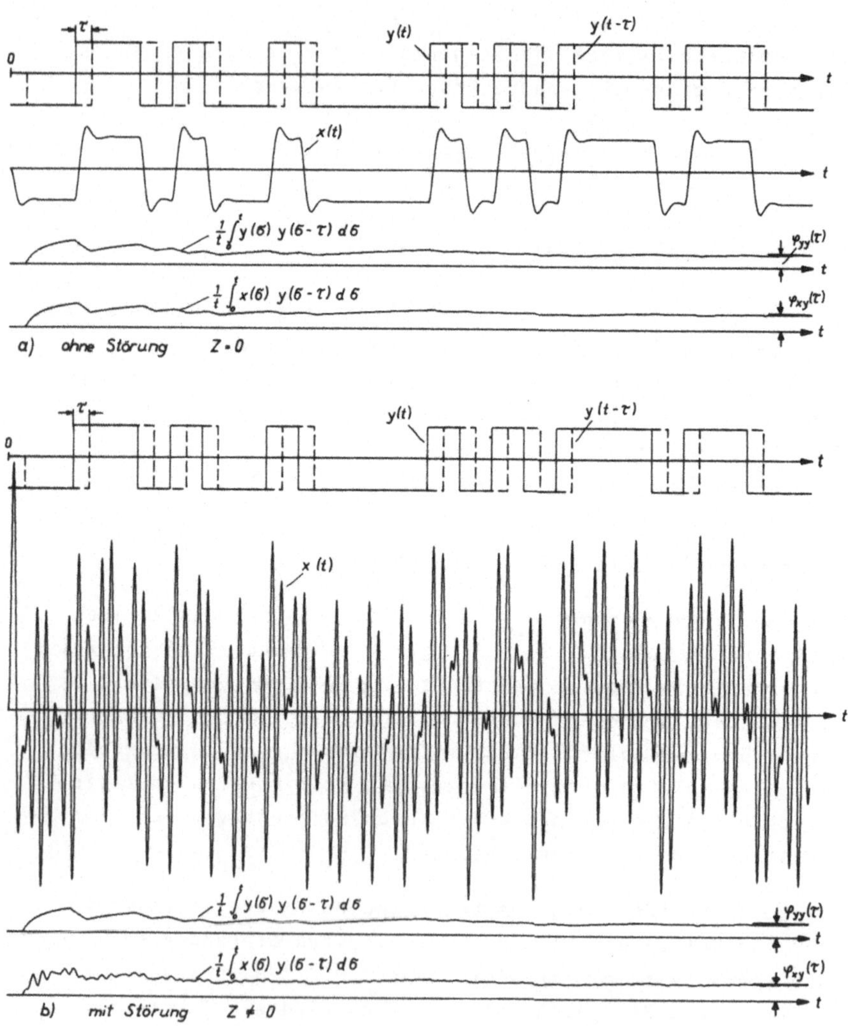

Bild 4.13

gemäß Gl.(2) über die Produkte $y(t-\tau)y(t)$ und $y(t-\tau)x(t)$ für
$\tau = T/2$ aufgetragen. Im Fall a) greift außer dem Prüfsignal
$y(t)$ keine Störung an der Strecke an, während bei b) ein
starkes Rauschsignal überlagert wurde, das den Verlauf der
Ausgangsgröße $x(t)$ wesentlich verändert. Es zeigt sich eine
schnelle Konvergenz der Mittelwerte gegen die Korrelations-
funktionen $\varphi_{yy}(\tau)$ und $\varphi_{xy}(\tau)$. Bei der Kreuzkorrelationsfunktion ergibt sich im Fall b) trotz der starken Störungen das
gleiche Ergebnis wie bei a). Die auf der Beobachtung von $x(t)$
und $y(t)$ über ein längeres Zeitintervall beruhende Korrelationsanalyse bietet also eine wirksame Möglichkeit, den von
$y(t)$ herrührenden Anteil in $x(t)$ zu isolieren. Man kann diesen Vorgang als Zuordnungs- oder Lernprozeß deuten.

Die Bedingung, daß alle am Meßobjekt angreifenden Störsignale
$z(t)$ mit dem Prüfsignal unkorreliert sind, schließt z. B. die
unmittelbare Messung einer in einem geschlossenen Regelkreis
befindlichen Regelstrecke aus (Bild 4.14). Da die als Störgröße wirkende Stellgröße $y_1(t)$ von $x(t)$ und damit von $y(t)$
abhängig ist, verschwindet das zweite Integral in Gl.(10)
nicht. Sofern y und x_1 unkorreliert sind, erhält man bei der
Korrelation vielmehr die Impulsantwort der zwischen y und x
wirksamen Strecke mit der Übertragungsfunktion

$$F_{xy}(p) = \frac{F_s(p)}{1+F_R F_s(p)} \; .$$

Bei Kenntnis von F_R kann daraus die gesuchte Streckenübertra-
gungsfunktion

$$F_s(p) = \frac{F_{xy}(p)}{1-F_R F_{xy}(p)}$$

gewonnen werden. In Abs. 9 wird gezeigt, wie sich aus der
z. B. durch Korrelation gemessenen Impulsantwort die unbekannten Parameter der zugehörigen Übertragungsfunktion mit einer
Regressionsanalyse bestimmen lassen.

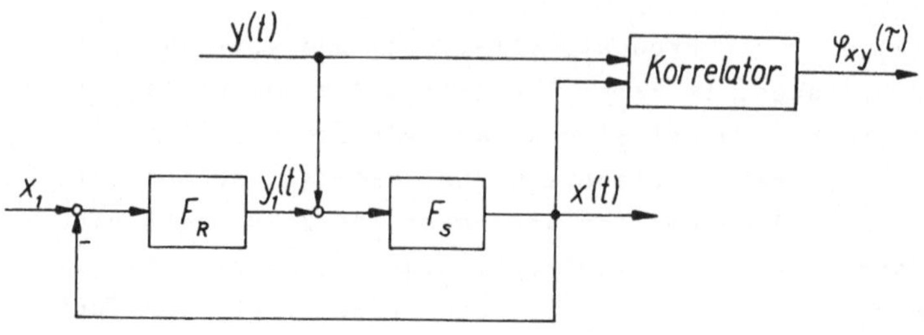

Bild 4.14

Wegen der erforderlichen hohen Langzeit-Genauigkeit und des
Speicherbedarfes kommen für Korrelationsanalysen hauptsächlich
digital arbeitende Geräte, vor allem Prozeßrechner, in Frage.
Da ein Prozeßrechner durch eine Echtzeit-Korrelationsanalyse
nicht ausgelastet ist und im allgemeinen auch nicht wirt-
schaftlich begründet werden kann, handelt es sich dabei um
eine Teilaufgabe, die von einem Prozeßrechner in zeitlicher
Koordination mit anderen Aufgaben wahrgenommen werden muß.
In manchen Fällen genügt es, die Korrelation losgelöst vom
Prozeß anhand von Aufzeichnungen von y(t) und x(t) durchzuführen. Dabei ist es von Vorteil, nur einen einzigen, genügend
großen Datensatz (y,x) aufzunehmen, der anschließend mit verschiedenen Werten von τ analysiert werden kann.

4.3.3.   Experimentelle Ergebnisse

Die im vorigen Absatz abgeleiteten theoretischen Zusammenhänge
wurden an verschiedenen Beispielen experimentell überprüft.
In einem Fall wurde eine Übertragungsstrecke mit der Übertragungsfunktion

$$F(p) = \frac{T_2 p + 1}{(T_1 p+1)(\frac{p^2}{\omega_0^2} + 2D \frac{p}{\omega_0} + 1)} \quad , \quad T_1 \neq T_2 \; , \; D < 1$$

am Analogrechner nachgebildet, ein digitaler Prozeßrechner diente als Prüfsignalgenerator und Korrelator.

Als Prüfsignal $y(t)$ wurde wieder ein binäres Zufallssignal verwendet, wie es in Abs. 6.5 näher beschrieben wird. Dabei nimmt $y(t)$ wahlweise den Wert $\pm a$ an, eine Umschaltung kann jeweils bei einem Vielfachen der Grund-Taktzeit T erfolgen. Sofern $y(t)$ von allen Nachbarwerten $y(t+iT)$ statistisch unabhängig ist, hat $\varphi_{yy}(\tau)$ den in Bild 6.7 gezeigten dreieckförmigen Verlauf. Wenn T klein gegenüber den Streckenzeitkonstanten T_1, T_2, $2D/\omega_0$ ist, läßt sich dieser Dreiecksimpuls wie ein idealer Impuls mit der Fläche $a^2 T$ betrachten, so daß die in Abs. 4.3.2 getroffene Annahme näherungsweise erfüllt ist. Aus verschiedenen Gründen wurden die Versuche mit einem sog. pseudostochastischen Binärsignal ausgeführt, das ähnliche Eigenschaften wie das echt stochastische Signal aufweist, jedoch nach N Schritten periodisch verläuft (Abs. 6.5). Solche Signale lassen sich deterministisch auf einfache Weise gewinnen und jederzeit reproduzieren. Bei genügend großem N nähert sich der Verlauf des pseudostatistischen dem des echt statistischen Binärsignals.

Die mit dem Korrelationsverfahren gefundenen Ergebnisse sind in Bild 4.15 dargestellt. Die Markierungen entsprechen dabei der gemessenen Korrelationsfunktion $\varphi_{xy}(\tau)$; zum Vergleich wurde auch die mittels

$$g(t) = L^{-1}(a^2 TF(p))$$

berechnete exakte Impulsantwort der Regelstrecke aufgetragen.

Die in Bild 4.15a eingetragenen Meßpunkte entstanden in abwesenheit eines Störsignals ($z=o$) und bei Bildung der Kreuzkorrelationsfunktion über eine Periode des pseudostatistischen binären Prüfsignals. Die Überlagerung einer Gleichstörung z mit der dreifachen Amplitude des Prüfsignals wirkte sich nur in einer geringfügigen Verschiebung der gemessenen

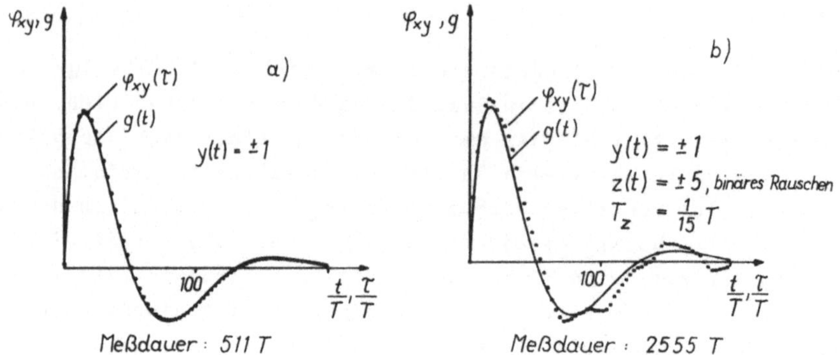

Bild 4.15

Kreuzkorrelationsfunktion aus.

Bei Bild 4.15b hatte die am Ausgang der Strecke überlagerte
Störung z(t) die Form eines binären pseudostochastischen Signals mit kleinerer Taktperiode T_z und einer gegenüber y(t)
fünfmal größeren Amplitude; das eigentliche Prüfsignal wurde
dadurch vollständig überdeckt. Trotzdem sind die Ergebnisse
noch brauchbar. Allerdings war es notwendig, die Meßzeit
wesentlich - im betrachteten Beispiel auf den fünffachen
Wert - zu erhöhen, um die Störeinflüsse hinreichend zu unter-
drücken.

Neben den analog und digital nachgebildeten Regelstrecken
wurden auch echte Strecken, z.B. thermische und pneumatische
Systeme, untersucht |45-48|. Von anderen Autoren wurde über
Versuche an Destillationskolonnen berichtet |19,20|. Der gerä-
tetechnische Aufwand und verschiedene hier nicht im einzelnen
erörterte praktische Schwierigkeiten stehen offenbar bisher
einer weitergehenden Anwendung der Identifizierung durch
Korrelation im Wege. In späteren Abschnitten werden alternative Verfahren zur Identifizierung behandelt.

4.4. Extremwert-Regelung

Bei manchen technischen Prozessen ist es wünschenswert oder
notwendig, den Betriebspunkt mit einer Stellgröße y oder einer
Kombination von Stellgrößen so zu wählen, daß eine bestimmte
Kenngröße q, etwa ein Wirkungsgrad oder eine Produktausbeute
einen Extremwert annimmt. Bild 4.16 zeigt den stationären Zusammenhang q(y) im Fall einer zu minimisierenden Funktion, etwa
einer Verlustziffer, eines spezifischen Brennstoffverbrauches
oder einer Schadstoffkonzentration in den Abgasen. Die Werte
y_{opt} und q_{opt}, d.h. Ort und Größe des Extremwertes können
sich dabei als Folge anderer Betriebsgrößen oder unbekannter
Störgrößen z_i verändern. Die Aufgabe besteht nun darin, y ohne
Kenntnis der z_i so einzustellen, daß q den veränderlichen op-
timalen Wert annimmt |37, 41-44|. Die Kennziffer q ist dabei
möglicherweise eine synthetische Größe, die mit einem Rechen-
gerät aus Betriebsgrößen x_i gewonnen werden muß.

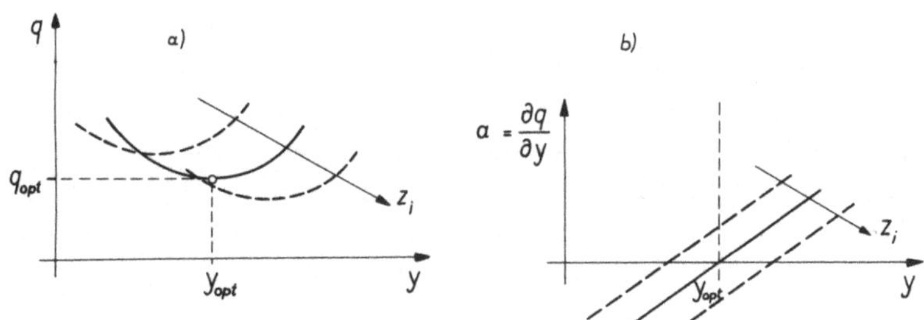

Bild 4.16

Das gestellte Problem läßt sich mit einer herkömmlichen Regelung nicht lösen, da der Regelsinn für $y \gtrless y_{opt}$ unterschied-
lich und außerdem der Wert q_{opt} des unbekannten Extremwertes
veränderlich ist. Vielmehr ist es notwendig, die Steigung
$a = \dfrac{\partial q}{\partial y}$ laufend zu messen und auf Null zu regeln. Sofern nur
ein einzelnes Minimum vorliegt, ist a(y) eine monotone Funk-

tion; damit ist eine Regelung mit der Führungsgröße Null ohne
weiteres möglich. Das Problem ist dann auf eine Betriebsmes-
sung von a zurückgeführt. Wenn mehrere Extremwerte vorhanden
sind, muß das System zunächst auf andere Weise, z.B. von Hand,
in die Umgebung des gewünschten Minimums gebracht werden. In
|42| wird der allgemeinere Fall mit mehreren Stellgrößen y_1,
$y_2 \cdot\cdot y_m$ behandelt, die so zu verändern sind, daß $q(y_1, y_2, \cdot\cdot y_m)$
einen Extremwert annimmt.

Da die Funktion $q(y)$ bei richtig dimensionierten technischen
Prozessen bereits sehr flach verläuft und zahlreiche unbekannte Störgrößen angreifen, erfordert die Bestimmung von a ein
besonders empfindliches Meßverfahren, das aber dennoch auch
bei Anwesenheit starker Störgrößen noch zufriedenstellend arbeitet. Dies ist eine typische Aufgabenstellung für eine Korrelationsmessung.

Man kann der Stellgröße y zu diesem Zweck ein Dauer-Prüfsig-
nal $y_1(t)$ kleiner Amplitude überlagern und am Ausgang der zu
optimierenden Strecke die zugehörige Änderung von q beobachten. Da q außer von y_1 auch vom Grundwert y_0 der Stellgröße
und den veränderlichen Störgrößen beeinflußt wird, ist es
wesentlich, nur den von $y_1(t)$ herrührenden Anteil von q zu
erfassen, was am einfachsten durch Kreuzkorrelation von $y_1(t)$
und $q(t)$ geschieht. Man kommt dadurch zu dem in Bild 4.17
skizzierten Regelkreis, der sich lediglich durch ein aufwen-
digeres Meßglied von einem gewöhnlichen Regelkreis unterscheidet.

Als Prüfsignal $y_1(t)$ kann z.B. ein periodisches sinus- oder
rechteckförmiges Signal dienen; im Fall einer Rechteckschwin-
gung wird die Multiplikation $y(t-\tau) \cdot q(t)$ besonders einfach,
sie reduziert sich nämlich auf eine periodische Umschaltung
von q. Die Amplitude des Prüfsignals muß klein sein, um den
Prozeß nicht zu stören und den linearen Betriebsbereich nicht
zu überschreiten; da andererseits die Empfindlichkeit des
Korrelators mit der Amplitude des Prüfsignals zurückgeht, muß

das Prüfsignal immerhin aber noch so groß sein, daß in der
Nähe des optimalen Betriebspunktes eine meßbare Auswirkung
auf q besteht. Die Frequenz des Prüfsignals ist dem Zeitmaßstab der Strecke anzupassen; einerseits soll y_1 langsam genug
verändert werden, um näherungsweise den jeweils zugehörigen
stationären Wert von q zu erfassen; andererseits soll die Veränderung des Prüfsignals y_1 aber schnell genug sein, um mit
einer Verschiebung des Optimums Schritt halten zu können.

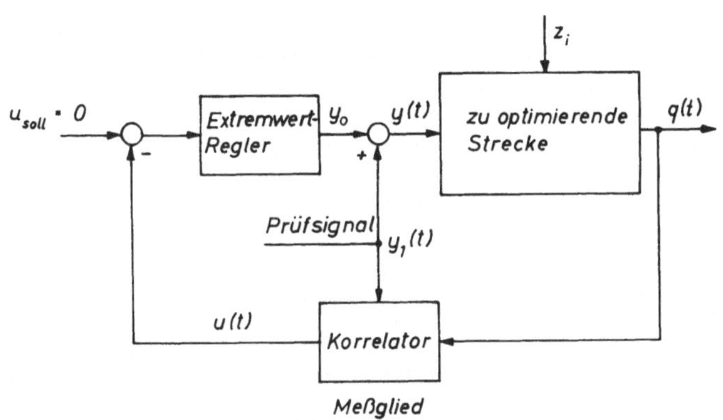

Bild 4.17

In Bild 4.18 ist ein Extremwert-Regelsystem im Detail erläutert. Als Regelstrecke ist dabei die Kettenschaltung eines
linearen Teils mit Tiefpaßwirkung und eines unverzögerten
nichtlinearen Teils angenommen. Die stationäre Kennlinie q(y)
wird in der Umgebung des Optimums näherungsweise durch eine
Parabel ersetzt. Die unbekannten Störgrößen z_1, z_2 bewirken
die in Bild 4.16 angedeutete Verschiebung des optimalen Betriebspunktes. z_1 verändert den Ort (y_{opt}), z_2 die Höhe (q_{opt})
des Minimums. Zweck der Regelung ist im wesentlichen der Aus-
gleich von z_1, da im gewählten Beispiel eine Einwirkung auf

die Höhe $q_{opt} = z_2$ des Minimums nicht möglich ist.

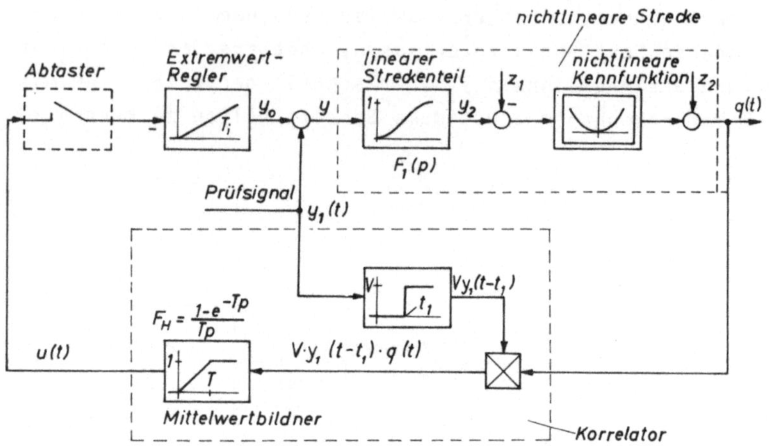

Bild 4.18

Nimmt man eine nichtlineare Kennfunktion der Form

$$q = q_{opt} + a(y_2 - y_{opt})^2$$

mit der Steigung

$$\frac{\partial q}{\partial y_2} = 2a(y_2 - y_{opt})$$

an, so hat ein kleines sinusförmiges Prüfsignal

$$y_1(t) = \hat{y}_1 \cos \omega_1 t$$

am Ausgang des linearen Streckenteils eine stationäre Signal-komponente

$$\Delta y_2(t) = \hat{y}_1 \left| F_1(j\omega_1) \right| \cos(\omega_1 t - \alpha_1)$$

zur Folge, die sich als

$$\Delta q(t) = 2a(\overline{y}_2 - y_{opt})\hat{y}_1 \left| F_1(j\omega_1) \right| \cos(\omega_1 t - \alpha_1)$$

auf den Ausgang des nichtlinearen Streckenteils überträgt. Die Amplitude dieser Schwingung ist proportional der Verstimmung $\overline{y}_2 - y_{opt}$, außerdem springt für $\overline{y}_2 - y_{opt} \gtrless 0$ die Phase um 180°. Um Betrag und Vorzeichen der Verstimmung festzustellen, wird q(t) mit dem passend verschobenen Prüfsignal $y_1(t-t_1)$ korreliert; die maximale Empfindlichkeit erhält man bei Phasengleichheit, $t_1 = \alpha_1/\omega_1$.

Multiplikation und Mittelwertbildung über ein ganzzahliges Vielfaches der Periodendauer des Prüfsignals, $T_m = k \cdot 2\pi/\omega_1$, ergibt mit $V\hat{y}_1 = \hat{Y}_1$

$$u(t) = \frac{1}{T_m} \int_{t-T_m}^{t} V y_1(\sigma-t_1)\, q(\sigma)d\sigma =$$

$$= a\,\hat{Y}_1 \left| F_1(j\omega_1) \right| \hat{y}_1\, (\overline{y}_2 - y_{opt}) = V_e\,(\overline{y}_2 - y_{opt})\ .$$

Die Ausgangsgröße u(t) des Korrelators ist also ein Maß für die Regelabweichung des Extremwert-Regelkreises. Sie kann dazu verwendet werden, um mit einem Integralregler den Grundwert y_o der Stellgröße langsam in der erforderlichen Richtung zu ändern. Bei $u \approx o$ ist das Optimum erreicht.

Beschreibt man den zwischen den langsam veränderlichen Größen $y_o(t)$ und u(t) liegenden Teil des Systems, d.h. die Regelstrecke des Extremwert-Regelkreises, ersatzweise als Verzögerungsglied

$$F_e(p) \simeq \frac{V_e}{T_e p + 1}\ ,$$

wobei die Ersatzzeitkonstante im wesentlichen durch die Mittelwertbildung bestimmt sein wird, $T_e \approx T_m$, so gilt als Richtwert für die Reglerintegrierzeit bei angestrebter aperiodischer Dämpfung (D=1) des Extremwertregelkreises

$$T_i = 4 \, T_e \, V_e \; .$$

Da der Mittelwert über einige Perioden von y_1 gebildet werden muß, um eine hinreichende Störunterdrückung zu erhalten, ist der Einstellvorgang des Extremwertregelkreises langsam gegenüber den Änderungen des Prüfsignals.

Anstelle der stetigen Änderung von y_0 kann auch eine schrittweise Einstellung erfolgen; dies ist in Bild 4.18 durch einen Abtaster angedeutet.

Der in Bild 4.18 gezeichnete Extremwertregelkreis wurde bei Annahme eines dynamischen Streckenteils zweiter Ordnung,

$$F_1(p) = \frac{1}{(T_1 p+1)(T_2 p+1)} \; ,$$

mit dem Digitalrechner nachgebildet. Die Ergebnisse sind in Bild 4.19 dargestellt. Für die Größen z_1, z_2, die eine Verschiebung des optimalen Betriebspunktes bewirken, wurden dabei abschnittweise konstante Verläufe angenommen. Im abgeglichenen Zustand stellt sich dann $y_2 = z_1$ und $q_{opt} = z_2$ ein.

Der erste Teil des Oszillogrammes beschreibt einen Einstellvorgang bei Zuschaltung des anfangs im Ruhezustand befindlichen Extremwertreglers. Der optimale Betriebspunkt ($y_0 = \overline{y}_2 = z_1$) ist nach wenigen Perioden des sinusförmigen Testsignals erreicht. Ähnlich zügige Einstellvorgänge ergeben sich bei sprungförmiger Änderung von z_1 und z_2.

Bei den in Bild 4.19 gezeigten Ergebnissen erfolgte im Korrelator eine Mittelwertbildung über ein Vielfaches der Periodendauer des Testsignals ($T_m = 5/f_1$). Aus diesem Grund enthalten $u(t)$ und $y_0(t)$ im stationären Zustand keine Komponenten der Testfrequenz.

Die im Korrelator enthaltene Mittelwertbildung könnte im Prinzip auch im Integralregler erfolgen, dessen Integrierzeitkon-

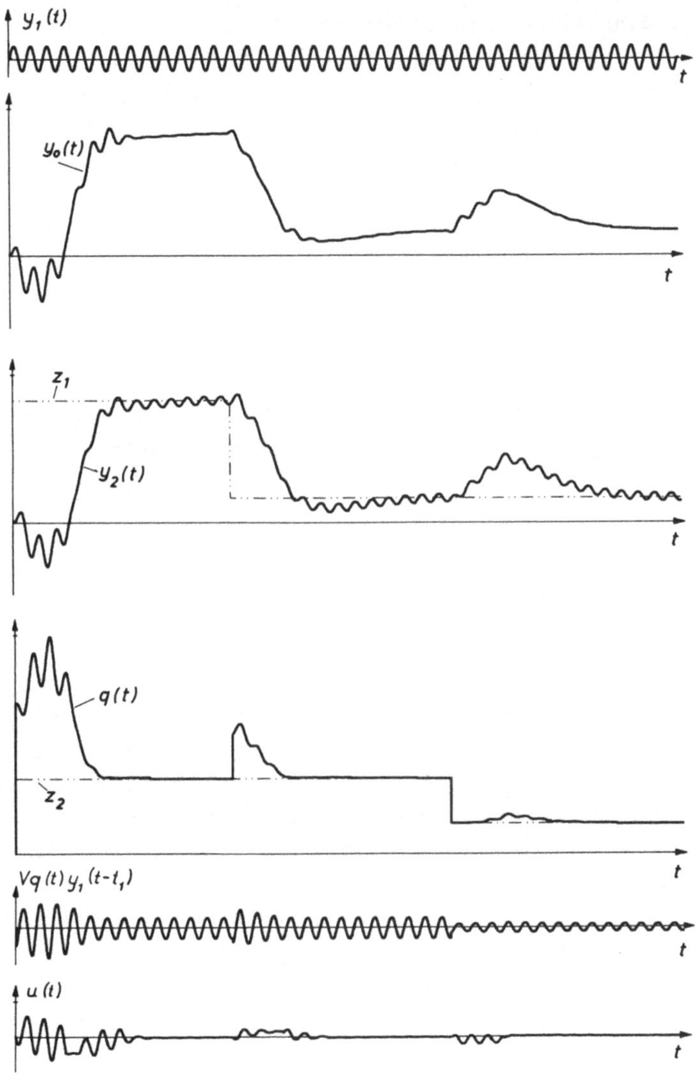

Bild 4.19

stante dann allerdings wesentlich erhöht werden müßte, um
eine Anfachung der Prüfschwingung im geschlossenen Kreis zu
unterbinden. Eine wesentliche Verkürzung der Einstellzeit ist
damit nicht erreichbar.

Anstelle der sinusförmigen Prüfstörung können natürlich auch
andere leicht zu erzeugende und in ihrem Verlauf charakteristische Signale verwendet werden. Pseudostatistische Binärfolgen haben dabei den besonderen Vorzug, daß sie keine domi-
nierende Frequenz enthalten, mit der das zu untersuchende
System in unerwünschter Weise angeregt werden kann.

Die Extremwertregelung läßt sich im Prinzip auch auf mehrere
Eingangsgrößen erweitern. Allerdings steigt dann der Zeitbe-
darf für die Korrelation stark an |42|.

5. Energie- und Leistungsspektrum

Bei der Beschreibung dynamischer Vorgänge in linearen Systemen steht man vor der Wahl, entweder im Zeitbereich mit der
Differentialgleichung bzw. Differenzengleichung zu arbeiten
oder aber eine Transformation in den Frequenzbereich vorzunehmen und Übertragungsfunktionen und Frequenzspektren zu
verwenden. Beide Darstellungsformen sind einander vollständig
gleichwertig; durch alternative Verwendung ergeben sich häufig besonders elegante Lösungsmöglichkeiten. Es liegt deshalb
nahe, diese Vorteile auch bei stochastischen Vorgängen anzustreben. Die Tatsache, daß sich statistische Funktionen nur
durch Mittelwerte beschreiben lassen, kommt dabei ebenfalls
zum Tragen.

Im Interesse einer einheitlichen Bezeichnungsweise werden zunächst einige bekannte Beziehungen zusammengestellt.

5.1. Fourier-Transformation und Frequenzspektrum einer kontinuierlichen Funktion

Eine mit T_0 periodische Funktion $x(t)$ läßt sich bekanntlich durch eine Fourier-Reihe der Form

$$x(t) = x(t+T_0) = \sum_{\lambda=-\infty}^{\infty} c_\lambda \, e^{j\lambda\omega_0 t}, \quad \omega_0 = \frac{2\pi}{T_0}, \qquad (1)$$

beschreiben $|z.B.\ 22|$. Dabei sind die c_λ die komplexen Fourier-Koeffizienten; man erhält sie durch Integration über eine Periode der Zeitfunktion, z.B.

$$c_\lambda = \frac{1}{T_0} \int_{-\frac{T_0}{2}}^{\frac{T_0}{2}} x(t) \, e^{-j\lambda\omega_0 t} \, dt \; ; \qquad (2)$$

negative Indizes λ führen auf konjugiert komplexe Fourier-Koeffizienten

$$c_{-\lambda} = \overline{c_\lambda} \, .$$

Die Koeffizienten c_λ beschreiben ein diskretes Frequenzspektrum ('Linienspektrum') der Funktion $x(t)$. Man kann Gl.(2) gemäß Abs. 4.2 übrigens auch als Kreuzkorrelationsfunktion der gegebenen Funktion $x(t)$ und des Schwingungsterms

$$e^{-j\lambda\omega_0 t} = \cos \lambda\omega_0 t - j \sin \lambda\omega_0 t$$

deuten. Wegen der Periodizität beider Faktoren genügt es dabei, den Mittelwert über eine einzige Periode zu bilden.

Wenn $x(t)$ nicht periodisch ist, entartet die Fourier-Reihe in das Fourier-Integral und das diskrete Spektrum in ein kontinuierliches Spektrum $|z.B.\ 22|$. Durch einen Grenzübergang mit

$$\omega_0 \rightarrow d\omega, \quad \lambda\omega_0 \rightarrow \omega, \qquad \frac{1}{T_0} \rightarrow \frac{d\omega}{2\pi}$$

folgt aus (2)

$$\lim_{T_0 \to \infty} (c_\lambda T_0) = \lim_{T_0 \to \infty} \int_{-\frac{T_0}{2}}^{\frac{T_0}{2}} x(t)e^{-j\omega t}\, dt = X(j\omega) \ .$$

$X(j\omega)$ stellt das kontinuierliche Spektrum der nicht periodischen Funktion $x(t)$ dar. Man bezeichnet $X(j\omega)$ auch als Fourier-Transformierte von $x(t)$, da sie durch eine Funktionaltransformation aus $x(t)$ hervorgeht,

$$X(j\omega) = F(x(t)) = \int_{-\infty}^{\infty} x(t)e^{-j\omega t}\, dt \ . \tag{3}$$

In analoger Weise folgt durch den Grenzübergang aus der Fourier-Reihe das sog. Fourier-Integral

$$x(t) = \frac{1}{2\pi j} \int_{-j\infty}^{j\infty} X(j\omega)e^{j\omega t}\, d(j\omega) \ . \tag{4}$$

Es beschreibt den Aufbau einer nichtperiodischen Funktion $x(t)$ aus ihrem kontinuierlichen Spektrum $X(j\omega)d\omega$, d.h. aus unendlich vielen elementaren Frequenzbändern.

Bei den meisten praktisch vorkommenden Funktionen $x(t)$ konvergiert die Fourier-Transformation (Gl.3) nicht; eine notwendige Bedingung für Konvergenz ist z.B. $\lim_{t \to \infty} x(t) = o$, was bei stationären Signalen, die eine Gleichkomponente oder einen periodischen Schwingungsanteil enthalten, nicht erfüllt ist. Die Fourier-Transformierte existiert deshalb für die meisten interessierenden Funktionen nicht.

In vielen Fällen genügt es dann, näherungsweise einen Ausschnitt von $x(t)$ zu betrachten (Bild 5.1),

$$x_T(t) = x(t)\left[s(t+T_0) - s(t-T_0) \right] \ .$$

$s(t)$ ist dabei wieder die Sprungfunktion $s(t \geq o) \equiv 1$, $s(t < o) \equiv o$. Durch geeignete Wahl von T_0 kann nun in jedem Fall dafür gesorgt werden, daß die zugehörige Fourier-Transformierte

$$X_T(j\omega) = \int_{-T_0}^{T_0} x(t)e^{-j\omega t}\, dt = \int_{-\infty}^{\infty} x_T(t)e^{-j\omega t}\, dt$$

definiert ist.

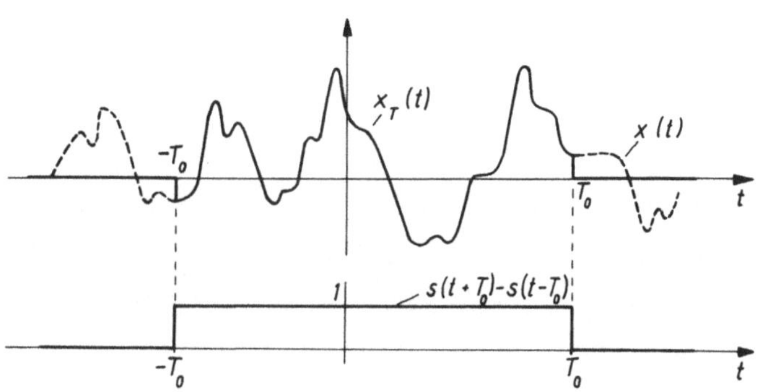

Bild 5.1

Sofern die Fourier-Transformierte $X(j\omega)$ der vollständigen Funktion $x(t)$ existiert, stellt sie den Grenzwert von $X_T(j\omega)$ für $T_0\rightarrow\infty$ dar,

$$\lim_{T_0\rightarrow\infty} X_T(j\omega) = X(j\omega)\ .$$

Bei den folgenden Abschnitten wird der Index T meistens weggelassen; $X(j\omega)$ ist dann gegebenenfalls als $X_T(j\omega)$ zu interpretieren.

5.2. Energiespektrum

Wenn $x(t)$ die Bedeutung einer physikalischen Intensitäts-größe hat (Geschwindigkeit, Kraft, Strom, Spannung etc.), entspricht der Ausdruck

$$\int_{t_1}^{t_2} x^2(t)\ dt$$

nach geeigneter Normierung einer Energie. Die gesamte Energie im Bereich $-T_0 < t < T_0$ läßt sich durch Einsetzen des Fourier-Integrals, Gl.(4), umschreiben,

$$A_T = \int_{-T_0}^{T_0} x^2(t)\ dt = \int_{-T_0}^{T_0} x(t) \left[\frac{1}{2\pi j} \int_{-j\infty}^{j\infty} X_T(j\omega) e^{j\omega t}\ d(j\omega) \right] dt\ .$$

Vertauschung der Integrations-Reihenfolge führt auf

$$A_T = \frac{1}{2\pi j} \int_{-j\infty}^{j\infty} X_T(j\omega) \left[\int_{-T_0}^{T_0} x(t) e^{j\omega t}\ dt \right] d(j\omega)\ .$$

Für das innere Integral kann man gemäß Gl.(3) schreiben

$$\int_{-T_0}^{T_0} x(t) e^{j\omega t}\ dt = X_T(-j\omega)\ ,$$

so daß der Ausdruck für die Energie die alternative Schreibweise

$$A_T = \frac{1}{2\pi j} \int_{-j\infty}^{j\infty} X_T(j\omega) X_T(-j\omega)\ d(j\omega) \tag{5}$$

annimmt. Bei den hier vorkommenden analytischen Funktionen läßt sich $X_T(-j\omega)$ auch als konjugiert komplexe Größe schreiben,

$$X_T(-j\omega) = X_T(\overline{j\omega}) = \overline{X_T(j\omega)}\ ,$$

so daß der Integrand in Gl.(5) die Form

$$X_T(j\omega)\ X_T(-j\omega) = X_T(j\omega)\ \overline{X_T(j\omega)} = \left| X_T(j\omega) \right|^2 = W_{xx}(\omega^2)$$

erhält. $\overline{X_T(j\omega)}$ ist dabei der zu $X_T(j\omega)$ konjugiert komplexe Wert. $W_{xx}(\omega^2)$ ist eine für reelle ω reelle positive und gerade Funktion [1]. Das Integral, Gl.(5), läßt sich somit reell schreiben und auf die positive ω-Achse beschränken,

$$A_T = \int_{-T_0}^{T_0} x^2(t)dt = \frac{1}{2\pi} \int_{-\infty}^{\infty} W_{xx} \, d\omega = \frac{1}{\pi} \int_{0}^{\infty} W_{xx}(\omega^2) \, d\omega \ . \qquad (6)$$

Man bezeichnet $W_{xx}(\omega^2)$ als Energiespektrum oder spektrale Energiedichte des Vorganges $x(t)$.
Gl.(6) wird Parsevalsches Theorem genannt.

5.3. Leistungsspektrum

Bei stationären Vorgängen, die sich bis $t \to \pm\infty$ erstrecken, divergiert das Integral für die Gesamtenergie A_T; dagegen existiert meistens der in Abs. 1.3 als quadratischer Mittelwert eingeführte Leistungsmittelwert

$$\overline{x^2(t)} = \lim_{T_0 \to \infty} \frac{1}{2T_0} \int_{-T_0}^{T_0} x^2(t) \, dt \ .$$

Einsetzen von Gl.(6) und Umformung ergibt

$$\overline{x^2(t)} = \lim_{T_0 \to \infty} \frac{1}{2T_0} \left[\frac{1}{\pi} \int_{0}^{\infty} W_{xx}(\omega^2) \, d\omega \right] =$$

$$= \frac{1}{\pi} \int_{0}^{\infty} \left[\lim_{T_0 \to \infty} \frac{W_{xx}(\omega^2)}{2T_0} \right] d\omega \ .$$

---

[1] Falls $W(\omega)$ keine rationale Funktion ist, gilt die Schreibweise $W(\omega^2)$ sinngemäß, d.h. es gilt $W(\omega) = W(-\omega)$.

Mit der Abkürzung

$$\lim_{T_0 \to \infty} \frac{W_{xx}(\omega^2)}{2T_0} = \lim_{T_0 \to \infty} \frac{X_T(j\omega)X_T(-j\omega)}{2T_0} = \phi_{xx}(\omega^2) \ ,$$

gilt nun

$$\overline{x^2(t)} = \frac{1}{\pi} \int_0^\infty \phi_{xx}(\omega^2)\, d\omega \ . \tag{7}$$

$\phi_{xx}(\omega^2)$ ist wieder eine reelle positive und gerade Funktion von ω; sie wird entsprechend ihrer Definition (Wirk-)Leistungsspektrum oder spektrale (Wirk-)Leistungsdichte genannt. Der in Gl.(7) als Integral der Leistungsdichte geschriebene quadratische Mittelwert ist gemäß Abs. 4.1 gleichzeitig der Maximalwert der Autokorrelationsfunktion,

$$\overline{x^2(t)} = \varphi_{xx}(0) \ .$$

Eine Leistung kann auch als Produkt zweier verschiedener physikalischer Größen $x(t)$ und $y(t)$, z.B. Drehzahl und Drehmoment oder Strom und Spannung, definiert sein. Der zugehörige Mittelwert

$$\overline{x(t)y(t)} = \lim_{T_0 \to \infty} \frac{1}{2T_0} \int_{-T_0}^{T_0} x(t)y(t)\, dt$$

läßt sich mit Hilfe des Fourier-Integrals (Gl.3,4) in analoger Weise wie in Abs. 5.2 umformen; so gilt z.B.

$$\overline{x(t)y(t)} = \frac{1}{2\pi j} \int_{-j\infty}^{j\infty} \lim_{T_0 \to \infty} \frac{X(j\omega)\, Y(-j\omega)}{2T_0}\, d(j\omega) \ .$$

Mit der Definition

$$\lim_{T_0 \to \infty} \frac{1}{2T_0} \left[X(j\omega)\, Y(-j\omega) \right] = \phi_{xy}(j\omega)$$

wird daraus

$$\overline{x(t)y(t)} = \varphi_{xy}(0) = \frac{1}{2\pi j} \int\limits_{-j\infty}^{j\infty} \phi_{xy}(j\omega)\, d(j\omega)\ . \qquad (8)$$

Die komplexe Funktion $\phi_{xy}(j\omega)$ wird als Kreuz-Leistungsspektrum bezeichnet. Unter Berücksichtigung des konjugiert komplexen Zusammenhanges

$$\phi_{xy}(-j\omega) = \lim_{T_0 \to \infty} \frac{1}{2T_0} \left[X(-j\omega)\ Y(j\omega) \right] =$$

$$= \lim_{T_0 \to \infty} \frac{1}{2T_0} \left[\overline{X(j\omega)}\ \overline{Y(-j\omega)} \right] = \overline{\phi_{xy}(j\omega)}\ ,$$

d.h.

$$\mathrm{Re}\left[\phi_{xy}(-j\omega)\right] = \mathrm{Re}\left[\phi_{xy}(j\omega)\right]$$

und

$$\mathrm{Im}\left[\phi_{xy}(-j\omega)\right] = -\mathrm{Im}\left[\phi_{xy}(j\omega)\right],$$

läßt sich die Integration in Gl.(8) wieder reell ausführen und vereinfachen,

$$\overline{x(t)y(t)} = \frac{1}{\pi} \int\limits_{0}^{\infty} \mathrm{Re}\left[\phi_{xy}(j\omega)\right]\, d\omega\ . \qquad (9)$$

Setzt man zur Probe $y(t) = x(t)$, so wird $\phi_{xy}(j\omega)$ reell und Gl.(9) geht in Gl.(7) über.

Als Beispiel sei nun der Fall betrachtet, daß $x(t)$ durch Überlagerung zweier Komponenten, z.B. eines Nutz- und Störsignals, entsteht,

$$x(t) = y(t) + z(t)\ .$$

Wegen der Linearität der Fourier-Transformation gilt die Überlagerung auch für die Bildfunktionen

$$X_T(j\omega) = Y_T(j\omega) + Z_T(j\omega)\ .$$

Durch formale Erweiterung folgt daraus das Wirk-Leistungsspektrum

$$\phi_{xx}(\omega^2) = \lim_{T\to\infty} \frac{1}{2T} \left[X_T(j\omega)\, X_T(-j\omega) \right] =$$

$$= \lim_{T\to\infty} \frac{1}{2T} \left[Y_T(j\omega)+Z_T(j\omega) \right]\left[Y_T(-j\omega)+Z_T(-j\omega) \right] =$$

$$= \phi_{yy}(\omega^2) + \phi_{zz}(\omega^2) + \phi_{yz}(j\omega) + \phi_{yz}(-j\omega) =$$

$$= \phi_{yy}(\omega^2) + \phi_{zz}(\omega^2) + 2\,\mathrm{Re}\left[\phi_{yz}(j\omega) \right] .$$

ϕ_{xx} ist erwartungsgemäß reell und gerade in ω.

5.4. Fourier-Reihe und Leistungsspektrum einer diskreten Funktion, z-Transformation

Das Prinzip der Spektraldarstellung läßt sich auch auf diskrete Funktionen übertragen, was vor allem für numerische
Berechnungen mit dem Digitalrechner von Bedeutung ist. Im
folgenden werden die wichtigsten Definitionsgleichungen zusammengestellt; ihnen allen ist gemeinsam, daß sie bei zunehmend dichterer Abtastfolge im Grenzfall in die entsprechenden Beziehungen für kontinuierliche Funktionen übergehen.

Gegeben sei eine Folge von 2N äquidistanten Funktionswerten
im Abstand T,

$$x\,(\nu T) \equiv x(\nu) , \quad \nu = 0,1,2,\ldots,2N-1 .$$

In Bild 5.2 sind die diskreten Funktionswerte als Stufenkurve
aufgetragen. Interessiert nur das Grundintervall von 0 bis
2N-1, so steht es frei, sich die Wertefolge außerhalb periodisch fortgesetzt zu denken,

$$x(\nu+k\cdot 2N) = x(\nu) , \quad k = \pm 1,\pm 2,\ldots .$$

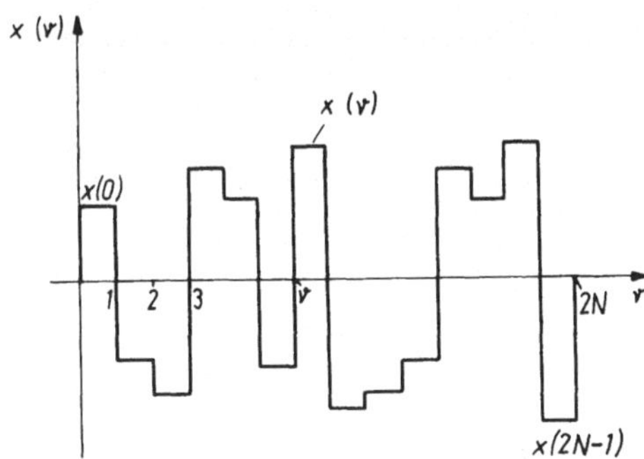

Bild 5.2

Die periodische Wertefolge läßt sich aufgrund von Gl.(1)
durch einen Satz orthogonaler trigonometrischer Funktionen
approximieren; $\omega_0 t = \dfrac{2\pi}{2NT}\, \nu T = \dfrac{\nu\pi}{N}$ führt auf

$$x(\nu) = \sum_{\lambda=-N}^{N} c_\lambda\, e^{j\lambda\frac{\nu\pi}{N}} , \qquad \nu = 0,1,\ldots 2N-1 . \qquad (10a)$$

Mit der Abkürzung $e^{j\omega_0 T} = e^{j\frac{\pi}{N}} = z_0$ erhält man die Schreibweise

$$x(\nu) = \sum_{\lambda=-N}^{N} c_\lambda\, z_0^{\lambda\nu} . \qquad\qquad (10b)$$

Die c_λ sind wieder die komplexen Fourierkoeffizienten. Man
kann sich die $x(\nu)$ ja als Abtastwerte einer durch eine kontinuierliche Fourier-Reihe dargestellten kontinuierlichen Zeitfunktion denken. Die Anzahl N der Teilschwingungen ist dabei
aufgrund des Abtasttheorems |49| so zu wählen, daß die Kom-
ponente höchster Frequenz gerade zweimal je Periode abgetastet
wird.

Wegen der Orthogonalitätseigenschaft der trigonometrischen Funktionen ist die Berechnung der c_λ besonders einfach. Beidseitige Multiplikation von Gl.(10) mit

$$z_0^{-\mu\nu} = e^{-j\mu\frac{\nu\pi}{N}}$$

und Addition über alle ν führt auf

$$\sum_{\nu=0}^{2N-1} x(\nu) z_0^{-\mu\nu} = \sum_{\nu=0}^{2N-1} \sum_{\lambda=-N}^{N} c_\lambda z_0^{(\lambda-\mu)\nu} = \sum_{\lambda=-N}^{N} c_\lambda \sum_{\nu=0}^{2N-1} z_0^{(\lambda-\mu)\nu}$$

Die innere Summe des letzten Ausdruckes verschwindet für alle $\lambda\neq\mu$. Die Punkte $z_0^{(\lambda-\mu)\nu}$ mit $\nu=0$, ... $2N-1$ liegen dann ja auf den Eckpunkten eines vom Einheitskreis umschriebenen regelmässigen Vielecks und ergänzen sich somit zu Null.
Die Zahl der Ecken ist 2N, falls kein gemeinsamer Teiler zwischen 2N und $(\lambda-\mu)$ besteht; anderenfalls erhält man mehrere kongruente Vielecke, wobei die Summe der komplexen Eckstrahlen ebenfalls gerade Null ergibt. Lediglich $\lambda=\mu$ liefert einen von Null verschiedenen Beitrag,

$$\sum_{\nu=0}^{2N-1} x(\nu)\, z_0^{-\mu\nu} = 2N\, c_\mu \; .$$

Mit der Substitution $\mu\rightarrow\lambda$ gilt dann

$$c_\lambda = a_\lambda - jb_\lambda = \frac{1}{2N} \sum_{\nu=0}^{2N-1} x(\nu)\, z_0^{-\lambda\nu} = \frac{1}{2N} \sum_{\nu=0}^{2N-1} x(\nu) e^{-j\lambda\frac{\nu\pi}{N}} \; .$$

$$(11a)$$

In reeller Schreibweise erhält Gl.(11a) die Form

$$a_\lambda = \frac{1}{2N} \sum_{\nu=0}^{2N-1} x(\nu) \cos\lambda\,\frac{\nu\pi}{N} \; , \qquad\qquad (11b)$$

$$b_\lambda = \frac{1}{2N} \sum_{\nu=0}^{2N-1} x(\nu) \sin\lambda\,\frac{\nu\pi}{N} \; , \quad \lambda = 0,\pm1,\ldots \pm N \; .$$

Daraus folgen die Beziehungen

$$a_{-\lambda} = a_\lambda \quad , \qquad b_{-\lambda} = - b_\lambda \quad .$$

Die Koeffizientenpaare c_λ, $c_{-\lambda}$ sind also wieder konjugiert komplex, $c_{-\lambda} = \overline{c_\lambda}$.

Außerdem gilt

$$a_0 = \frac{1}{2N} \sum_{\nu=0}^{2N-1} x(\nu) \quad , \qquad b_0 = 0 \quad .$$

Der Koeffizient a_0 stellt also den Mittelwert $\overline{x(\nu)}$ über das betrachtete Intervall dar.

In Bild 5.3a ist als Beispiel das diskrete Spektrum $|c_\lambda|$ einer pseudostatistischen Binärfolge (Abs. 6.5) der Periode 31 aufgetragen. Die Berechnung des Spektrums erfolgte auf der Basis von 1024 Abtastwerten für eine volle Periode der Binärfolge.

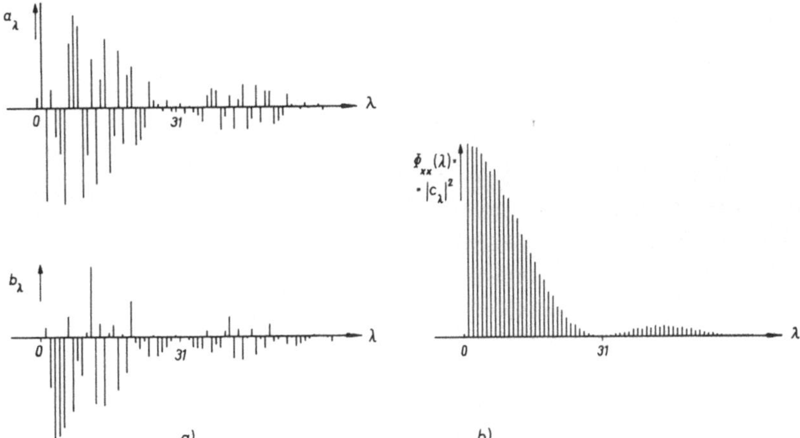

Bild 5.3

Für die numerische Berechnung der Koeffizienten c_λ wurde in Form der 'Schnellen Fourier-Transformation' ein besonders leistungsfähiger Algorithmus für Digitalrechner entwickelt |50|.

Das Leistungsspektrum wird wie bei kontinuierlichen Funktionen gebildet. Mit Gl.(10) folgt

$$\overline{x^2}(\nu) = \frac{1}{2N} \sum_0^{2N-1} x^2(\nu) = \frac{1}{2N} \sum_0^{2N-1} x(\nu) \sum_{\lambda=-N}^{N} c_\lambda z_0^{\lambda\nu} =$$

$$= \sum_{\lambda=-N}^{N} c_\lambda \left[\frac{1}{2N} \sum_0^{2N-1} x(\nu) z_0^{\lambda\nu} \right] = \sum_{\lambda=-N}^{N} c_\lambda \overline{c_\lambda} \ .$$

Der Summand

$$c_\lambda \overline{c_\lambda} = \left| c_\lambda \right|^2 = \Phi_{xx}(\lambda^2) \tag{12}$$

läßt sich als Wirk-Leistungsspektrum des diskreten periodischen Vorgangs $x(\nu)$ interpretieren; es handelt sich dabei wieder um eine reelle und gerade Funktion des Frequenzparameters λ. Somit gilt

$$\overline{x^2}(\nu) = \Phi_{xx}(0) + 2 \sum_{\lambda=1,2..}^{N} \Phi_{xx}(\lambda^2) \ . \tag{13}$$

Der Aufbau von Gln.(12,13) ist eine Folge der Orthogonalitätseigenschaften trigonometrischer Funktionen; nur Komponenten paarweise gleicher Frequenz bilden einen von Null verschiedenen Leistungsmittelwert. Bild 5.3b zeigt als Beispiel das diskrete Leistungsspektrum der pseudostatistischen Binärfolge mit der Periode 31.

Das Kreuzleistungsspektrum zweier diskreter Funktionen $x(\nu),y(\nu)$ läßt sich analog zum Wirkleistungsspektrum bilden; es ist im allgemeinen eine komplexe Funktion des Frequenzparameters λ.

119

Zwischen der diskreten Fourier-Transformation einer endlichen und periodisch fortgesetzten Wertefolge und der sog. z-Transformation |z.B. 25| einer unbegrenzten Wertefolge $x(\nu)$ besteht natürlich ein enger Zusammenhang. Führt man in Gl.(11a) für die komplexen Fourier-Koeffizienten,

$$c_\lambda = \frac{1}{2N} \sum_{\nu=0}^{2N-1} x(\nu)\, e^{-j\lambda\frac{\nu\pi}{N}} \; ,$$

die Abkürzungen

$$\lambda\,\frac{2\pi}{2NT} = \lambda\omega_0 = \omega$$

und

$$e^{j\lambda\frac{\pi}{N}} = e^{j\lambda\omega_0 T} = z_0^{\lambda} = z$$

ein, so entsteht der Ausdruck

$$c_\lambda = \frac{1}{2NT}\; T \sum_{\nu=0}^{2N-1} x(\nu)\, z^{-\nu} \; .$$

Daraus folgt durch Übergang zu aperiodischen Wertefolgen $x(\nu)$

$$\lim_{N\to\infty} (c_\lambda \cdot 2NT) = T \sum_{\nu=0}^{\infty} x(\nu)\, z^{-\nu} \equiv X(z) \; . \tag{14}$$

Man erhält als Grenzwert somit gerade die z-Transformierte, d.h. die Bildfunktion einer durch $x(\nu)$ modulierten äquidistanten Impulsreihe.

Die Umkehrung der z-Transformation erfolgt durch beidseitige Multiplikation mit $z^{\mu-1}$ und anschließende komplexe Integration auf dem Einheitskreis der z-Ebene

$$\oint \frac{X(z)}{z}\, z^{\mu}dz = T \oint \sum_{\nu=0}^{\infty} x(\nu) z^{\mu-\nu}\frac{dz}{z} = T \sum_{\nu=0}^{\infty} x(\nu) \oint z^{\mu-\nu}\frac{dz}{z} \; .$$

Für die unter der Summe stehenden Integrale gilt nach den Regeln der Funktionentheorie

$$\oint z^{\mu-\nu}\,\frac{dz}{z} \quad\begin{aligned} &= \ 2\pi j \quad\text{für}\quad \mu = \nu \\ &= \ 0 \quad\;\;\text{für}\quad \mu \neq \nu \quad ; \end{aligned}$$

es verschwinden also sämtliche Summenterme mit Ausnahme eines einzigen. Auflösung nach $x(\mu)$ und Substitution $\mu \to \nu$ ergibt

$$x(\nu) = \frac{1}{2\pi j} \oint \frac{X(z)}{T}\, z^\nu\, \frac{dz}{z} \ . \tag{15}$$

Dieser Ausdruck stellt ein diskretes Äquivalent zum Fourierintegral (Gl.4) dar; durch Grenzübergang mit $T \to 0$ läßt sich dies leicht zeigen.

Unter Verwendung von Gl.(13) ist es möglich, auch den quadratischen Mittelwert durch $X(z)$ auszudrücken,

$$\overline{x^2(\nu)} = \lim_{N\to\infty} \frac{1}{2N} \sum_{\nu=0}^{2N-1} x^2(\nu) = \lim_{N\to\infty} \frac{1}{2N} \sum_{\nu=0}^{2N-1} x(\nu) \left[\frac{1}{2\pi j} \oint \frac{X(z)}{T}\, z^\nu\, \frac{dz}{z}\right] =$$

$$= \lim_{N\to\infty} \frac{1}{2N}\ \frac{1}{2\pi j} \oint \frac{X(z)}{T^2} \left[T \sum_{\nu=0}^{2N-1} x(\nu) z^\nu\right] \frac{dz}{z} \ .$$

Die Summe in der eckigen Klammer kann formal als $X(\frac{1}{z})$ geschrieben werden, so daß man schließlich

$$\overline{x^2(\nu)} = \frac{1}{2\pi j} \oint \lim_{N\to\infty} \frac{\dfrac{X(z)}{T}\,\dfrac{X(1/z)}{T}}{2N} \ \frac{dz}{z} \tag{16}$$

erhält. Wie anhand von Grenzübergängen leicht festzustellen ist, handelt es sich dabei um eine Erweiterung von Gl.(13) für nichtperiodische Vorgänge ($N\to\infty$)bzw. ein diskretes Gegenstück zu Gl.(7). Die Analogie zum Leistungsspektrum bei kontinuierlichen Funktionen legt es nahe, auch eine Definition für das diskrete Leistungsspektrum einer nichtperiodischen Wertefolge $x(\nu)$ einzuführen,

121

$$\lim_{N \to \infty} \frac{\overline{X(z)} \; \overline{X(1/z)}}{2N} = \phi_{xx}(z) \; , \tag{17}$$

so daß Gl. (16) die Form

$$\overline{x^2(\nu)} = \frac{1}{2\pi j} \oint \phi_{xx}(z) \, \frac{dz}{z} = \varphi_{xx}(o) \tag{18}$$

annimmt. Dieses Ergebnis überrascht nicht, wenn man bedenkt, daß bei der Integration auf dem Einheitskreis nur die konstanten Anteile von $X(z) \, X(1/z)$ Beiträge liefern. Daraus folgt ja sofort wieder

$$\overline{x^2(\nu)} = \lim_{N \to \infty} \frac{1}{2N} \sum_{\nu=0}^{2N-1} x^2(\nu) \; .$$

Wie man sich leicht überzeugen kann, gilt auch der gegenüber Gl.(18) verallgemeinerte Zusammenhang

$$\varphi_{xx}(i) = \overline{x(\nu) \; x(\nu-i)} = \frac{1}{2\pi j} \oint \frac{\phi_{xx}(z)}{z^i} \, \frac{dz}{z} \tag{19}$$

Ein Verfahren zur numerischen Berechnung von Integralen dieser Art ist in |71| behandelt.

5.5. Zweiseitige Laplace-Transformation

Das Leistungsspektrum wurde in Abs. 5.3 unter Verwendung der Fourier-Transformation

$$X(j\omega) = \int_{-\infty}^{\infty} x(t)e^{-j\omega t} dt = F(x(t))$$

und nicht mit der bei deterministischen Vorgängen üblichen Laplace-Transformation |z.B.22| abgeleitet. Der Grund bestand darin, daß die interessierenden stationären Zeitfunktionen sowohl im positiven wie auch negativen Zeitbereich ungleich Null definiert sind; dagegen war bei der gewöhnlich verwendeten

122

einseitigen Laplace-Transformation

$$X(p) = \int\limits_{0}^{\infty} x(t)e^{-pt} dt = L(x(t)), \quad p = \sigma + j\omega ,$$

$x(t<o)\equiv0$ vorausgesetzt, so daß der negative Zeitbereich unberücksichtigt bleiben konnte. Ohne diese Bedingung würde der Faktor $e^{-\sigma t}$ bei einer Erweiterung des Integrationsbereiches nach $-\infty$ die Konvergenz des Integrals gefährden. Dabei war dieser Faktor (Übergang von der Fourier- zur Laplace-Transformation) gerade eingeführt worden, um das Konvergenzverhalten der Fourier-Transformation zu verbessern.

Eine einfache Maßnahme, um die Laplace-Transformation für stationäre, d.h. beidseitig sich nach Unendlich erstreckende Signale anwendbar zu machen, besteht nach Bild 5.4 darin, $x(t)$ in zwei Teilfunktionen $x_1(t)$, $x_2(t)$ zu zerlegen, die abschnittweise mit $x(t)$ identisch bzw. Null sind $|z.B. 31|$,

$$x(t) = x_1(t) + x_2(t) ;$$

dabei gilt, unter Verwendung der Sprungfunktion $s(t)$,

$$x_1(t) = x(t) \cdot s(t) \quad \text{und} \quad x_2(t) = x(t)\, s(-t) .$$

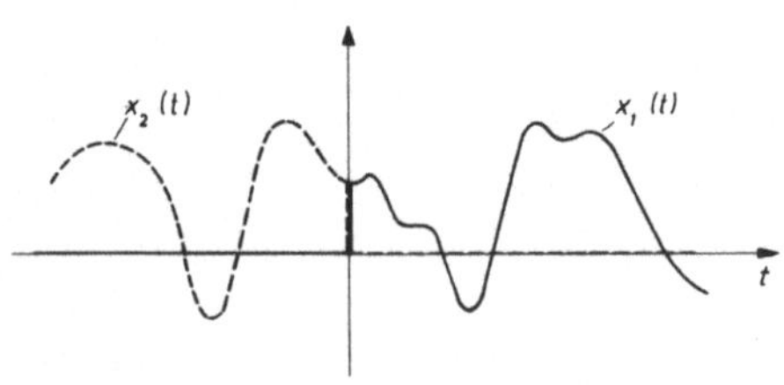

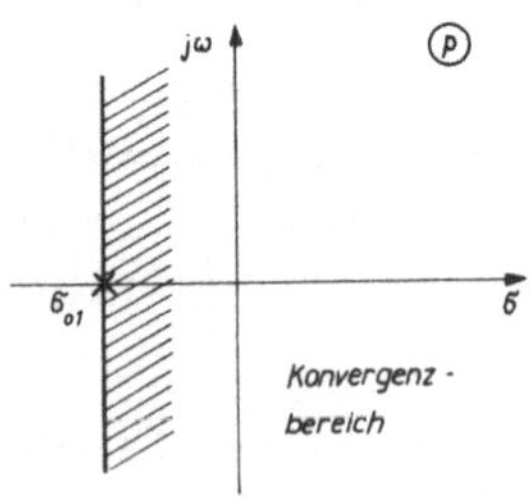

Bild 5.4   Bild 5.5

Daraus folgt die sog. zweiseitige Laplace-Transformation

$$L_2(x(t)) = \int\limits_{-\infty}^{\infty} x(t)e^{-pt}\,dt = \int\limits_{0}^{\infty} x_1(t)e^{-pt}\,dt + \int\limits_{-\infty}^{0} x_2(t)e^{-pt}\,dt =$$

$$= J_1 + J_2\;.$$

Die Integrationsintervalle sind dabei bereits entsprechend den Integranden verkürzt. Das Integral J_1 wird in gewohnter Weise berechnet; es konvergiert in der komplexen Ebene für $\sigma > \sigma_{01}$, d.h. rechts der Konvergenzabszisse (Bild 5.5).

Das Integral J_2 wird zunächst mit der Substitution $\tau = -t$ umgeschrieben,

$$J_2 = \int\limits_{t=-\infty}^{0} x_2(t)e^{-pt}\,dt = \int\limits_{\tau=\infty}^{0} x_2(-\tau)e^{-p(-\tau)}\,d(-\tau) =$$

$$= \int\limits_{\tau=0}^{\infty} x_2(-\tau)e^{p\tau}\,d\tau = L(x_2(-t))\Big|_{(-p)}\;.$$

Es entspricht offenbar der einseitigen Laplace-Transformierten des auf die positive Zeitachse gespiegelten Funktionsteils $x_2(-t)$, wenn außerdem p durch $-p$ ersetzt wird.
Die gesuchte zweiseitige Laplace-Transformierte lautet somit

$$L_2(x(t)) = \int\limits_{-\infty}^{\infty} x(t)e^{-pt}\,dt = L(x_1(t))\Big|_{(p)} + L(x_2(-t))\Big|_{(-p)} =$$

$$= X_1(p) + X_2(-p)\;. \tag{20}$$

Wegen der Spiegelung der Bildfunktion, $p \rightarrow -p$, hat eine im negativen Zeitbereich verlaufende Zeitfunktion also auch Pole mit positivem Realteil.

Bild 5.6a zeigt als Beispiel eine beidseitig abklingende Exponentialfunktion,

$$x(t) = e^{-\left|\frac{t}{T_1}\right|},$$

die mit Hilfe der Sprungfunktion s(t) in zwei Abschnitte zerlegt wird,

$$x(t) = x_1(t) + x_2(t) = e^{-\frac{t}{T_1}} s(t) + e^{\frac{t}{T_1}} s(-t) \ .$$

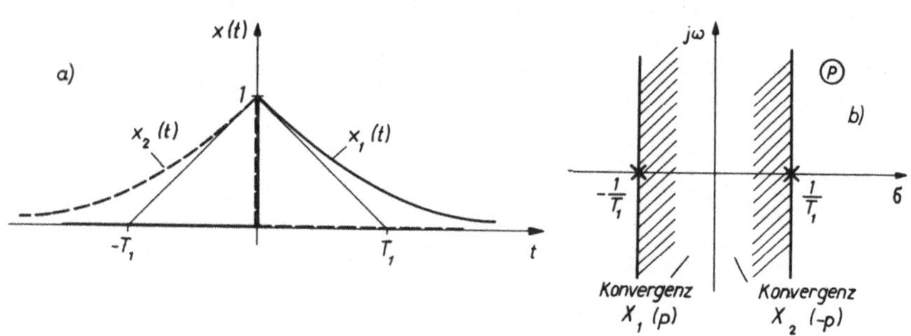

Bild 5.6

Die Bildfunktion von $x_1(t)$ ist bekannt,

$$L(x_1(t)) = X_1(p) = \frac{1}{p + \frac{1}{T_1}} \ .$$

Der Konvergenzbereich liegt rechts der Konvergenzabszisse, $\sigma > \sigma_{01} = -\ 1/T_1$.

Der links liegende Anteil der Zeitfunktion wird zunächst in den positiven Zeitbereich gespiegelt,

$$x_2(-t) = e^{-\frac{t}{T_1}} s(t) \ ;$$

er fällt dann mit $x_1(t)$ zusammen. Die Transformation führt somit auf das gleiche Ergebnis

$$L(x_2(-t)) = X_2(p) = \frac{1}{p + \frac{1}{T_1}} \; ;$$

anschließend wird noch das Vorzeichen von p umgekehrt

$$L(x_2(-t))\Big|_{(-p)} = X_2(-p) = \frac{1}{-p + \frac{1}{T_1}} \; .$$

Der Konvergenzbereich der Transformation liegt demnach links der Konvergenzabszisse, $\sigma < \sigma_{o2} = 1/T_1$.

Die zweiseitige Laplace-Transformation der symmetrischen Exponentialfunktion lautet damit insgesamt

$$L_2(x(t)) = X_1(p) + X_2(-p) =$$

$$= \frac{1}{p + \frac{1}{T_1}} + \frac{1}{-p + \frac{1}{T_1}} = - \frac{2\,T_1}{(T_1 p)^2 - 1} \; .$$

Aus der Darstellung der Konvergenzbereiche in Bild 5.6b geht hervor, daß auf der imaginären Achse beide Anteile der Bildfunktion definiert sind. Dies deutet darauf hin, daß für den symmetrischen Exponentialimpuls in Bild 5.6a auch die zweiseitige Fourier-Transformation existiert.

Bei der Rücktransformation einer Bildfunktion unbekannter Herkunft tritt nun allerdings die Schwierigkeit auf, daß der Gültigkeitsbereich der einzelnen Partialbrüche nicht eindeutig fixiert ist. Auch dies läßt sich am einfachsten an einem Beispiel zeigen. Wendet man das beschriebene Verfahren auf die in Bild 5.7a skizzierte instabile Funktion

$$x(t) = - e^{\left|\frac{t}{T_1}\right|}$$

an, so gilt

$$x(t) = x_1(t) + x_2(t) = - e^{\frac{t}{T_1}} s(t) - e^{-\frac{t}{T_1}} s(-t) \; .$$

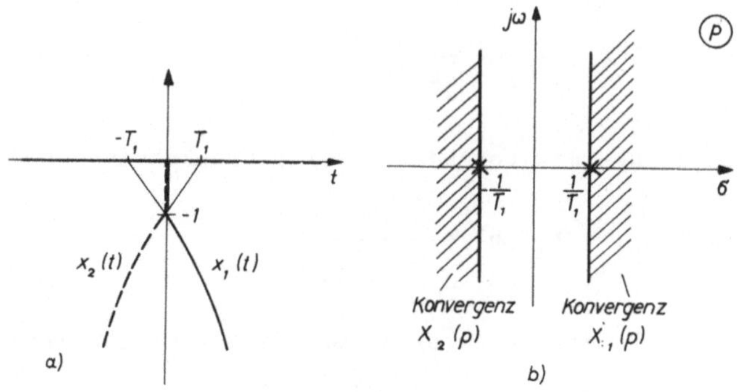

Bild 5.7

Die Bildfunktion von $x_1(t)$ lautet nun

$$X_1(p) = - \int_0^\infty e^{(\frac{1}{T_1} - p)t}\, dt = \frac{1}{-p + \frac{1}{T_1}}\ ;$$

der Konvergenzbereich ist $\sigma > 1/T_1$ (Bild 5.7b).
In entsprechender Weise gilt für $x_2(t)$

$$X_2(-p) = \frac{1}{p + \frac{1}{T_1}}\ , \qquad \sigma < -\frac{1}{T_1}\ .$$

Die gesamte Bildfunktion lautet damit

$$X(p) = X_1(p) + X_2(-p) = - \frac{2\,T_1}{(T_1 p)^2 - 1}\ .$$

Man erhält also das gleiche Ergebnis wie vorher, jedoch ist
nun die imaginäre p-Achse in den Konvergenzbereichen der Teil-
funktionen nicht mehr enthalten. Dies deutet darauf hin, daß
für x(t) keine Fourier-Transformierte existiert.

Aus dieser Gegenüberstellung wird klar, daß die Eindeutigkeit
der Abbildung x(t)o—• X(p) bei Einbeziehung auch negativer

Zeitwerte verloren geht. Zu jedem Partialbruch im Bildbereich
gehören nun zwei Zeitfunktionen, eine für t > 0, die andere
für t < 0. Aufgrund physikalischer Überlegungen ist zu entscheiden, welche die richtige Lösung darstellt.

Betrachtet man beispielsweise den in Bild 5.8a gezeigten Fall
eines mitgekoppelten Integrators mit der Übertragungsfunktion

$$F(p) = \frac{X}{Y}(p) = \frac{\dfrac{1}{T_1 p}}{1 - \dfrac{1}{T_1 p}} = \frac{1}{T_1 p - 1} \, ,$$

so ist am Pol $p_1 = 1/T_1$ ersichtlich, daß es sich um ein in-
stabiles System handelt. Die Sprungantwort kann im Bildbereich durch Partialbruchzerlegung berechnet werden,

$$X(p) = \frac{1}{p} F(p) = \frac{1}{p(T_1 p - 1)} = -\frac{1}{p} + \frac{1}{p - \dfrac{1}{T_1}} \quad .$$

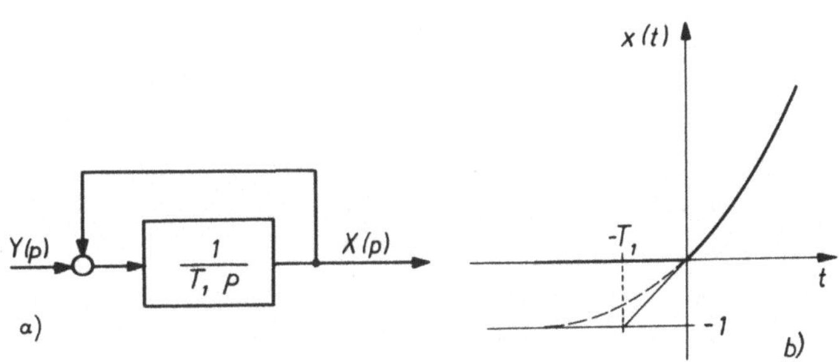

Bild 5.8

Die Rücktransformation in den Zeitbereich liefert somit eine
Sprungfunktion und eine Exponentialfunktion, die beide im
Prinzip im positiven oder im negativen Zeitbereich verlaufen
können. Wegen der Aufgabenstellung ist jedoch unzweifelhaft,
daß nur ein Lösungsanteil im positiven Zeitbereich in Frage

kommt. Die richtige Lösung lautet also (Bild 5.8b),

$$x(t) = -1 + e^{\frac{t}{T_1}} s(t) .$$

Abschließend sei noch eine allgemeine rationale Bildfunktion $X(p)$ betrachtet, deren Originalfunktion $x(t)$ sowohl im positiven wie negativen Zeitbereich verlaufen kann; aus physikalischen Gründen soll Instabilität ausgeschlossen sein, d.h. es soll gelten

$$\lim_{|t|\to\infty} x(t) = \text{const.}$$

Die Rücktransformation wird dann zweckmäßigerweise wieder für beide Zeitabschnitte getrennt vorgenommen. Zunächst bringt man $X(p)$ auf die Form

$$X(p) = \frac{Z(p)}{N(p)} = \frac{Z(p)}{k \prod_1^{n_1} (p-p_{1\lambda}) \prod_1^{n_2} (p-p_{2\mu})} ,$$

wobei folgende Zuordnung gilt,

$$Re(p_{1\lambda}) < 0 , \quad \lambda = 1,2,.. n_1 ,$$

$$Re(p_{2\mu}) > 0 , \quad \mu = 1,2,.. n_2 .$$

Die Pole werden also gemäß ihrem Realteil in zwei Gruppen p_1 und p_2 geordnet (Bild 5.9). Pole auf der imaginären Achse können wahlweise dem einen oder anderen Abschnitt zugeordnet werden. Sofern nur Einzelpole vorkommen, lautet die Partialbruchzerlegung

$$X(p) = \sum_{\lambda=1}^{n_1} \frac{R_{1\lambda}}{p-p_{1\lambda}} + \sum_{\mu=1}^{n_2} \frac{R_{2\mu}}{-p+p_{2\mu}} = X_1(p) + X_2(-p) .$$

$X_1(p)$ ist die Bildfunktion des Lösungsanteils $x_1(t)$ im positiven Zeitbereich. Die Rücktransformation, d.h. die Berechnung des Integrals

$$x_1(t) = \frac{1}{2\pi j} \int_{\sigma-j\infty}^{\sigma+j\infty} X_1(p) e^{pt} \, dp$$

erfolgt in gewohnter Weise durch Anwendung des Residuensatzes (Bild 5.10),

$$x_1(t) = \left[\sum_{\lambda=1}^{n_1} R_{1\lambda} \, e^{p_{1\lambda}t} \right] s(t) \; .$$

Zur Berechnung von $x_2(t)$ geht man von der gespiegelten Funktion

$$X_2(p) = \sum_{\mu=1}^{n_2} \frac{R_{2\mu}}{p+p_{2\mu}}$$

aus, die ihre Pole ebenfalls in der linken p-Halbebene hat.

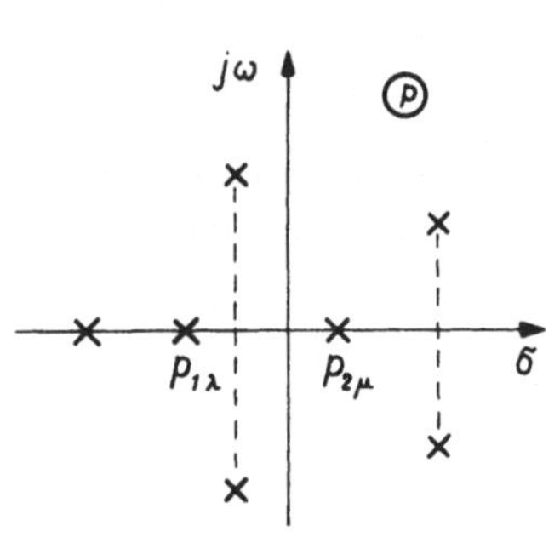

Bild 5.9

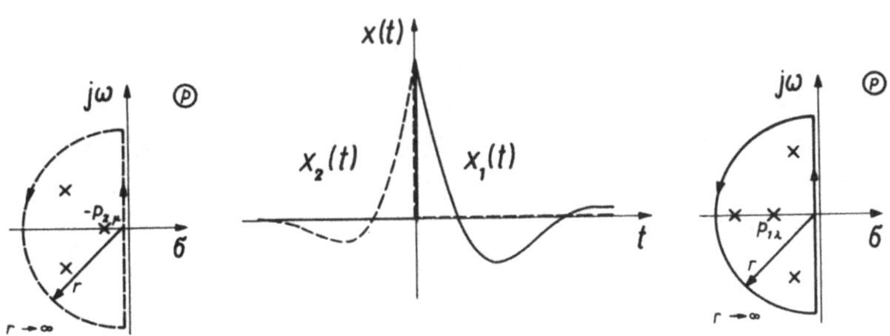

Bild 5.10

Die Rücktransformation durch Anwendung des Residuensatzes (Bild 5.10) liefert dann die gespiegelte Zeitfunktion

$$x_2(-t) = \frac{1}{2\pi j} \int_{\sigma-j\infty}^{\sigma+j\infty} X_2(p)e^{pt}\,dp = \left[\sum_{\mu=1}^{n_2} R_{2\mu}\,e^{-p_{2\mu}t}\right] s(t),$$

aus der man durch Rückspiegelung die Originalfunktion im negativen Zeitbereich erhält,

$$x_2(t) = \left[\sum_{\mu=1}^{n_2} R_{2\mu}\,e^{p_{2\mu}t}\right] s(-t) .$$

Die gesamte Zeitfunktion entsteht dann durch Überlagerung,

$$x(t) = x_1(t) + x_2(t) .$$

Unter Beachtung dieser Rechenregeln wird im weiteren anstelle der Fourier-Transformation überwiegend die zweiseitige Laplace-Transformation verwendet. Da nun die Konvergenz wieder durch den Faktor $e^{-\sigma t}$ beim Integranden erzwungen werden kann, erübrigt sich die Beschränkung auf den Funktionsausschnitt $x_T(t)$. Für $p = j\omega$ sind Fourier- und zweiseitige Laplace-Transformation identisch, sofern jene auf der imaginären Achse definiert ist.

Das beschriebene Verfahren der zweiseitigen Laplace-Transformation läßt sich ohne Schwierigkeiten auch auf diskrete Vorgänge übertragen. Die z-Transformation stellt ja nur einen Sonderfall der gewöhnlichen einseitigen Laplace-Transformation dar |z.B. 25|.

6. Korrelationsfunktion und Leistungsspektrum

6.1. Chintschin'scher Satz

Stochastische stationäre Vorgänge lassen sich gemäß Abs. 4 und 5 durch ihre Korrelationsfunktionen und Leistungsspektren

beschreiben. In beiden Fällen handelt es sich um verallgemeinerte quadratische Mittelwerte, die innere Gesetzmäßigkei-
ten eines statistisch verlaufenden Vorganges zum Ausdruck
bringen. Deshalb ist zu erwarten, daß ein Zusammenhang zwischen der Korrelationsfunktion $\varphi(\tau)$ und dem Leistungsspektrum
$\Phi(\omega)$ eines stochastischen Vorganges besteht. In der Tat existiert eine solche Bindung; sie ist sogar enger als man zunächst vermuten würde.

Schreibt man für den stationären stochastischen Vorgang x(t)
anstelle der Fourier-Transformierten $X(j\omega)$ die zweiseitige
Laplace-Transformierte

$$X(p) = \int\limits_{-\infty}^{\infty} x(t)e^{-pt}\, dt \;,$$

sowie die gespiegelte Transformierte

$$X(-p) = \int\limits_{-\infty}^{\infty} x(t)e^{pt}\, dt \;,$$

so erhält das in Abs. 5.3 definierte Wirk-Leistungsspektrum
die Form

$$\phi_{xx}(p) = \lim_{T\to\infty} \frac{X(p)\,X(-p)}{2T} =$$

$$= \lim_{T\to\infty} \frac{1}{2T}\left[\int\limits_{-\infty}^{\infty} x(t_1)e^{-pt_1}dt_1\right]\left[\int\limits_{-\infty}^{\infty} x(t_2)e^{pt_2}dt_2\right] \;.$$

Für $p = j\omega$ entsteht als Sonderfall die frühere Schreibweise

$$\phi_{xx}(\omega) = \lim_{T\to\infty} \frac{X(j\omega)\,X(-j\omega)}{2T} \;.$$

t_1 und t_2 sind zwei unabhängige Integrationsvariable, da die
Integrationen in beliebiger Weise ausgeführt werden können.
Interpretiert man die beiden Integrale als Grenzwerte von Summen, so ist ersichtlich, daß sich die Integrationen auch kom-
binieren lassen; somit gilt auch

132

$$\phi_{xx}(p) = \int\limits_{t_1=-\infty}^{\infty} \lim_{T\to\infty} \frac{1}{2T} \int\limits_{t_2=-\infty}^{\infty} x(t_1)x(t_2)e^{-p(t_1-t_2)} dt_2 dt_1 \; .$$

Setzt man nun $t_1-t_2=\tau$ und führt zunächst die Integration über t_2 mit τ = const. und anschließend mit $dt_1 = d\tau$ über t_1 aus, so folgt

$$\phi_{xx}(p) = \int\limits_{\tau=-\infty}^{\infty} \left[\lim_{T\to\infty} \frac{1}{2T} \int\limits_{t_2=-\infty}^{\infty} x(t_2)x(t_2+\tau)dt_2 \right] e^{-p\tau} d\tau \; .$$

Der Ausdruck in der eckigen Klammer stellt gerade die Auto-korrelationsfunktion von x(t) dar. Man erhält also

$$\phi_{xx}(p) = \int\limits_{\tau=-\infty}^{\infty} \varphi_{xx}(\tau)e^{-p\tau} d\tau \; .$$

Das Leistungsspektrum $\phi_{xx}(p)$ entspricht also der zweiseitigen Laplace-Transformierten der Autokorrelationsfunktion $\varphi_{xx}(\tau)$. Man bezeichnet diesen Zusammenhang als Chintschin'schen Satz |4,5|.

In entsprechender Weise gilt die Umkehrung durch das Laplace-Integral

$$\varphi_{xx}(\tau) = \frac{1}{2\pi j} \int\limits_{\sigma-j\infty}^{\sigma+j\infty} \phi_{xx}(p)e^{p\tau} dp \; .$$

Da $\varphi_{xx}(\tau)$ bekanntlich eine gerade Funktion ist und $\phi_{xx}(p)$, wie noch gezeigt wird, Pole in der linken und rechten p-Halb-ebene hat, sind hierbei die Regeln der zweiseitigen Laplace-Transformation anzuwenden.

Aufgrund der Beziehung

$$\varphi_{xx}(\tau) \circ\!\!-\!\!\bullet \; \phi_{xx}(p)$$

wird nachträglich auch die Wahl der Bezeichnungen $\varphi(\tau)$ und $\phi(p)$ verständlich.

Ein Zusammenhang, wie er für die Autokorrelationsfunktion und das Wirk-Leistungsspektrum gefunden wurde, gilt in entsprechender Weise auch für die Kreuz-Korrelationsfunktion und das Kreuz-Leistungsspektrum.

Aus

$$X(p) = \int\limits_{-\infty}^{\infty} x(t)e^{-pt} dt$$

und

$$Y(-p) = \int\limits_{-\infty}^{\infty} y(t)e^{pt} dt$$

folgt das Kreuz-Leistungsspektrum

$$\Phi_{xy}(p) = \lim_{T\to\infty} \frac{1}{2T} (X(p) Y(-p)) .$$

Einsetzen und Umstellung der Integrale liefert auch hier

$$\Phi_{xy}(p) = \int\limits_{-\infty}^{\infty} \varphi_{xy}(\tau)e^{-p\tau} d\tau .$$

Das Kreuz-Leistungsspektrum ist also die zweiseitige Laplace-Transformierte der Kreuz-Korrelationsfunktion. Im Gegensatz zu $\Phi_{xx}(p)$ ist $\Phi_{xy}(p)$ auf der imaginären p-Achse im allgemeinen komplex.

6.2. Diskussion des Leistungsspektrums anhand des Chintschin'schen Satzes

Unter Verwendung der bereits bekannten Eigenschaften von Korrelationsfunktionen lassen sich nun entsprechende Ergebnisse für die zugehörigen Leistungsspektren formulieren.

a) Da die Korrelationsfunktionen $\varphi_{xx}(\tau)$ oder $\varphi_{xy}(\tau)$ Mittelwerte darstellen, enthalten sie keine Detailangaben über den zeitlichen Verlauf x(t) und y(t). Eine entsprechende

Aussage gilt also auch für die Leistungsspektren ϕ_{xx} und ϕ_{xy}. Es gibt also beliebig viele Funktionen $x(t)$, $y(t)$ mit den gleichen Leistungsspektren.

b) Aus der Beziehung

$$\phi_{xx}(p) = \int\limits_{-\infty}^{\infty} \varphi_{xx}(\tau)e^{-p\tau}\, d\tau$$

folgt für $p = j\omega$

$$\phi_{xx}(j\omega) = \int\limits_{-\infty}^{\infty} \varphi_{xx}(\tau)\cos \omega\tau\, d\tau - j\int\limits_{-\infty}^{\infty} \varphi_{xx}(\tau)\sin \omega\tau\, d\tau \ .$$

Da $\varphi_{xx}(\tau)$ in τ gerade, $\sin \omega\tau$ aber ungerade ist, entfällt der imaginäre Anteil und man erhält

$$\phi_{xx}(j\omega) = 2\int\limits_{0}^{\infty} \varphi_{xx}(\tau)\cos \omega\tau\, d\tau = \phi_{xx}(\omega^2) \ .$$

Als Grenzwert für $\omega = o$ gilt

$$\phi_{xx}(o) = 2\int\limits_{0}^{\infty} \varphi_{xx}(\tau)\, d\tau \ .$$

c) In der Definition des Leistungsspektrums,

$$\phi_{xx}(p) = \lim_{T\to\infty} \frac{1}{2T} \, (X(p)\, X(-p)) \ ,$$

tritt das Produkt zweier gespiegelter rationaler Bildfunktionen auf. Nach Zerlegung in Linearfaktoren kann man dafür schreiben

$$X(p)\, X(-p) = \left[k \, \frac{\prod\limits_{1}^{m}(p-q_\mu)}{\prod\limits_{1}^{n}(p-p_\nu)} \right] \left[k \, \frac{\prod\limits_{1}^{m}(-p-q_\mu)}{\prod\limits_{1}^{n}(-p-p_\nu)} \right] =$$

$$= k^2 \; \frac{\prod\limits_{1}^{m}(-p^2+q_\mu^2)}{\prod\limits_{1}^{n}(-p^2+p_\nu^2)} \quad .$$

Die Pole von $\phi_{xx}(p)$ liegen also paarweise symmetrisch zum
Ursprung der p-Ebene; da komplexe Pole andererseits in konjugiert komplexen Paaren auftreten, ergänzen sie sich zu
Quadrupeln auf den Eckpunkten symmetrisch zum Ursprung lie-
gender Rechtecke (Bild 6.1); analoge Beziehungen gelten
für die Nullstellen.

Auf der imaginären Achse, d.h. für $p = j\omega$, ist

$$X(j\omega) \; X(-j\omega) = k^2 \; \frac{\prod\limits_{1}^{m}(\omega^2+q_\mu^2)}{\prod\limits_{1}^{n}(\omega^2+p_\nu^2)} \quad .$$

Bild 6.1

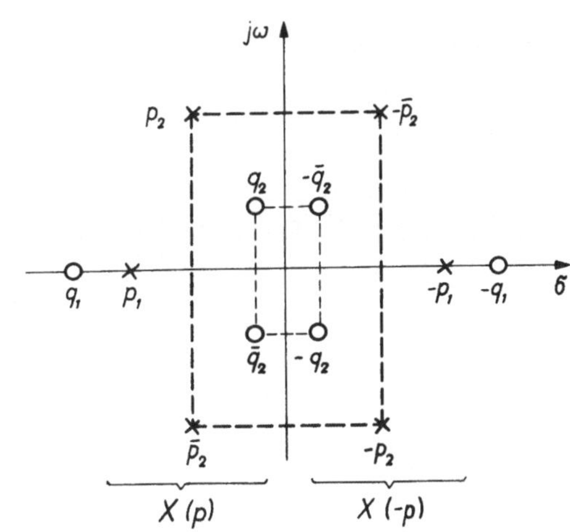

136

Der von einem reellen Polpaar p_ν, $-p_\nu$ herrührende Faktor $(\omega^2 + p_\nu^2)$ ist reell und positiv; das gleiche gilt für den Beitrag eines komplexen Pol-Quadrupels

$$(\omega^2 + p_\nu^2)(\omega^2 + \overline{p}_\nu^2) = \omega^4 + (p_\nu^2 + \overline{p}_\nu^2)\omega^2 + (p_\nu \overline{p}_\nu)^2 \; .$$

Da diese Überlegung in gleicher Weise auf den Zähler anwendbar ist, wird die bereits bekannte Tatsache bestätigt, daß das Leistungsspektrum auf der imaginären Achse reell, positiv und gerade in ω ist,

$$\phi_{xx}(j\omega) = \phi_{xx}(\omega^2), \quad \text{reell}, \geq 0.$$

d) Aus dem Laplace-Integral

$$\varphi_{xx}(\tau) = \frac{1}{2\pi j} \int_{\sigma-j\infty}^{\sigma+j\infty} \phi_{xx}(p) e^{p\tau} dp$$

folgt für $\tau = o$ und $p = j\omega$ der bereits in Abs. 5.3 abgeleitete Grenzfall

$$\varphi_{xx}(0) = \overline{x^2} = \frac{1}{\pi} \int_0^\infty \phi_{xx}(\omega^2) d\omega \; .$$

e) Falls $x(t)$ eine periodische Komponente enthält,

$$x_1(t) = \hat{x}_1 \cos(\omega_1 t + \alpha_1) \; ,$$

tritt in der Fourier-Transformierten eine impulsförmige Spektrallinie auf. Der zugehörige Anteil der Autokorrelationsfunktion,

$$\varphi_{x_1 x_1}(\tau) = \frac{\hat{x}_1^2}{2} \cos \omega_1 \tau \; ,$$

hat das Leistungsspektrum

$$\phi_{x_1 x_1}(\omega) = 2 \int_0^\infty \varphi_{x_1 x_1}(\tau)\cos \omega\tau \; d\tau =$$

$$= \hat{x}_1{}^2 \; \delta(\omega-\omega_1) \; .$$

Die Fläche des Dirac-Impulses ist dabei Eins gesetzt.

6.3. Leistungs-Übertragungsfunktion

Die in Abs. 6.1 abgeleitete Chintschin'sche Beziehung bietet die Möglichkeit, auch stochastische Vorgänge wahlweise im Zeit- oder Frequenzbereich zu beschreiben.

Z.B. entsteht bei Anregung der in Bild 6.2 angedeuteten linearen Übertragungsstrecke durch das Signal $y(t)$ mit der Bildfunktion $Y(p)$ als Antwortfunktion

$$X(p) = F(p) \cdot Y(p) \; ; \tag{1}$$

nach Vertauschung des Argumentes gilt auch der formale Zusammenhang

$$X(-p) = F(-p) \; Y(-p) \; .$$

Bild 6.2 $\qquad$ $\dfrac{y\,(t)}{Y\,(p)} \rightarrow \boxed{\dfrac{g\,(t)}{F\,(p)}} \rightarrow \dfrac{x\,(t)}{X\,(p)}$

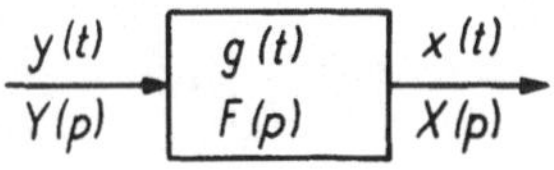

Das Leistungsspektrum der Ausgangsfunktion entsteht nun durch einen Grenzübergang,

$$\lim_{T \to \infty} \frac{X(p)\,X(-p)}{2T} = F(p)\,F(-p) \lim_{T \to \infty} \frac{Y(p)\,Y(-p)}{2T} \; ,$$

oder gemäß Abs. 5.3

$$\phi_{xx}(p) = F(p)\,F(-p)\,\phi_{yy}(p) \; . \tag{2}$$

Man bezeichnet den Ausdruck $F(p)F(-p)$ in Analogie zu Gl.(1)
als Leistungs-Übertragungsfunktion.
Auf der imaginären Achse ist

$$F(p)\ F(-p) = F(j\omega)\ F(-j\omega) = F(j\omega)\ \overline{F(j\omega)} =$$

$$= \left|F(j\omega)\right|^2, \quad \text{reell}, \ \geq 0\ .$$

Da auch das Leistungsspektrum für $p = j\omega$ reell und positiv
ist, gilt auch

$$\phi_{xx}(\omega^2) = \left|F(j\omega)\right|^2 \phi_{yy}(\omega^2)\ , \quad \text{reell}, \ \geq 0\ .$$

Das Leistungsspektrum des Ausgangssignals ist also durch das
Betrags-Quadrat der Übertragungsfunktion und das Leistungsspektrum des Eingangssignals bestimmt.

Bei dem in Bild 6.3 gezeichneten Modell einer störungsbehaf-
teten Übertragung ist

$$X(p) = F(p)\ Y(p) + F_2(p)\ Z(p)\ .$$

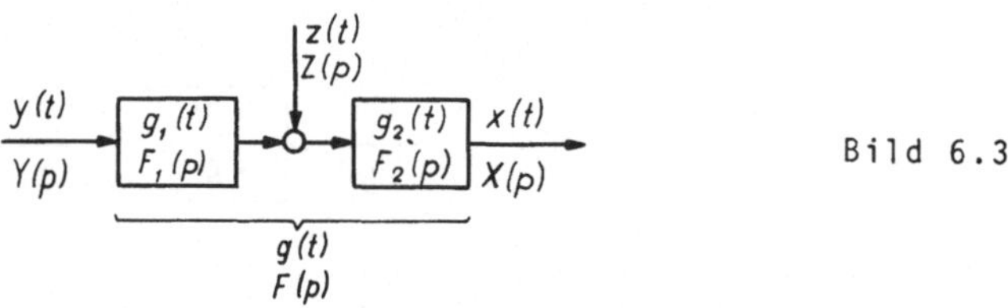

Bild 6.3

Das Kreuz-Leistungsspektrum zwischen Eingang und Ausgang ist
somit

$$\lim_{T\to\infty}\ \frac{1}{2T}(X(p)\ Y(-p)) = \lim_{T\to\infty}\ \frac{1}{2T}\ (F(p)Y(p)Y(-p))\ +$$

$$+ \lim_{T\to\infty}\ \frac{1}{2T}\ (F_2(p)Z(p)Y(-p))$$

oder

$$\phi_{xy}(p) = F(p)\,\phi_{yy}(p) + F_2(p)\,\phi_{zy}(p) \ .$$

Diese Beziehung beschreibt im Bildbereich den gleichen Sachverhalt, der in Abs. 4.3.2, Gl.(10), durch Anwendung des Faltungsintegrals und durch Kreuzkorrelation im Zeitbereich gefunden wurde. Falls $y(t)$ und $z(t)$ unabhängig sind, entfällt der zweite Anteil und es gilt

$$F(p) = \frac{\phi_{xy}(p)}{\phi_{yy}(p)} \ .$$

Bei dem in Bild 6.4 gezeichneten rückgekoppelten System werden zwei Anregungen, $z_1(t)$ und $z_2(t)$, angenommen, die an verschiedenen Stellen angreifen sollen. Bei dem Versuch, aus $y(t)$ und $x(t)$ das Übertragungsverhalten der Strecke zu gewinnen, erhält man als Folge der Rückkoppelung nicht das erwünschte Ergebnis.

Bild
6.4

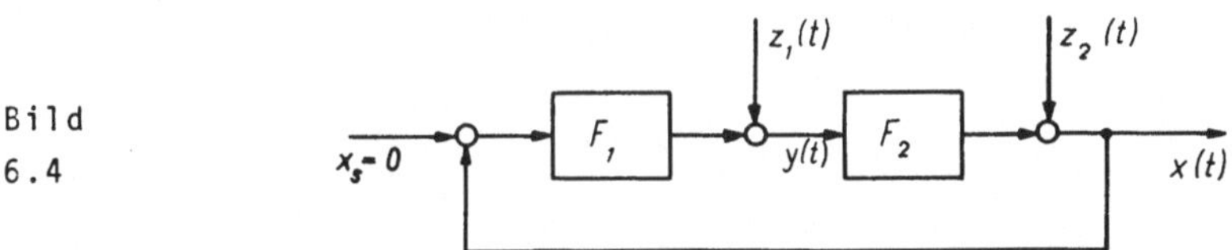

Mit den Beziehungen

$$Y(p) = \frac{Z_1(p) - F_1(p)Z_2(p)}{1 + F_k(p)} \ , \qquad F_1 \cdot F_2 = F_k$$

$$X(p) = \frac{F_2(p)Z_1(p) + Z_2(p)}{1 + F_k(p)}$$

folgt nämlich eine synthetische Übertragungsfunktion

$$F_{xy}(p) = \frac{X(p)}{Y(p)} = \frac{F_2 Z_1 + Z_2}{Z_1 - F_1 Z_2}$$

mit den beiden Sonderfällen

$$a) \; Z_1 = 0 : \quad F_{xy} = - \frac{1}{F_1} \; ,$$

$$b) \; Z_2 = 0 : \quad F_{xy} = F_2 \; .$$

Das Ergebnis ist also von der Art und den Angriffspunkten der Störgrößen abhängig.

Ein ähnliches Ergebnis entsteht durch Kreuzkorrelation, d.h. Bildung des Kreuzleistungsspektrums von $Y(p)$ und $X(p)$.

$$\phi_{xy}(p) = \lim_{T \to \infty} \frac{1}{2T} \; (X(p) \; Y(-p)) =$$

$$= \lim_{T \to \infty} \frac{1}{2T} \cdot \frac{F_2(p)Z_1(p)Z_1(-p) - F_1(-p)Z_2(p)Z_2(-p)}{(1 + F_k(p))(1 + F_k(-p))} +$$

$$+ \lim_{T \to \infty} \frac{1}{2T} \; \frac{Z_1(-p)Z_2(p) - F_1(-p)F_2(p)Z_1(p)Z_2(-p)}{(1 + F_k(p))(1 + F_k(-p))} \; .$$

Falls $Z_1(t)$ und $Z_2(t)$ voneinander statistisch unabhängig sind, entfällt der zweite Term. Dieser Fall könnte z.B. vorliegen, wenn die eine Größe ein Stör-, die andere ein Testsignal darstellt.

Das Kreuzleistungsspektrum hat dann die Form

$$\phi_{xy}(p) = F_2(p) \; \frac{1}{|1+F_k(p)|^2} \; \phi_{z_1 z_1}(p) -$$

$$- \frac{1}{F_1(p)} \; \left| \frac{F_1(p)}{1+F_k(p)} \right|^2 \; \phi_{z_2 z_2}(p) \; .$$

Bei einer Korrelationsanalyse zwischen Eingang und Ausgang
der Strecke (F_2) ergibt sich als Folge der Rückkopplung und
der zweiten Anregungsgröße somit ein sehr viel komplizierte-
rer Zusammenhang als bei der in Abs. 4.3.2 angenommenen offenen Strecke. Bei einem rückgekoppelten System ist die Korrelationsanalyse also nicht ohne weiteres anwendbar.

Der Begriff der Leistungs-Übertragungsfunktion, Gl.(2), läßt
sich ohne weiteres auch auf diskrete Vorgänge anwenden.
Mit den Beziehungen der z-Transformation (Bild 6.5)

$$X(z) = F(z)\ Y(z)\ ,$$

$$X\left(\frac{1}{z}\right) = F\left(\frac{1}{z}\right)\ Y\left(\frac{1}{z}\right)$$

und den in Abs. 5.4 eingeführten Definitionen lautet das
Leistungsspektrum der diskreten Ausgangsgröße $x(\nu)$

$$\phi_{xx}(z) = F(z)\ F\left(\frac{1}{z}\right)\ \phi_{yy}(z)\ ,$$

so daß Gl.(15), Abs. 5.4, die Form

$$\overline{x^2}(\nu) = \frac{1}{2\pi j}\ \oint F(z)F\left(\frac{1}{z}\right)\ \phi_{yy}(z)\ \frac{dz}{z} \tag{3}$$

annimmt. Der quadratische Mittelwert der diskreten Ausgangsgröße läßt sich also bei Kenntnis des Leistungsspektrums der
Eingangsfolge $y(\nu)$ und der Eigenschaften der Übertragungsstrecke durch eine komplexe Integration auf dem Einheitskreis
berechnen.

Bild 6.5

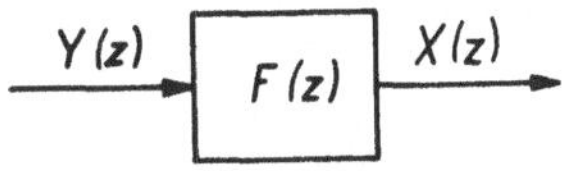

6.4. Chintschin'scher Satz bei diskreten Funktionen

Der in Abs. 6.1 beschriebene Zusammenhang zwischen Korrelationsfunktion und Leistungsspektrum gilt naturgemäß auch für diskrete Funktionen. Wie in Abs. 5.4 wird zunächst der Fall einer endlichen und periodisch fortgesetzten Wertefolge betrachtet.

Mit den komplexen Fourier-Koeffizienten der diskreten Folge $x(\nu)$,

$$c_\lambda = \frac{1}{2N} \sum_{\nu=0}^{2N-1} x(\nu)\, z_0^{-\lambda\nu}, \qquad z_0 = e^{j\frac{\pi}{N}},$$

lautete das Leistungsspektrum

$$\phi_{xx}(\lambda^2) = c_\lambda \overline{c_\lambda} = \left| c_\lambda \right|^2 .$$

Einsetzen der Fourier-Koeffizienten führt auf

$$\phi_{xx}(\lambda^2) = \left[\frac{1}{2N} \sum_{\nu_1=0}^{2N-1} x(\nu_1)\, z_0^{-\lambda\nu_1} \right]\left[\frac{1}{2N} \sum_{\nu_2=0}^{2N-1} x(\nu_2)\, z_0^{\lambda\nu_2} \right] .$$

Die Summanden können bei der Produktbildung beliebig gruppiert werden. Mit $\nu_1-\nu_2 = \mu$ gilt

$$\phi_{xx}(\lambda^2) = \frac{1}{2N} \sum_{\mu=0}^{2N-1} \left[\frac{1}{2N} \sum_{\nu_2=0}^{2N-1} x(\nu_2)\, x(\nu_2+\mu) \right] z_0^{-\lambda\mu} ;$$

dabei ist die (angenommene) Periodizität der Wertefolge,

$$x(\nu+k\cdot 2N) = x(\nu) , \qquad k = \pm 1, \pm 2, \ldots$$

zu berücksichtigen.

Der Ausdruck in der eckigen Klammer ist die in Abs. 4.1 definierte diskrete Autokorrelationsfunktion

143

$$\varphi_{xx}(\mu) = \frac{1}{2N} \sum_{\nu_2=0}^{2N-1} x(\nu_2)\, x(\nu_2+\mu) \;.$$

Somit gilt

$$\phi_{xx}(\lambda^2) = \frac{1}{2N} \sum_{\mu=0}^{2N-1} \varphi_{xx}(\mu)\, z_0^{-\lambda\mu} = \frac{1}{2N} \sum_{\mu=0}^{2N-1} \varphi_{xx}(\mu)\, e^{-j\lambda\mu\frac{\pi}{N}} \;. \qquad (4)$$

Wie ein Vergleich mit Abs. 5.4 Gl.(11a) zeigt, entspricht $\phi_{xx}(\lambda^2)$ damit gerade den Fourier-Koeffizienten der periodisch fortgesetzten diskreten Autokorrelationsfunktion. Eine analoge Beziehung gilt für das diskrete Kreuz-Leistungsspektrum.

Bei nichtperiodischen diskreten Vorgängen geht die diskrete Fourier-Transformation wieder in die z-Transformation über. Mit der in Abs. 5.4 abgeleiteten Definition des Leistungsspektrums (Gl.17),

$$\phi_{xx}(z) = \lim_{N\to\infty} \frac{1}{2N}\; \frac{X(z)}{T}\; \frac{X(\frac{1}{z})}{T} \;,$$

gilt dann

$$\phi_{xx}(z) = \lim_{N\to\infty} \frac{1}{2N}\left[\sum_{\nu=0}^{2N-1} x(\nu)z^{-\nu} \sum_{\mu=0}^{2N-1} x(\mu)z^{\mu} \right] =$$

$$= \lim_{N\to\infty} \sum_{\mu=0}^{2N-1} \frac{1}{2N} \sum_{\nu=0}^{2N-1} x(\nu)\, x(\mu)z^{\mu-\nu} \;.$$

Berechnet man die innere Summe mit $\nu = \mu+i$, $i = $ const., so folgt

$$\phi_{xx}(z) = \sum_{i=-\infty}^{\infty} \left[\lim_{N\to\infty} \frac{1}{2N} \sum_{\nu=0}^{2N-1} x(\nu)\, x(\nu-i) \right] z^{-i} = \sum_{i=-\infty}^{\infty} \varphi_{xx}(i)z^{-i} \;.$$

Das früher eingeführte diskrete Leistungsspektrum entspricht also der zweiseitigen z-Transformierten der diskreten Auto korrelationsfunktion. Die letzte Gleichung stellt die Umkehrung der Gl.(19), Abs. 5.4, dar.

6.5. Beispiele für bandbegrenzte und 'weiße' Rauschsignale

In Bild 6.6 ist eine stationäre stochastische Stufenfunktion
x(t) mit konstanter Schrittweise T skizziert. Für die diskreten Amplitudenwerte x(ν) sei irgendeine symmetrische Verteilung angenommen, so daß der Mittelwert Null wird, $\overline{x(t)} = 0$.

Der quadratische Mittelwert sei $\overline{x^2(t)} = \overline{x^2(\nu)} = a^2$, d.h. es
ist $X_{eff} = a$.

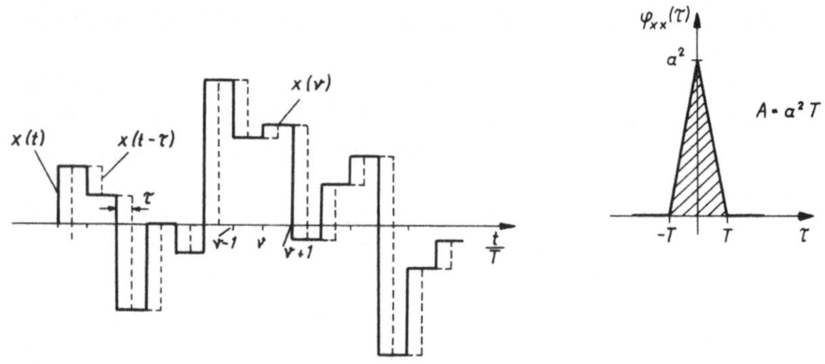

Bild 6.6   Bild 6.7

Wegen des verschwindenden Mittelwertes entspricht a gleichzeitig der Streuung, $\sigma = a$.

Falls die Amplitudenwerte x(ν) statistisch unabhängig sind,
hat die diskrete Korrelationssumme den in Bild 4.7 skizzierten Verlauf, d.h. es gilt

$$\varphi_{xx}(i) = a^2 \quad \text{für} \quad i = 0,$$
$$= 0 \quad \text{für} \quad i \neq 0.$$

Die Autokorrelationsfunktion der in Bild 6.6 gezeichneten Stufenkurve x(t),

$$\varphi_{xx}(\tau) = \lim_{N\to\infty} \frac{1}{2NT} \int_{0}^{(2N-1)T} x(t)\, x(t-\tau)\, dt$$

erhält man mit folgender Überlegung: Für $\tau = o$ ist nach Voraussetzung $\varphi_{xx}(0) = \overline{x^2(t)} = a^2$; dagegen werden für $|\tau| \geq T$ nur Funktionswerte miteinander multipliziert, die nach Voraussetzung unkorreliert sind, so daß $\varphi_{xx}(|\tau|>T) \equiv 0$. Im Zwischenbereich, $|\tau|<T$, gilt wegen der Überlappung benachbarter Intervalle

$$\varphi_{xx}(\tau) = \varphi_{xx}(0)\left(1 - \frac{|\tau|}{T}\right) + \varphi_{xx}(T)\frac{|\tau|}{T} \; .$$

Da der zweite Anteil wegen der Annahme statistischer Unabhängigkeit entfällt, ergibt sich die in Bild 6.7 skizzierte dreieckförmige Autokorrelationsfunktion. Die diskrete Korrelationssumme $\varphi_{xx}(i)$ setzt sich also aus Abtastwerten der kontinuierlichen Korrelationsfunktion $\varphi_{xx}(\tau)$ für $\tau = iT$ zusammen.

Für praktische Untersuchungen verwendet man häufig eine binäre statistische Stufenfunktion gemäß Bild 6.8, die nur zwei verschiedene Werte annimmt, $x(\nu) = \pm a$. Wenn beide Werte gleich wahrscheinlich sind, ist der Mittelwert Null, $\overline{x(\nu)} = 0$. Die Tatsache, daß $x(t)$ seinen Wert nur in einem festen Zeitraster νT ändern kann, ist für viele Anwendungen vorteilhaft. Da an jeder möglichen Sprungstelle $t = \nu T$ eine vom vorhergehenden Verlauf statistisch unabhängige binäre Entscheidung getroffen werden soll (z.B. durch Werfen einer Münze), hat auch hier die Autokorrelationsfunktion den in Bild 6.7 gezeichneten Verlauf. Man bezeichnet das in Bild 6.8 dargestellte statistische Binärsignal mit synchronen Umschalt-Zeitpunkten auch als 'Telegraphen-Zufallssignal', obwohl die $\pm a$ Folge natürlich nur einem mit dem verwendeten Code nicht vertrauten Beobachter statistisch erscheint.

In Bild 6.9 ist ein einfaches Verfahren zur Erzeugung eines derartigen Binärsignals angedeutet. Als eigentliche Rauschquelle wird dabei der Strom einer Zener-Diode im Knickgebiet

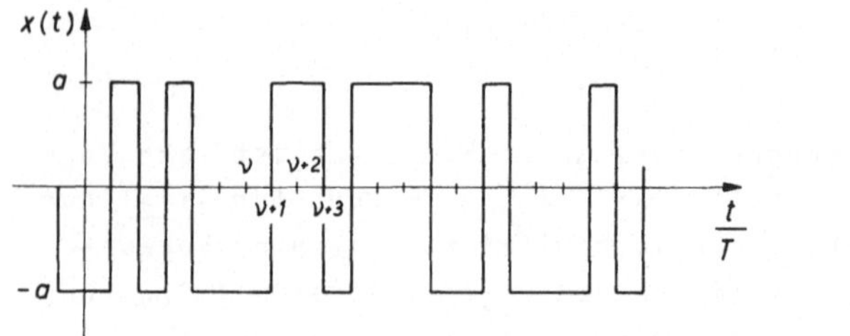

Bild 6.8

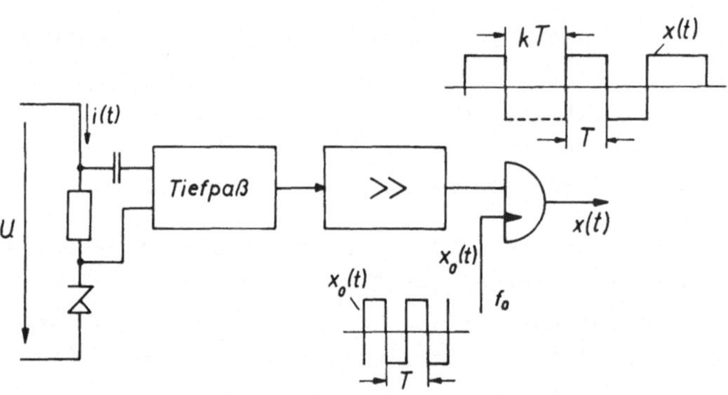

Bild 6.9

der Kennlinie verwendet. Nach Aussiebung des Gleichanteils
und Begrenzung des Frequenzbereiches wird damit ein Verstärker in wechselnder Richtung übersteuert, so daß ein statistisches Rechtecksignal entsteht, bei dem allerdings die Umschaltungen noch zu beliebigen Zeiten erfolgen. Abtastung
durch eine periodische Rechteckspannung der Frequenz f_0 mit
Hilfe eines dynamischen Gatters liefert anschließend die gewünschte Synchronisierung der Umschaltzeitpunkte, ohne daß
dadurch die statistischen Eigenschaften des Signals verloren-
gehen |z.B. 45|.

Die Vorzüge eines derartigen digitalen Signals liegen einmal
in der einfachen Erzeugung, Speicherung und driftfreien Übertragung, ferner in der einfachen Möglichkeit einer Verzögerung
durch binäre Schieberegister. Der Frequenzbereich läßt sich
mit der Periodendauer T des periodischen Abtastsignals leicht
verändern. Für Korrelationsmessungen ist ein stochastisches
Binärsignal besonders geeignet, da die Multiplikation im wesentlichen eine Vorzeichenumschaltung bedeutet. Schließlich
hat auch das Leistungsspektrum einen Verlauf, der für viele
Anwendungen gut brauchbar ist.

Mit den Ergebnissen aus Abs. 6.1 läßt sich das Leistungsspektrum auf einfache Weise aus dem Verlauf der Autokorrelationsfunktion bestimmen. Hierzu wird die zweiseitige Laplace-Transformation

$$\phi_{xx}(p) = \int_{-\infty}^{\infty} \varphi_{xx}(\tau) e^{-p\tau} d\tau$$

mit dem in Abs. 5.5 beschriebenen Verfahren berechnet.

Der im Bereich positiver τ-Werte liegende Teil der Autokorrelationsfunktion (Bild 6.10)

$$\varphi_1(\tau) = a^2 \left(1 - \frac{\tau}{T}\right), \quad 0 \leq \tau \leq T \ ,$$

führt auf

$$\phi_1(p) = a^2 \int_0^T \left(1 - \frac{\tau}{T}\right) e^{-p\tau} d\tau \ .$$

Nach einer Zwischenrechnung folgt daraus

$$\phi_1(p) = a^2 T \ \frac{Tp + e^{-Tp} - 1}{(Tp)^2} \ .$$

Für den gespiegelten linken Teil der Autokorrelationsfunktion

$$\varphi_2(-\tau) = a^2 \left(1 - \frac{\tau}{T}\right), \quad 0 \leq \tau \leq T \ ,$$

148

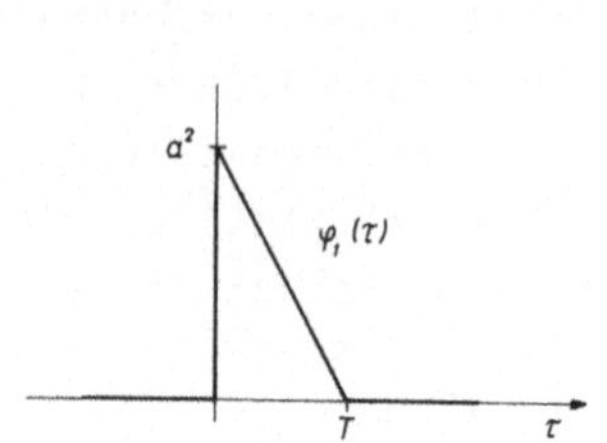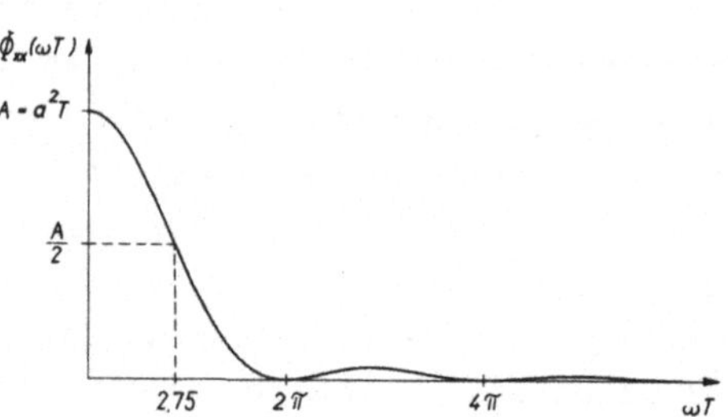

Bild 6.10

Bild 6.11

gilt mit der in Abs. 5.5 abgeleiteten Vorschrift

$$\phi_2(-p) = a^2 T \; \frac{-Tp + e^{Tp} - 1}{(Tp)^2} \; .$$

Das gesamte Leistungsspektrum hat somit die Form

$$\phi_{xx}(p) = \phi_1(p) + \phi_2(-p) = 2A \; \frac{\cos h(Tp)-1}{(Tp)^2} \; , \quad a^2 T = A \; .$$

Es handelt sich dabei zwar nicht um eine rationale Funktion, jedoch gilt auf der imaginären Achse auch hierfür

$$\phi_{xx}(j\omega) = 2A \; \frac{1 - \cos \omega T}{(\omega T)^2} \; , \quad \text{reell, gerade in } \omega, \geq 0 \; .$$

Der Verlauf dieser Kurve ist in Bild 6.11 dargestellt. Der Anfangswert ist durch einen Grenzübergang zu bestimmen,

$$\phi_{xx}(0) = a^2 T = A \; .$$

Er entspricht gemäß Abs. 6.2b gerade der Fläche unter der Autokorrelationsfunktion.

Der Verlauf des Leistungsspektrums zeigt, daß es sich bei den stochastischen Stufenkurven mit konstanter Schrittweite nach Bild 6.6 und 6.8 um Tiefpaßsignale mit begrenzter Bandbreite handelt. Die durch $\cos \omega T$ verursachten Neben-Maxima des Leistungsspektrums nehmen wegen des in ωT quadratischen Nenners schnell ab.

Wie in Abs. 4.3.3 schon kurz erwähnt, bevorzugt man bei Arbeiten mit dem Digitalrechner anstelle des echt stochastischen Binärsignals (binäre Zufallsfolge) nach Bild 6.8 häufig ein sog. pseudostochastisches Binärsignal (binäre Pseudo-Zufallsfolge, engl. 'pseudo random binary sequence', PRBS), das einen ähnlichen zeitlichen Verlauf und eine ähnliche Autokorrelationsfunktion, jedoch zum Unterschied vom echt stochastischen Binärsignal streng deterministischen Charakter hat. Pseudostochastische Binärsignale weisen eine vorgebbare Periode NT auf und lassen sich jederzeit exakt reproduzieren. Eigenschaften und Erzeugung von Pseudo-Zufallsfolgen sind in der Literatur ausführlich behandelt |30, 40|.

Bild 6.12 zeigt als Beispiel das Prinzipschema eines Generators für eine pseudostochastische Binärfolge der Länge N = 127. Es handelt sich dabei um ein mit der Frequenz $f_0 = \frac{1}{T}$ getaktetes binäres Schieberegister mit 7 Stufen, deren Speicherinhalt den Wert +1 oder -1 annehmen kann. Mit jedem Taktimpuls erfolgt eine Verschiebung der Information um einen Schritt, so daß am Ausgang jeder Stufe eine ±1 Folge entsteht. Das Eingangssignal der ersten Stufe wird durch eine Antivalenz-Bedingung von zwei Ausgängen des Schieberegisters, d.h. eine spezielle nichtlineare Rückkopplung, gebildet. Bei $y_3 = y_7$ wird auf die Eingangsstufe des Schieberegisters der Wert $y_0 = -1$, bei $y_3 \neq y_7$ der Wert $y_0 = +1$ rückgekoppelt. Bei richtiger Wahl der Rückkopplungslogik entsteht ein Grenzzyklus, in dem jeder mögliche Zustand des Schieberegisters genau einmal vorkommt, mit Ausnahme der Kombination $y_1 = y_2 \cdots$, $= y_7 = -1$; in diesem Fall würde die Schwingung wegen der Antivalenzbedingungen ja aussetzen, da weiterhin nur noch die

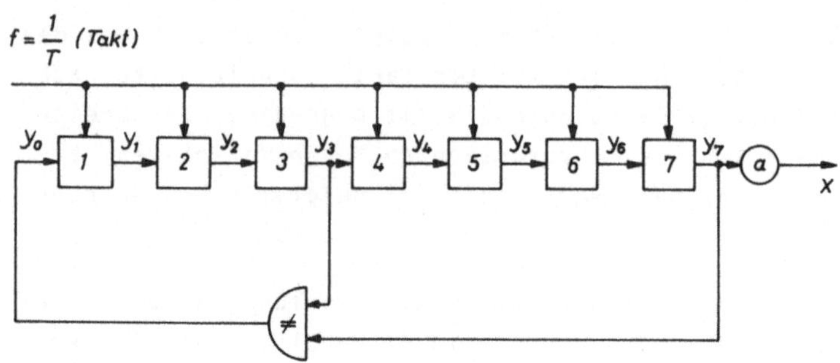

Bild 6.12

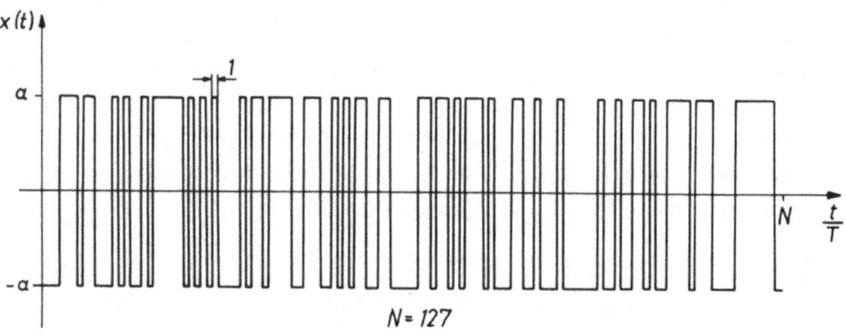

Bild 6.13

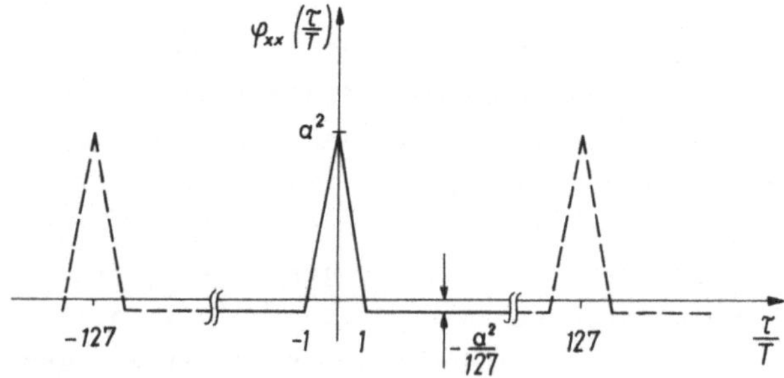

Bild 6.14

Werte -1 in das Schieberegister eingegeben würden. Am Ausgang
jeder Schieberegisterstufe erscheint so mit zeitlicher Verschiebung die gleiche pseudostatistische Binärfolge der Periode $N = 2^7 - 1$; in Bild 6.12 wurde y_7 als Ausgangssignal verwendet. Da im Verlauf einer Periode der Wert +1 genau einmal öf-
ter vorkommt als der Wert -1, enthält die Folge eine kleine
Gleichkomponente, die gegebenenfalls durch eine Amplituden-
korrektur ausgeglichen werden kann. Das geschilderte Prinzip
läßt sich auf beliebige Stufenzahl des Schieberegisters erweitern; es eignet sich besonders gut für eine Realisierung
mit dem Digitalrechner.

In Bild 6.13 ist eine Periode $N = 127$ des Binärsignals dargestellt; es weist 64 mal den Wert +a und 63 mal den Wert -a
auf. Man kann dieses Signal entweder als diskrete ±a-Folge
oder als kontinuierliche Stufenfunktion weiterverarbeiten.

Bild 6.14 zeigt die zugehörige Autokorrelationsfunktion, die,
abgesehen von der Periodizität und dem kleinen negativen Zwi-
schenwert $-a^2/N$, den erwünschten dreiecksförmigen Verlauf
aufweist (Bild 6.7).

Mit zunehmender Periodendauer N nähern sich die Eigenschaften
des pseudostochastischen immer mehr denen des echt stochastischen Binärsignals. Da sich mit dem Digitalrechner oder einer
integrierten Schaltung auch große Werte von N (z.B. 511 oder
1023) ohne Schwierigkeiten realisieren lassen, können die Unterschiede gegenüber dem echt stochastischen Binärsignal in
den meisten Fällen vernachlässigt werden.

Das diskrete Frequenzspektrum und das Leistungsspektrum einer
pseudostatistischen Binärfolge wurde bereits in Bild 5.3 aufgetragen. Die Ähnlichkeit mit dem Leistungsspektrum einer
echt statistischen, d.h. nicht periodischen, Stufenkurve ist
offensichtlich (Bild 6.11). Ein wesentlicher Unterschied besteht allerdings in der Tatsache, daß es sich im einen Fall
um ein kontinuierliches Spektrum, im anderen Fall um ein

Linienspektrum handelt.

Die Bandbreite des Leistungsspektrums eines stochastischen
oder pseudostochastischen Binärsignals läßt sich durch die
Wahl von T auf einfache Weise dem Verwendungszweck anpassen.
Hält man die Amplitude a konstant, so geht bei einer Verkürzung der Periodendauer T allerdings die Fläche A unter der
Autokorrelationsfunktion und damit auch der Betrag des Leistungsspektrums zurück. Für $T \to o$ ergibt sich der Grenzfall
eines Rauschsignals unendlicher Bandbreite bei endlicher Amplitude; als Eingangsgröße einer Übertragungsstrecke mit Tief-
paßeigenschaften wäre ein derartiges Signal wirkungslos. Es
liegt deshalb nahe, das Signal so zu normieren, daß $\phi_{xx}(0) =
a^2 T = A_o$ konstant bleibt. Daraus folgt

$$a = \sqrt{\frac{A_o}{T}} \quad , \quad \phi_{xx}(\omega) = 2 A_o \frac{1 - \cos \omega T}{(\omega T)^2} \quad .$$

Die Amplitude a des so normierten statistischen Signals
strebt dann für $T \to o$ gegen Unendlich und x(t) nimmt die Form
von unendlich dicht aufeinander folgenden Dirac-Impulsen mit
statistisch wechselndem Vorzeichen an. Der Effektivwert von
x(t),

$$\sqrt{\overline{x^2}} = a = \sqrt{\frac{A_o}{T}}$$

strebt für $T \to o$ ebenfalls gegen Unendlich.

Die dreiecksförmige Korrelationsfunktion nähert sich bei diesem Grenzübergang einem Dirac-Impuls der Fläche A_o; dies deutet darauf hin, daß beim Grenzübergang $T \to o$ auch unmittelbar
benachbarte Funktionswerte voneinander statistisch unabhängig
werden. Das Leistungsspektrum als Laplace-Transformierte der
Autokorrelationsfunktion wird über den gesamten Frequenzbereich konstant,

$$\phi_{xx}(\omega) = A_o = const,$$

d.h. die Bandbreite strebt gegen Unendlich.

Man bezeichnet diesen praktisch nicht realisierbaren Grenzfall eines Signals mit unendlicher Amplitude und Bandbreite
als 'Weißes Rauschen' (eine ähnliche optisch-akustische Verknüpfung wie z.B. eine 'laute Farbgebung'). Die theoretische
Bedeutung dieses Grenzfalles liegt vor allem in seiner Eigenschaft als idealisierter Prototyp eines vollständig unkorrelierten Signals.

Ein Rückblick auf die vorstehende Ableitung läßt erkennen,
daß die mit unendlicher Amplitude und Bandbreite zusammenhän-
genden Schwierigkeiten bei der Stufenfunktion x(t) erst für
T→o entstehen. Solange diskrete Signale x(ν) und Stufenfunk-
tionen endlicher Schrittweite betrachtet werden (diskretes
'weißes Rauschen'),ist die vollständige statistische Unabhängigkeit auch mit endlichem Effektivwert vereinbar. Dies wurde
am Beispiel einer Würfelfolge schon in Abs. 4.1 erläutert.

Ein bandbegrenztes kontinuierliches Rauschsignal mit ähnlichen
Eigenschaften wie die unkorrelierte Stufenfunktion endlicher
Schrittweite läßt sich als Gedankenexperiment auch so erzeugen, daß man ein (nicht realisierbares) 'weißes' Rauschsignal
y(t) über einen Tiefpaß leitet.

Bild 6.15 zeigt das zugehörige Blockschaltbild und eine Realisierung durch einen elektrischen RC-Tiefpaß. Das Leistungsspektrum des Ausgangssignals x(t) ist gemäß Abs. 6.3

$$\phi_{xx}(p) = F(p)F(-p) \quad \phi_{yy}(p) = F(p)F(-p)\cdot A_o \; .$$

Bild
6.15

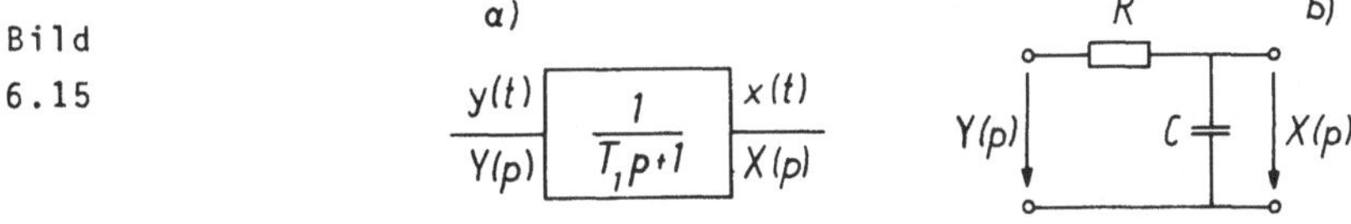

Definiert man F(p) als Spannungsverhältnis des Vierpols im
Leerlauf,

$$\frac{X}{Y}(p) = F(p) = \frac{1}{T_1 p + 1} \,, \qquad RC = T_1 \,,$$

so gilt

$$\phi_{xx}(p) = \frac{A_0}{-(T_1 p)^2 + 1} \,,$$

oder für $p = j\omega$

$$\phi_{xx}(\omega) = \frac{A_0}{(\omega T_1)^2 + 1} \,.$$

In Bild 6.16 sind die Leistungsspektren $\phi_{yy}(\omega)$ und $\phi_{xx}(\omega)$ aufgetragen; das in dem Gedankenexperiment entstehende bandbe-
grenzte Rauschsignal hat demnach ein ähnliches Leistungsspektrum wie das vorher betrachtete binäre Rauschsignal (Bild
6.11). Die Ähnlichkeit wird auch bei Betrachtung der zum bandbegrenzten Rauschen gehörigen Autokorrelationsfunktion deutlich. Sie läßt sich mit Hilfe des in Abs. 6.1 abgeleiteten
Zusammenhanges aus $\phi_{xx}(p)$ berechnen. Eine Partialbruchzerlegung,

$$\phi_{xx}(p) = \frac{A_0}{2T_1} \left[\frac{1}{p + \frac{1}{T_1}} + \frac{1}{-p + \frac{1}{T_1}} \right] \,,$$

und die gliedweise Rücktransformation in den Zeitbereich
liefern

$$\varphi_1(\tau) = \frac{A_0}{2T_1} \, e^{-\frac{\tau}{T_1}}, \quad \tau \geq 0 \,,$$

$$\varphi_2(\tau) = \frac{A_0}{2T_1} \, e^{\frac{\tau}{T_1}}, \quad \tau \leq 0 \,.$$

Die gesamte Autokorrelationsfunktion lautet somit (Bild 6.17)

$$\varphi_{xx}(\tau) = \frac{A_0}{2T_1} \, e^{-\frac{|\tau|}{T_1}} \,.$$

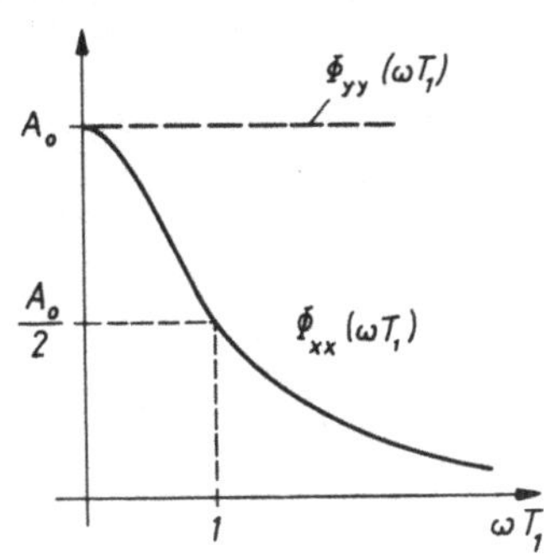

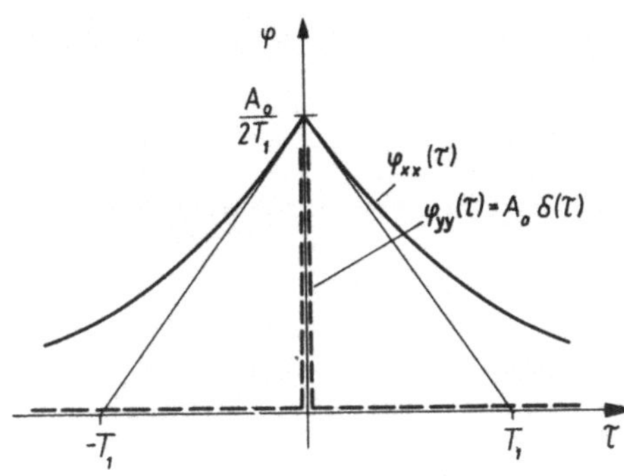

Bild 6.16

Bild 6.17

Durch die Speicherwirkung des Tiefpasses werden also benachbarte Funktionswerte x(t) miteinander verknüpft. Gleichzeitig ergibt sich auch ein endlicher quadratischer Mittelwert,

$$\overline{x^2} = \varphi_{xx}(0) = \frac{A_0}{2T_1} \; .$$

Bild 6.18a-c zeigt den Verlauf von x(t) bei Ansteuerung des in Bild 6.15 angenommenen Tiefpasses durch ein stochastisches Binärsignal y(t) für drei verschiedene Werte der Grundperiode T. Die Amplitude wurde gemäß der Bedingung

$$a^2 T = A_0 = const.$$

festgelegt. Da y(t) mit dieser Normierung für T→o in 'weißes Rauschen' übergeht, nähert sich der für den kleinsten Wert von T berechnete Verlauf von x(t) dem soeben betrachteten bandbegrenzten Rauschsignal (Bild 6.18c).

Ein Grenzfall ergibt sich bei diesem Gedankenexperiment durch Verwendung eines Integrators mit der Übertragungsfunktion $F(p) = 1/T_1 p$ anstelle des Verzögerungsgliedes. In Bild 6.18d ist ein Ausschnitt des dabei entstehenden Signalverlaufes dar-

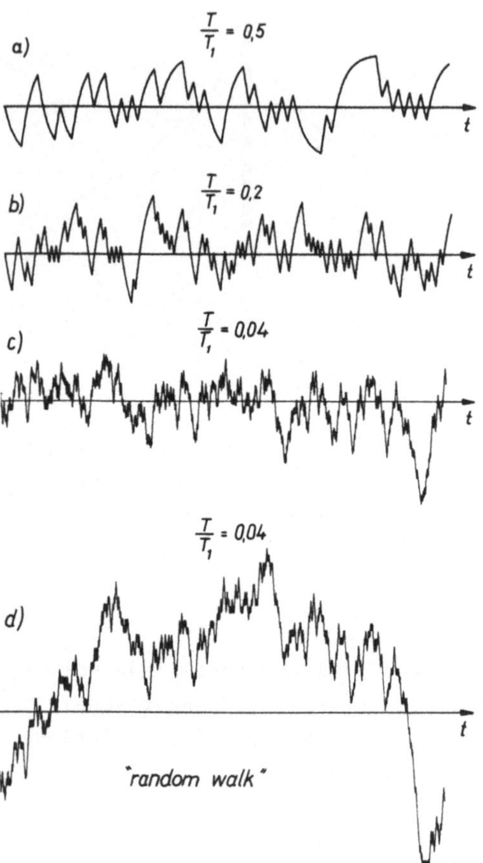

Bild 6.18

gestellt. Wegen des Pols von F(p) bei p = 0 werden die nieder-
frequenten Komponenten stark betont. Man bezeichnet ein solches Signal als eindimensionale Zufallsbewegung ('random
walk').

Dem in Bild 6.12 dargestellten PRBS-Generator läßt sich neben
der pseudostochastischen Binärfolge auf einfache Weise auch
eine pseudostochastische Folge mit vorgebbarer Verteilungs-
dichte entnehmen |84|. Deutet man den Inhalt des Schiebere-
gister-Speichers beispielsweise als Dualzahl,

$$x(\nu) = 2 \sum_{\mu=1}^{n} y_\mu(\nu)\, 2^{-\mu} - 1 \, ,$$

Bild
6.19

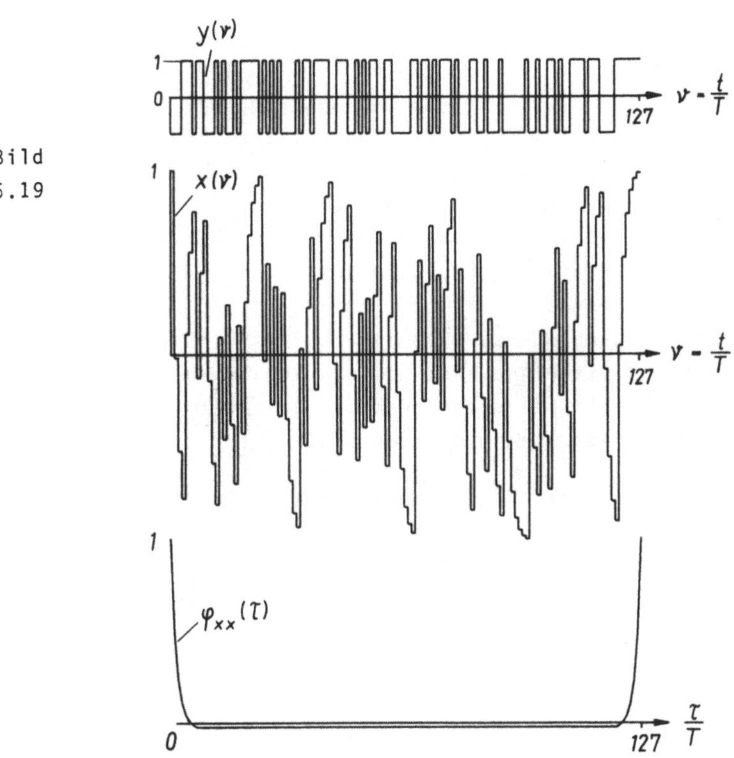

so entsteht eine Folge, die im Lauf einer vollständigen Periode jeden möglichen diskreten Wert im Bereich $-1 < x(\nu) < 1$ genau einmal annimmt; man erhält also eine in der Amplitude quantisierte pseudostochastische Folge mit konstanter Verteilungsdichte. In Bild 6.19 ist für $n = 7$ die Größe $y(\nu)$ zusammen mit $x(\nu)$ und der zugehörigen Autokorrelationsfunktion $\varphi_{xx}(\tau)$ dargestellt.

7. Minimaler quadratischer Fehler als Entwurfskriterium

Beim Entwurf von Regelkreisen, Verstärkern oder Filtern sowie für die Dimensionierung mathematischer Modelle benötigt man objektive und leicht zu handhabende Entwurfskriterien, die ein 'optimales' System kennzeichnen und erkennen lassen, in welchem Maße das angestrebte Ziel erreicht wurde. Es gibt eine Vielzahl verschiedener solcher Kriterien: Anregelzeit bei sprungförmiger Störung, Überschwingweite, lineare Regelfläche oder Anstiegsfehler, Dämpfung des dominierenden Einschwingvorganges und viele andere. Alle diese Verfahren sind im Prinzip natürlich auch bei statistischen Anregungen gültig, doch sind sie dort wegen des unbestimmten Verlaufes der Anregungen nur wenig aussagekräftig.

Als besonders vielseitig anwendbares Kriterium hat sich der mittlere quadratische Fehler erwiesen, wie er auch im vorliegenden Zusammenhang schon des öfteren verwendet wurde. Er vereinigt Allgemeingültigkeit (beliebiger Verlauf der Anregung, Vorzeichenunabhängigkeit, verstärkte Bewertung großer Amplituden) mit der Möglichkeit einer einfachen und geschlossenen analytischen Berechnung. Allerdings ist es in manchen Fällen notwendig, den Begriff des 'Fehlers' noch zu modifizieren, um für die Anwendung brauchbare Ergebnisse zu erhalten. So zeigt z.B. die Erfahrung, daß die Einstellung eines linearen Regelkreises nach Maßgabe der minimalen quadratischen Regelfläche

häufig auf eine für die Praxis zu geringe Dämpfung führt und
daß es vorteilhaft sein kann, den Verlauf der Stellgröße in
die Bewertung mit einzubeziehen; dies ist natürlich im allgemeinen nur auf Kosten eines erhöhten Rechenaufwandes möglich.

Die in Abs. 6 abgeleiteten Beziehungen zwischen Korrelationsfunktion und Leistungsspektrum bieten eine Möglichkeit, auch
den mittleren quadratischen Fehler im Bildbereich zu berechnen.

7.1. Mittlerer quadratischer Fehler

Zunächst soll anhand von Bild 7.1 der bei den verschiedenen
Aufgabenstellungen stets wiederkehrende Grundgedanke erläutert werden. F(p) sei die Übertragungsfunktion einer linearen
Strecke, deren Aufgabe in der Übertragung oder dynamischen
Verformung des Nutzsignals $y(t)$ in Anwesenheit eines Störsignals $z(t)$ besteht. $F_0(p)$ sei die gewünschte, aber möglicherweise nicht vollständig reali-
sierbare Bezugs- oder Modell-
Übertragungsfunktion, $e(t)$ der
durch Wahl der freien Parameter
in F(p) zu minimisierende Über-
tragungsfehler.

Bei einer anderen Anwendung
kann F(p) zu einer unbekannten
und Störgrößen $z(t)$ ausgesetz-
ten Regelstrecke gehören, an
die, ausgehend von den Meßgrös-
sen $y(t)$, $x(t)$, ein Modell (F_0)
optimal anzupassen ist, so daß
der mittlere quadratische Fehler minimal wird.

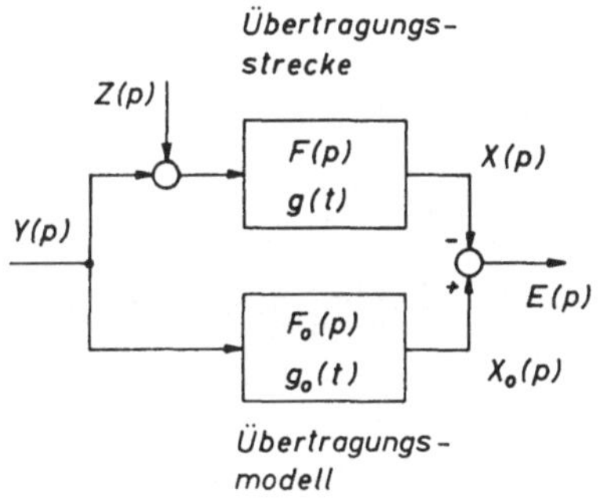

Bild 7.1

Der gemäß Bild 7.1 definierte 'Fehler'

$$E(p) = (F_0(p) - F(p))\, Y(p) - F(p) Z(p)$$

besteht aus zwei Komponenten. Der vom Nutzsignal Y abhängige
Anteil rührt von einer unvollkommenen Übereinstimmung der beiden Strecken her, während der zweite Anteil eine Folge des
Störsignals Z darstellt und auch bei idealer Anpassung nicht
verschwindet.

Mit

$$E(-p) = (F_0(-p) - F(-p))\, Y(-p) - F(-p)Z(-p)$$

läßt sich gemäß Abs. 6 das Leistungsspektrum des Fehlers in
folgender Form schreiben

$$\phi_{ee}(p) = \lim_{T\to\infty} \frac{1}{2T}\, (E(p)E(-p)) = (F_0(p)-F(p))(F_0(-p)-F(-p))\phi_{yy}(p)+$$

$$+ F(p)F(-p)\, \phi_{zz}(p) - (F_0(p)-F(p))F(-p)\, \phi_{yz}(p) -$$

$$- (F_0(-p)-F(-p))\, F(p)\, \phi_{zy}(p)\ . \tag{1}$$

Unter Berücksichtigung der in Abs. 6.2 abgeleiteten Zusammenhänge folgt daraus der quadratische Fehler in reeller Schreibweise

$$\overline{e^2} = \varphi_{ee}(0) =$$

$$= \frac{1}{\pi} \int_0^\infty \left[\left|F_0(j\omega)\right|^2 + \left|F(j\omega)\right|^2 - 2\mathrm{Re}(F_0(j\omega)F(-j\omega))\right]\phi_{yy}(\omega^2)\,d\omega +$$

$$+ \frac{1}{\pi} \int_0^\infty \left|F(j\omega)\right|^2 \phi_{zz}(\omega^2)\,d\omega - \frac{2}{\pi} \int_0^\infty \mathrm{Re}\left[(F_0(j\omega)-F(j\omega))\, F(-j\omega)\phi_{yz}(j\omega)\right]\,d\omega.$$

$$\tag{2}$$

Hierin sind folgende Sonderfälle enthalten:

1) Vollständige Anpassung von Strecke und Modell, $F(j\omega) = F_0(j\omega)$. Damit entfallen der erste und dritte Term.

2) Störungsfreie Übertragung, Z = o; in diesem Fall bleibt
nur der erste Anteil übrig.

3) Nicht korreliertes Nutz- und Störsignal; hierbei verschwindet der letzte Term.

In allen Fällen hängt das mittlere Fehlerquadrat von der Form
der Leistungsspektren und den Übertragungsfunktionen ab.

Die Integrale sind unter Berücksichtigung der Symmetrieeigen-
schaften der Integranden reell geschrieben. Bei der tatsäch-
lichen Auswertung ist es aber meistens vorteilhaft, die in
Abs. 6.1 eingeführte komplexe Schreibweise zu verwenden und
mit Hilfe des Residuensatzes eine komplexe Integration durchzuführen.

7.2. Optimalfilter mit minimalem quadratischem Fehler

Für den zuletzt genannten Sonderfall, daß Nutz- und Störsignal
statistisch unabhängig sind, soll als Beispiel die optimale
Wahl der Übertragungsfunktion $F(p)$ eines Filters nach vorgege-
benem Modell $F_0(p)$ untersucht werden; die beschriebene Lösung
geht auf W i e n e r $|2|$ zurück. Auf die Realisierbarkeit
des Ergebnisses wird dabei zunächst keine Rücksicht genommen.

Bei Annahme statistischer Unabhängigkeit von y und z lautet
der Ausdruck für den quadratischen Fehler am Ausgang des in
Bild 7.1 skizzierten Gedankenmodelles

$$\overline{e^2} = \frac{1}{\pi} \int\limits_{0}^{\infty} \left[\left| F_0(j\omega) - F(j\omega) \right|^2 \phi_{yy}(\omega^2) + \left| F(j\omega) \right|^2 \phi_{zz}(\omega^2) \right] d\omega \ .$$

Der das Kreuzleistungsspektrum ϕ_{yz} enthaltende Anteil des
Fehlers entfällt; die Leistungsspektren ϕ_{yy} und ϕ_{zz} werden
als bekannt angenommen. Mit dem Ansatz

$$F_0(j\omega) = \left| F_0(j\omega) \right| e^{j\alpha_0(j\omega)} \ ,$$

$$F(j\omega) = \left| F(j\omega) \right| \, e^{\,j\alpha(j\omega)}$$

folgt durch Anwendung des cos-Satzes (Bild 7.2)

$$\left| F_0 - F \right|^2 = \left| F_0 \right|^2 + \left| F \right|^2 - 2 \left| F_0 F \right| \cos(\alpha_0 - \alpha) \; ;$$

damit lautet Gl.(2)

$$\overline{e^2} = \frac{1}{\pi} \int_0^\infty \left[\left(\left| F_0 \right|^2 + \left| F \right|^2 - 2 \left| F_0 F \right| \cos(\alpha_0 - \alpha) \right) \phi_{yy}(\omega) + \right.$$

$$\left. + \left| F \right|^2 \phi_{zz}(\omega) \right] d\omega \; .$$

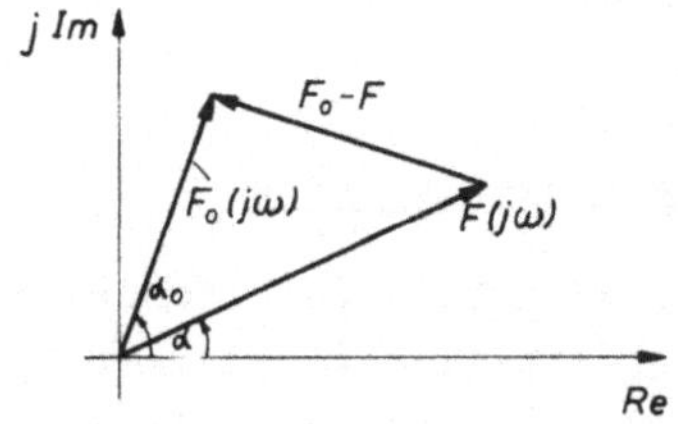

Bild 7.2

Wegen ϕ_{yy}, $\phi_{zz} \geq 0$ ist es auf jeden Fall am günstigsten, $\alpha = \alpha_0$ zu wählen, d.h. die Phase von $F(j\omega)$ an die von $F_0(j\omega)$ anzupassen. Damit vereinfacht sich der Ausdruck für den quadratischen Fehler zu

$$\overline{e^2} = \frac{1}{\pi} \int_0^\infty \left[\left(\left| F_0 \right|^2 + \left| F \right|^2 - 2 \left| F_0 F \right| \right) \phi_{yy} + \left| F \right|^2 \phi_{zz} \right] d\omega \; . \tag{3}$$

Eine triviale Lösungsmöglichkeit besteht darin, auch die Beträge anzugleichen, $|F| = |F_0|$, d.h. $F(j\omega) = F_0(j\omega)$ zu wählen. Der Nutzsignalanteil des Fehlers würde dann entfallen und es verbliebe nur noch die Wirkung der Störgröße,

$$\overline{e^2} = \overline{e_z^2} = \frac{1}{\pi} \int_0^\infty \left| F_0 \right|^2 \phi_{zz} \, d\omega \; . \tag{4}$$

Dieses Ergebnis stellt jedoch noch nicht die optimale Lösung dar; durch eine andere Wahl der Betragsfunktion $|F(j\omega)|$ läßt

sich der Summenfehler nämlich noch weiter reduzieren.
Zusammenfassung entsprechender Glieder und quadratische Er-
gänzung in Gl.(3) führt auf

$$\overline{e^2} = \frac{1}{\pi} \int\limits_0^\infty \left[\sqrt{\phi_{yy}+\phi_{zz}} \, |F| - \frac{\phi_{yy}}{\sqrt{\phi_{yy}+\phi_{zz}}} \, |F_o| \right]^2 \, d\omega +$$

$$+ \frac{1}{\pi} \int\limits_0^\infty \frac{\phi_{yy} \, \phi_{zz}}{\phi_{yy}+\phi_{zz}} \, |F_o|^2 \, d\omega \ .$$

Mit der Wahl

$$|F|_{opt} = \frac{\phi_{yy}}{\phi_{yy}+\phi_{zz}} \, |F_o| \tag{5}$$

entfällt nun das erste Integral und als Restfehler bleibt

$$\overline{e^2}_{min} = \frac{1}{\pi} \int\limits_0^\infty \frac{\phi_{yy}}{\phi_{yy}+\phi_{zz}} \, \phi_{zz}|F_o|^2 d\omega \leq \overline{e_z^2} \ . \tag{6}$$

Wegen ϕ_{yy}, $\phi_{zz} \geq 0$ ist eine Verbesserung gegenüber dem Fall
idealer Anpassung festzustellen, Gl.(4). Im Interesse eines
minimalen Gesamtfehlers ist es also vorteilhaft, die Vorschrift Gl.(5) zu verwenden und einen endlichen Nutzsignal-
fehler zuzulassen. In Abwesenheit einer Störung, $\phi_{zz} = 0$,
stellt natürlich $F(j\omega) = F_o(j\omega)$ die günstigste Lösung dar.

Wegen des Zusammenhanges zwischen Betrag und Phase einer komplexen Funktion ist F_{opt} im allgemeinen nur näherungsweise
realisierbar. Die Abhängigkeit vom Leistungsspektrum des Störsignals und des zu übertragenden Nutzsignals ist nachteilig;
sie setzt stationäre Verhältnisse und die Kenntnis der vorkommenden Signale voraus.

Die vorstehend beschriebenen Überlegungen sollten nur zur De-
monstration des Grundprinzips dienen; auf eine Nutzanwendung
wird verzichtet. Hierfür sind zusätzliche Nebenbedingungen zu
beachten, insbesondere ist die Frage der Realisierbarkeit von

F_{opt} bei gegebenem $F_0(p)$ zu klären. Verfahren zur näherungs-
weisen Realisierung wurden von B o d e   und S h a n n o n
vorgeschlagen |51|. Der durch Wahl von $F = F_{opt}$ anstelle von
$F = F_0$ erreichbare Vorteil lohnt den zusätzlichen Rechenauf-
wand häufig nicht; Beispiele werden in |26| behandelt.

7.3. Regelkreis mit stochastischer Anregung

7.3.1. Quadratische Regelfläche

Als weiteres Beispiel soll der mittlere quadratische Fehler
des in Bild 7.3 skizzierten Regelkreises bei stationärer
stochastischer Störung berechnet werden. Da es Zweck einer
Regelung ist, die Regelgröße x_2, unabhängig von Störgrößen,
an die Führungsgröße x_1 anzugleichen, gilt für die Bezugs-
strecke hier $F_0 = 1$. Die Fehlergröße in Bild 7.1 entspricht
damit der Regelabweichung x_3,

$$E(p) = X_3(p) = X_1(p) - X_2(p) = \frac{X_1(p) - F_s(p)Z(p)}{1 + F_R(p)F_s(p)} =$$

$$= F_{g1}(p)X_1(p) + F_{gz}(p)Z(p) \ .$$

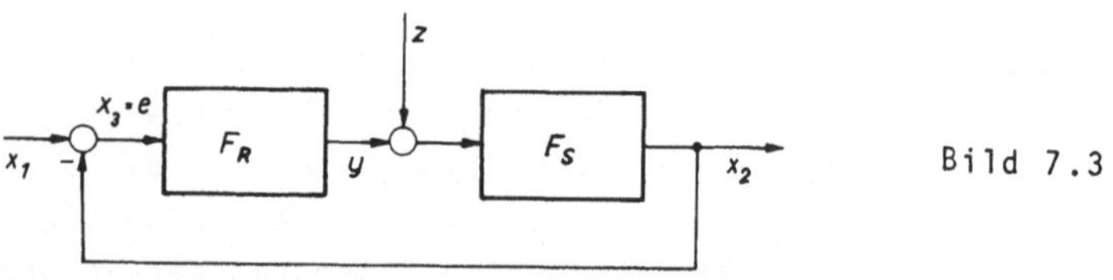

Bild 7.3

Falls x_1 und z voneinander statistisch unabhängig sind, verschwindet das Kreuzleistungsspektrum $\phi_{x_1 z}$ und der mittlere
quadratische Fehler läßt sich als Integral in folgender Form
schreiben

$$\overline{e^2} = \frac{1}{\pi} \int_0^\infty \phi_{ee}(\omega)d\omega = \frac{1}{\pi} \int_0^\infty \left[|F_{g1}(j\omega)|^2 \phi_{x_1 x_1} + |F_{gz}(j\omega)|^2 \phi_{zz} \right] d\omega \; .$$

(7)

Das Ziel kann nun z.B. darin bestehen, bei gegebenen Leistungsspektren $\phi_{x_1 x_1}$ und ϕ_{zz} die freien Parameter der Regler-Übertragungsfunktion $F_R(p)$ so zu bestimmen, daß $\overline{e^2}$ minimal wird,

$$\overline{e^2} \to \underset{F_R(p)}{\text{Min}} \; .$$

(8)

Dieses Problem ist im allgemeinen nur mit einem Rechner lösbar, z.B. indem man den Parameterraum mit einem geeigneten numerischen Verfahren systematisch absucht. Dabei können auch geeignete Nebenbedingungen eingearbeitet werden, etwa die Forderung nach einem Regler mit Integralwirkung, die bei mittelwertfreien Anregungsfunktionen x_1, z nicht von selbst erfüllt wird.

Um das Prinzip der Lösung des Problems anhand eines geschlossen berechenbaren Beispiels zu zeigen, werden nun starke Vereinfachungen eingeführt. Als Regelstrecke wird ein Verzögerungsglied, als Regler ein Integrator angenommen,

$$F_R = \frac{1}{T_i p} \; , \quad F_s = \frac{1}{T_2 p + 1} \; ;$$

(9)

außerdem sei die Führungsgröße x_1 konstant, so daß der von x_1 herrührende Anteil des Fehlers entfällt; damit gilt auch $e(t) = -x_2(t)$. Die Störgröße $z(t)$ sei ein bandbegrenztes Rauschsignal mit dem in Abs. 6.5 berechneten Leistungsspektrum

$$\phi_{zz}(p) = \frac{A_o}{-(T_1 p)^2 + 1}$$

(10)

angenommen. Mit

$$F_{gz}(p) = \frac{T_i p}{T_i T_2 p^2 + T_i p + 1}$$

lautet dann der quadratische Fehler in komplexer Schreibweise

$$\overline{e^2} = \frac{1}{2\pi j} \int\limits_{-j\infty}^{j\infty} \phi_{ee}(p)dp = \frac{1}{2\pi j} \int\limits_{-j\infty}^{j\infty} F_{gz}(p)F_{gz}(-p)\,\phi_{zz}(p)dp =$$

$$= \frac{1}{2\pi j} \int\limits_{-j\infty}^{j\infty} \frac{T_i p}{T_i T_2 p^2 + T_i p + 1} \cdot \frac{-T_i p}{T_i T_2 p^2 - T_i p + 1} \cdot \frac{A_o}{(T_1 p + 1)(-T_1 p + 1)}\, dp \quad .$$

Die Lösung von Integralen dieser Art liegt in Tabellenform
vor |3,16|. Auf die Anwendung dieser Formeln wird hier ver-
zichtet.

Der Integrand ist eine rationale Funktion vom Grad n = 6 in
p; da sein Betrag für p→∞ wie $1/p^4$ gegen Null strebt, kann der
Integrationsweg gemäß Bild 7.4 durch einen Halbkreis, dessen
Radius r gegen Unendlich geht, ergänzt werden. Das so entstehende Umlauf-Integral

$$\overline{e^2} = \frac{1}{2\pi j} \oint^h \phi_{ee}(p)\, dp$$

läßt sich dann mit dem Residuensatz auf einfache Weise berechnen,

$$\overline{e^2} = \sum_{\lambda=1,2}^{n_1} R_\lambda (\phi_{ee}) \quad .$$

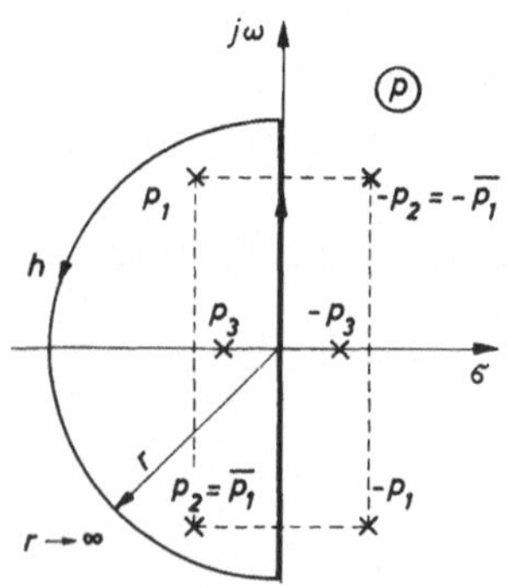

Dabei sind die $R_\lambda(\phi_{ee})$ die Residuen der Partialbruchreihe
an den n_1 umfahrenen Polstel-
len p_λ des Integranden ϕ_{ee}.
Da der Integrationsweg für
r→∞ die gesamte linke p-Halbebene umfaßt, sind als p_λ sämtliche Polstellen von ϕ_{ee} in der
linken Halbebene einzusetzen.

Bild 7.4

Im vorliegenden Beispiel sind ein reelles oder konjugiert komplexes Polpaar von $F_{gz}(p)$,

$$p_{1,2} = \frac{1}{2T_2}\left(-1\pm\sqrt{1-4\,\frac{T_2}{T_i}}\;\right) = \frac{1}{2T_2}\left(-1\pm j\sqrt{4\,\frac{T_2}{T_i}-1}\;\right),$$

sowie ein reeller Pol von $\phi_{zz}(p)$,

$$p_3 = -\frac{1}{T_1}\,,$$

zu berücksichtigen. Der interessierende Teil der Partialbruchentwicklung lautet also

$$\phi_{ee}(p) = \frac{R_1}{p-p_1} + \frac{R_2}{p-p_2} + \frac{R_3}{p-p_3} + \dots \;;$$

der mittlere quadratische Fehler hat somit den Wert

$$\overline{e^2} = R_1 + R_2 + R_3\,.$$

Nach einer längeren Zwischenrechnung findet man als Ergebnis

$$\frac{\overline{e^2}}{\overline{x^2_{20}}} = \frac{1}{1+\dfrac{T_1^{\,2}}{T_2(T_1+T_2)}\,\dfrac{T_2}{T_i}}\;,\qquad \overline{x^2_{20}} = \frac{A_0}{2(T_1+T_2)}\,. \tag{11}$$

Als Bezugsgröße $\overline{x^2_{20}}$ dient dabei der quadratische Fehler der ungeregelten Strecke $(T_i\to\infty)$. Dem in Bild 7.5a über dem Parameter $\frac{T_i}{T_2}$ aufgetragenen Kurvenverlauf ist zu entnehmen, daß der quadratische Fehler durch die Regelung reduziert wird und mit der Integrierzeit des Reglers monoton abnimmt.

Dieses Ergebnis überrascht zunächst, wenn man den in Bild 7.5b zum Vergleich dargestellten Verlauf der Dämpfung,

$$D = \frac{1}{2}\sqrt{\frac{T_i}{T_2}}\,,$$

und der Eigenfrequenz des Regelkreises

$$\omega_0 = \frac{1}{\sqrt{T_i T_2}} = \frac{1}{T_2}\sqrt{\frac{T_2}{T_i}} = \frac{1}{2T_2 D}$$

betrachtet. Die komplexen Eigenwerte $p_{1,2}$ des Regelkreises bewegen sich ja für $T_i \to 0$ längs der imaginären p-Achse gegen Unendlich. Dies bedeutet, daß der Regelkreis zwar stabil bleibt, jedoch für kleine Werte von T_i/T_2 ungenügend gedämpft ist.

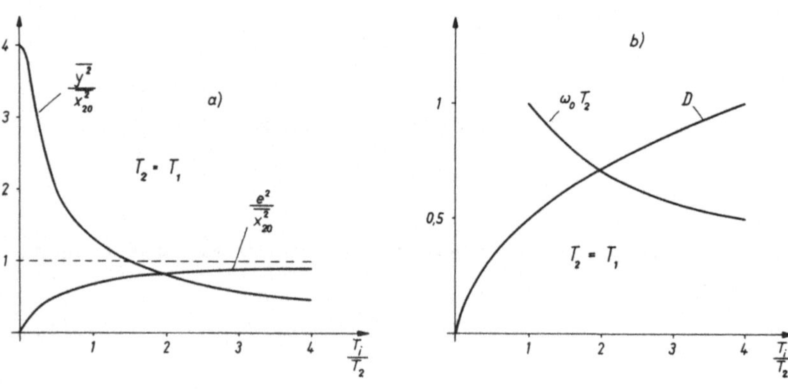

Bild 7.5

Zur Prüfung dieses zunächst überraschenden Ergebnisses wurde der zeitliche Verlauf der interessierenden Größen für verschiedene Reglereinstellungen numerisch berechnet. Als Störanregung $z(t)$ diente ein pseudostatistisches Binärsignal ($N = 31$), dessen Leistungsspektrum dem des bandbegrenzten Rauschsignals ähnelt. Die Berechnung des quadratischen Fehlers ergab eine brauchbare Übereinstimmung mit den analytischen Ergebnissen.

In Bild 7.6 ist oben die verwendete binäre Störung aufgetragen, zusammen mit der Ausgangsgröße $x_{20}(t)$ der ungeregelten

Strecke ($T_i \to \infty$). Wie zu erwarten, besteht $x_{20}(t)$ aus einer Folge von Exponentialfunktionen.

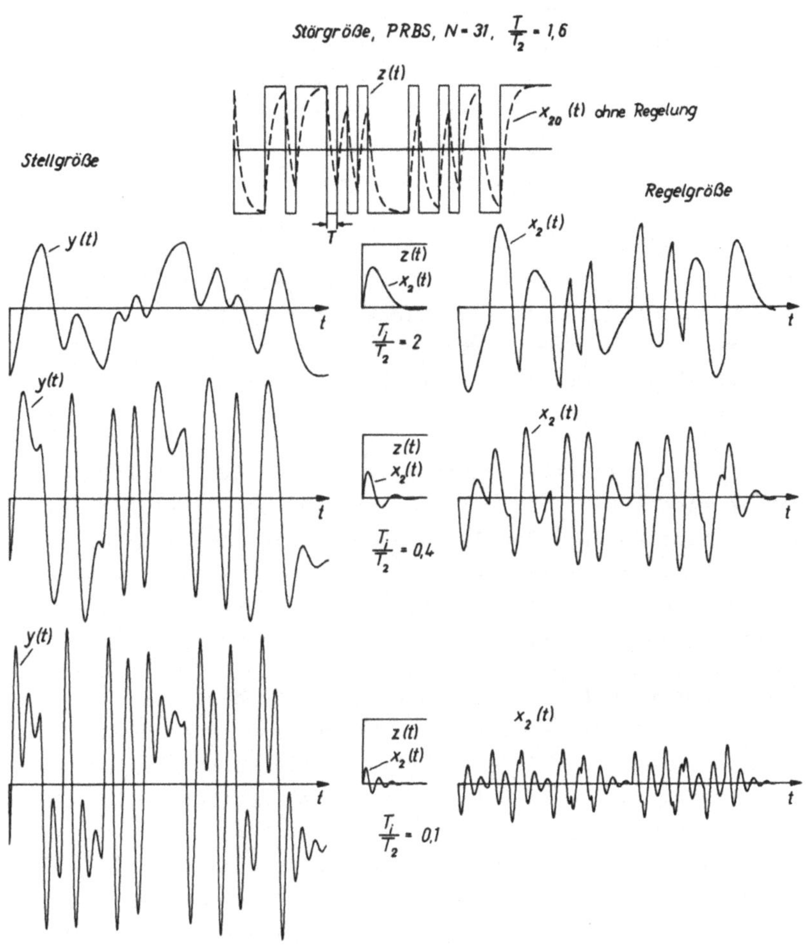

Bild 7.6

Drei Einstellungen der normierten Regler-Integrierzeit T_i/T_2 wurden betrachtet. Die zugehörigen Antworten des geschlossenen Kreises bei sprungförmiger Änderung der Störgröße, $z(t) = s(t)$, sind in der Mitte von Bild 7.6 dargestellt. Sie lassen erkennen, daß der Regelkreis mit abnehmendem T_i zwar schneller reagiert, jedoch zunehmend schwächer gedämpft ist. Dies zeigt sich auch in der rechten Spalte des Bildes am Verlauf der Regelgröße $x_2(t) = -e(t)$ unter dem Einfluß der pseudostatistischen Störung $z(t)$. Bei größeren Werten der Integrierzeit, z.B. $T_i/T_2 = 2$, steigt die mittlere Amplitude der Regelgröße gegenüber der ungeregelten Strecke sogar etwas an; dagegen ist der Regler bei kleineren Werten der Integrierzeit in der Lage, die Auswirkungen der Störgröße schneller abzubauen, so daß der mittlere quadratische Fehler deutlich zurückgeht. Die geringe Dämpfung stört dabei nicht, da sich wegen der fortdauernden Störanregung keine stationäre Schwingung ausbilden kann.

Bei einer praktischen Regelung ist aber natürlich auch stets mit aperiodischen Störungen zu rechnen, so daß eine bestimmte Minimaldämpfung des Regelkreises gewährleistet sein muß. Daraus folgt eine untere Grenze für die Regel-Integrierzeit; eine weitere Reduktion des quadratischen Fehlers wäre z.B. durch Einsatz eines PI-Reglers möglich.

Die verbesserte Ausregelung der Störgröße durch Verringerung der Integrierzeit T_i oder durch Verwendung eines PI-Reglers ist natürlich nur auf Kosten einer erhöhten Stellamplitude erreichbar; an den in Bild 7.6 links aufgetragenen Verläufen der Stellgröße $y(t)$ ist dies deutlich zu sehen; die Stellamplitude steigt nämlich mit abnehmender Regler-Integrierzeit stark an. Nun bedeutet aber eine höhere Stellamplitude nicht nur einen größeren gerätetechnischen und energetischen Aufwand, sondern auch eine erhöhte Beanspruchung und damit u.U. eine verkürzte Lebensdauer der Anlage. Auch aus diesen Gründen kann T_i/T_2 nicht beliebig verkleinert werden.

Im nächsten Abschnitt wird nun versucht, diese Gesichtspunkte
in das Entwurfskriterium einzubeziehen.

7.3.2. Verallgemeinerte quadratische Regelfläche

Das Ergebnis des vorher behandelten Beispiels legt den Gedan-
ken nahe, das Entwurfskriterium $\overline{e^2} \to$ Min. so zu ergänzen, daß
auch die Auslenkungen der Stellgröße y(t) bewertet werden,
z.B.

$$Q = \overline{e^2} + k\,\overline{(y-\overline{y})^2} \to \text{Min.} \tag{12}$$

Bei einem solchen Ansatz des Entwurfskriteriums besteht Aussicht, ein echtes Minimum im brauchbaren Parameterbereich des
Reglers zu erhalten, das dann als "optimal" im Sinne des Kri-
teriums gelten kann. Allerdings wird es normalerweise schwierig sein, anhand physikalischer oder anwendungsbezogener Ober-
legungen zu einer eindeutigen Festlegung des Faktors k, d.h.
der Bewertung der quadratischen Stellfläche zu gelangen; in
den meisten Fällen ist man auf Annahmen angewiesen, so daß
diese Möglichkeit eines "rationalen" Entwurfes des Reglers
für die praktische Anwendung nicht überbewertet werden sollte.
Da derartige Gütefunktionale in einer anderen Vorlesung aus-
führlicher behandelt werden, soll diese Frage hier nur anhand
des vorher betrachteten Beispiels erörtert werden.
Bei Anregung des in Bild 7.3 gezeichneten Regelkreises durch
ein mittelwertfreies Rauschsignal z(t) und bei Vernachlässigung der Führungsgröße ist $\overline{y} = 0$. Damit lautet der von der
Stellgröße abhängige Anteil in Gl.(12) mit $F_R \cdot F_S = F_K$

$$\overline{y^2} = \frac{1}{2\pi j} \int\limits_{-j\infty}^{j\infty} \phi_{yy}\,dp = \frac{1}{2\pi j} \int\limits_{-j\infty}^{j\infty} \frac{F_k(p)}{1+F_k(p)} \cdot \frac{F_k(-p)}{1+F_k(-p)}\,\phi_{zz}\,dp \ .$$

Der Regelkreis wird wie vorher gewählt (Gl.9); als Störung
wird auch hier ein Tiefpaßrauschen gemäß Gl.(10) angenommen.
Die Integration erfolgt wieder auf einer die gesamte linke

p-Halbebene umfassenden Kontur unter Anwendung des Residuensatzes. Als Ergebnis findet man schließlich den Ausdruck

$$\frac{\overline{y^2}}{\overline{x_{20}^2}} = (1+\frac{T_2}{T_1})\,\frac{T_2}{T_i}\;\frac{(1+\frac{T_2}{T_1})\,\frac{T_2}{T_i} + \frac{T_2}{T_1}\left[(\frac{T_2}{T_1})^2 - 1\right]}{\left[(\frac{T_2}{T_1})^2 + \frac{T_2}{T_i}\right]^2 - (\frac{T_2}{T_1})^2}\,. \tag{13}$$

Als Bezugsgröße dient dabei der Einfachheit halber wieder der
mittlere quadratische Fehler $\overline{x_{20}^2}$ am Ausgang der ungeregelten
Strecke.

Der normierte quadratische Mittelwert der Stellgröße, Gl.(13),
ist als Funktion der bezogenen Regler-Integrierzeit T_i/T_2 in
Bild 7.5a eingetragen. Aus der gegenläufigen Tendenz der Kur-
ven $\overline{e^2}$ (T_i/T_2) und $\overline{y^2}(T_i/T_2)$ ist zu erkennen, daß eine Ent-
wurfsgröße Q der in Gl.(12) definierten Form bei geeigneter
Wahl des Gewichtsfaktors k für einen bestimmten Wert von
T_i/T_2 ein Minimum annimmt.

Wie schon ausgeführt, sind Entwurfsverfahren dieser Art im
konkreten Fall nicht sehr überzeugend, solange das Entwurfskriterium nicht aufgrund objektiver technischer Gegebenheiten
festgelegt werden kann. Bei einem lediglich heuristisch be-
gründeten Ansatz bestünde ja die Möglichkeit, für jeden Entwurf nachträglich ein Kriterium zu suchen, das gerade diesen
Entwurf als 'optimal' erscheinen läßt.

7.4. Quadratische Regelfläche bei deterministischer Anregung

Das in Abs. 6.3 beschriebene Verfahren zur Berechnung des
mittleren quadratischen Fehlers läßt sich im Prinzip auch bei
deterministischen Anregungen verwenden. Falls dabei die quadratische Regelfläche endlich ist, d.h. das Integral

$$\int_{-\infty}^{\infty} e^2(t) \, dt$$

konvergiert, kann die Berechnung über das Energiespektrum (Abs. 5.2) anstelle des Leistungsspektrums ausgeführt werden. Mit den in Abs. 5.2 abgeleiteten Zusammenhängen gilt

$$\int_{-\infty}^{\infty} e^2(t) \, dt = \frac{1}{2\pi j} \int_{\sigma-j\infty}^{\sigma+j\infty} E(p) \, E(-p) \, dp \ . \qquad (14)$$

$E(p)$ ist dabei wieder die Bildfunktion der Fehlergröße $e(t)$. Die komplexe Integration kann auch hier wieder durch einen passend gewählten geschlossenen Umlauf ausgeführt werden.

Als Anwendungsbeispiel wird der in Bild 7.3 skizzierte Regelkreis bei einem Sprung der Führungsgröße betrachtet; somit gilt wieder $e(t) = x_3(t) = x_1(t) - x_2(t)$. Die Bildfunktion des Fehlers lautet

$$E(p) = \frac{1}{1+F_R F_S(p)} \, X_1(p) \ .$$

Die quadratische Regelfläche (Gl.14) strebt nur dann einem endlichen Grenzwert zu, wenn der Regelkreis stabil ist und der Regler einen Integralterm enthält.

Der Einfachheit halber wird als Regelstrecke wieder ein Verzögerungsglied, als Regler ein Integrator angenommen, Gl.(9).

Mit $X_1(p) = 1/p$ folgt

$$E(p) = T_i \, \frac{T_2 p + 1}{T_i T_2 p^2 + T_i p + 1} \ .$$

Die quadratische Regelfläche ist somit

$$\int_{0}^{\infty} e^2(t) \, dt = \frac{T_i^2}{2\pi j} \int_{-j\infty}^{j\infty} \frac{T_2 p + 1}{T_i T_2 p^2 + T_i p + 1} \, \frac{-T_2 p + 1}{T_i T_2 p^2 - T_i p + 1} \, dp \ .$$

Die Auswertung dieses Integrals erfolgt wie vorher, mit dem
Unterschied, daß jetzt nur zwei Pole in der linken p-Halbebene
auftreten

$$p_{1,2} = \frac{1}{2T_2} \left(-1 \pm j \sqrt{4\,\frac{T_2}{T_i} - 1}\ \right)\ .$$

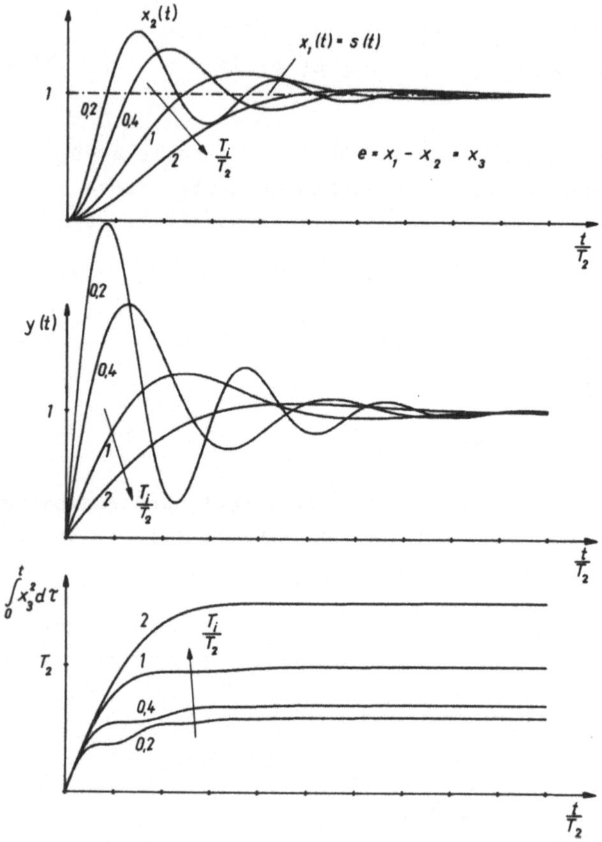

Bild
7.7

Eine Zwischenrechnung zur Bestimmung der Residuen R_1 und R_2
liefert das einfache Ergebnis

$$\int_0^\infty e^2(t)\,dt = \frac{1}{2}\,(T_i + T_2)\;.$$

Es besagt, daß die quadratische Regelfläche mit steigender
Integrierzeit T_i des Reglers monoton zunimmt und daß auch
hier bei $T_i \to o$ ein Randminimum auftritt. Dieses Ergebnis wurde
wieder durch schrittweise Integration der Differentialgleichungen mit dem Digitalrechner überprüft. Die interessierenden Kurven sind in Bild 7.7 dargestellt.

Wie im vorigen Beispiel ist dieses Resultat von geringem un-
mittelbaren Wert, da stets eine bestimmte Mindestdämpfung zu
fordern ist und außerdem die Stellamplitude bei kleinen Werten der normierten Integrierzeit T_i/T_2 stark zunimmt. Eine
sinnvolle Bemessungsvorschrift erhält man erst wieder bei Verwendung einer erweiterten Fehlerfunktion, etwa

$$Q = \int_0^\infty \left[x_3^2(t) + k(y(t)-y(\infty))^2 \right] dt \;,$$

die außer der Regelabweichung auch den Stellgrößenverlauf bewertet. Die synthetische Fehlergröße Q läßt sich nach Zerlegung in zwei Teilintegrale mit dem beschriebenen Integrations-
verfahren im Komplexen berechnen. Q hat nun ein echtes Minimum, das z.B. für k = 2 bei T_i/T_2 = 0,82, d.h. D = 0,46,
liegt |52|. Die Frage, wie k im allgemeinen Fall zu wählen
ist, bleibt natürlich unbeantwortet.

8. Suchverfahren zur Minimisierung einer quadratischen
    Fehlerfunktion

Verschiedene der in den folgenden Abschnitten zu behandelnden
Anpassungsverfahren beruhen auf der Minimisierung einer (nähe-
rungsweise) quadratischen Fehlerfunktion. Da eine explizite
Berechnung des Minimums in den meisten Fällen nicht möglich

ist, bleibt nur die Alternative einer iterativen numerischen
Berechnung. Hierfür gibt es zahlreiche lineare und quadratische Methoden, z.B. mehrere Varianten des Gradientenverfahrens oder das Newton-Verfahren, die verschieden gut konvergieren, aber naturgemäß auch unterschiedlichen Rechenaufwand
erfordern. Da die Behandlung der in der Literatur |z.B. 32-35|
beschriebenen numerischen Verfahren nicht Gegenstand der vorliegenden Darstellung ist, wird hier nur jeweils der Grundgedanke erläutert.

8.1. Dynamische Lösung eines linearen Gleichungssystems

Ein besonders anschauliches Beispiel für die Anwendung des
quadratischen Fehlers als Zielgröße und des Gradientenverfahrens zur iterativen Minimisierung ist die Lösung eines inho-
mogenen linearen Gleichungssystems ohne Matrizeninversion.
Diese Anwendung ist hier lediglich als Lehrbeispiel zu betrachten. Nach dem im folgenden beschriebenen Prinzip wurde
von H o r n |53| eine elektromechanische Analog-Rechenma-
schine zur Lösung linearer Gleichungen konstruiert. Infolge
der Entwicklung des Digitalrechners ist dieser Lösungsweg
heute veraltet; der Grundgedanke ist aber nach wie vor interessant.

Das zu lösende System von n linearen Gleichungen lautet

$$\underline{A}\,\underline{x} - \underline{y} = o \,, \tag{1}$$

wobei $\underline{x}_T = (x_1, x_2, \ldots x_n)$ der unbekannte Lösungsvektor,
$\underline{y}_T = (y_1, y_2, \ldots y_n)$ ist ein konstanter Vektor und

$$\underline{A} = \begin{vmatrix} a_{11} & a_{12} & \cdots & a_{1n} \\ a_{21} & a_{22} & & \\ \cdot & & & \\ \cdot & & & \\ \cdot & & & \\ a_{n1} & & & a_{nn} \end{vmatrix}$$

eine n-zeilige quadratische Koeffizientenmatrix sind. Sofern $\underline{A}$ nicht singulär ist, lautet die Lösung

$$\underline{x}_0 = \underline{A}^{-1}\,\underline{y}\ .$$

Die bei ungünstigem Aufbau der Matrix $\underline{A}$ manchmal etwas problematische numerische Inversion läßt sich durch Anwendung eines linearen Regelverfahrens vermeiden.

Hierfür geht man davon aus, daß die richtige Lösung $\underline{x}_0$ zunächst noch nicht bekannt und Gl.(1) somit noch nicht erfüllt ist,

$$\underline{A}\,\underline{x} - \underline{y} = \underline{e}\ .$$

$\underline{e}_T = (e_1, e_2, \ldots e_n)$ stellt einen unbekannten Fehlervektor dar. Die skalare Quadratsumme der Fehler läßt sich als inneres Produkt schreiben

$$Q = \underline{e}_T\underline{e} = \sum_1^n e_i^2 = (\underline{A}\,\underline{x} - \underline{y})_T\,(\underline{A}\,\underline{x} - \underline{y}) \geq 0\ .$$

Durch Umformung folgt daraus

$$Q = \underline{x}_T\,\underline{A}_T\,\underline{A}\,\underline{x} + \underline{y}_T\,\underline{y} - 2\,\underline{x}_T\,\underline{A}_T\,\underline{y} \geq 0\ .$$

Das Ziel ist nun, die Komponenten x_i des Vektors $\underline{x}$ in geeigneter Weise so zu verändern, daß die Fehlergröße Q gegen Null strebt; sobald Q Null geworden ist, hat man die richtige Lösung $\underline{x}_0$ gefunden. Wie die Komponenten verändert werden müssen, hängt allerdings von der beliebigen nicht-singulären Matrix $\underline{A}$ ab.

Eine anschauliche und überzeugende Strategie zur Veränderung der x_i besteht darin, den Vektor $\underline{x}$, ausgehend von einem beliebigen Anfangswert, schrittweise oder kontinuierlich in Richtung maximaler Steigung von $Q(\underline{x})$ zu verstellen, so daß Q monoton abnimmt. Da Q eine quadratische Funktion in $\underline{x}$ ist, die nur ein einziges Minimum $Q = 0$ bei $\underline{x} = \underline{x}_0$ aufweist, muß

es mit diesem Prinzip in jedem Fall möglich sein, die gesuchte Lösung zu finden.

Bildung des Gradienten führt nach den Regeln der Matrizenrech-
nung auf

$$\text{grad } Q = \frac{\partial Q}{\partial \underline{x}} = \left[\frac{\partial Q}{\partial x_1} \, , \, \frac{\partial Q}{\partial x_2} \, , \, \cdots \, \frac{\partial Q}{\partial x_n}\right]_T = 2 \, \underline{A}_T \, (\underline{A} \, \underline{x} - \underline{y}) \; .$$

Dieses Ergebnis läßt sich leicht durch Komponentenzerlegung
nachprüfen.

Der Gradient grad $Q = \frac{\partial Q}{\partial \underline{x}}$ stellt im n-dimensionalen Raum $(\underline{x})$
einen Vektor dar, dessen Richtung dem steilsten Anstieg der
skalaren Funktion Q und dessen Länge dem Betrag der Steigung
entspricht; im Minimum $\underline{x} = \underline{x}_0$ wird der Gradient Null.

Eine kontinuierliche Verstellung des $\underline{x}$-Vektors in Richtung
des negativen Gradienten wird z.B. durch die Differentialgleichung

$$2 \, T \, \frac{d\underline{x}}{dt} = - \text{ grad } Q = - \, 2 \, \underline{A}_T \, (\underline{A} \, \underline{x} - \underline{y})$$

oder

$$T \, \frac{d\underline{x}}{dt} + \underline{A}_T \, \underline{A} \, \underline{x} = \underline{A}_T \, \underline{y} \tag{2}$$

beschrieben. T ist dabei eine beliebig zu wählende Normie-
rungsgröße, die den Zeitmaßstab des Einstellvorganges bestimmt.

Gl.(2) kennzeichnet ein lineares Mehrfachregelsystem für die
Komponenten des Vektors $\underline{x}$, das in Bild 8.1a in kompakter und
in Bild 8.1b für n = 2 im Detail dargestellt ist. Stabilität
vorausgesetzt, stellt sich im stationären Zustand mit $\frac{d\underline{x}}{dt} = 0$
die Lösung

$$\underline{A} \, \underline{x}_0 - \underline{y} = 0 \quad \text{ oder } \quad \underline{x}_0 = \underline{A}^{-1} \cdot \underline{y}$$

ein.

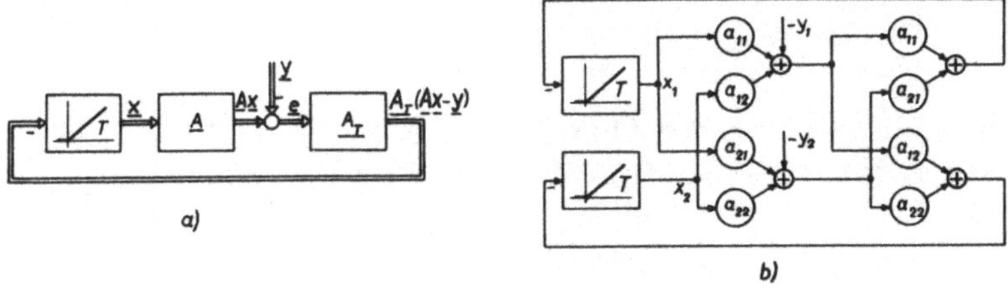

Bild 8.1

Man erhält den Lösungsvektor $\underline{x}_0$ des Gleichungssystems (1) somit als stationäre Lösung $\underline{x}_0 = \lim_{t\to\infty} \underline{x}(t)$ bei der Integration der Differentialgleichungen (2). Die Berechnung kann im Prinzip sowohl analog wie digital ausgeführt werden, wenngleich man einen Digitalrechner wegen der viel höheren Genauigkeit im allgemeinen vorziehen würde; dabei kann irgendein numerisches Integrationsverfahren, z.B. nach R u n g e - K u t t a |32,34| verwendet werden.

Wegen der Verstellung von $\underline{x}$ in Richtung von -grad $Q(\underline{x})$ wird die beschriebene Abgleichmethode als Gradientenverfahren oder Methode des steilsten Abstiegs bezeichnet; es handelt sich dabei um einen häufig angewendeten Algorithmus, von dem zahlreiche Varianten mit z.T. wesentlich besseren Konvergenzeigenschaften existieren |35|. Die positive Größe $Q(\underline{x})$ läßt sich in einem allgemeineren Zusammenhang auch als eine Ljapunow-Funktion des Differentialgleichungs-Systems (2) deuten |z.B. 24|.

Die Stabilität des durch die lineare Vektor-Differentialgleichung (2) beschriebenen Mehrgrößen-Regelsystems wird durch die homogene Differentialgleichung 1. Ordnung

$$T \frac{d\underline{x}}{dt} + \underline{A}_T \cdot \underline{A}\, \underline{x} = 0$$

bestimmt. Die zugehörige charakteristische Gleichung lautet

$$\left| Tp\,\underline{E} + \underline{A}_T\,\underline{A} \right| = 0 \; ,$$

wobei $\underline{E}$ die Einheitsmatrix ist. Da $\underline{A}_T\underline{A}$ eine symmetrische, positiv definite Matrix ist, sind sämtliche Lösungen $p_\lambda, \lambda = 1,2,\ldots n$, der charakteristischen Gleichung negativ reell, so daß nur aperiodisch gedämpfte Einschwingvorgänge möglich sind |33|. Daraus folgt eine monotone Abnahme der Fehlerfunktion Q.

Man erkennt dies auch durch folgende Überlegung: Wenn p_λ einen Eigenwert darstellt, enthält jede Lösung der homogenen Differentialgleichung den Anteil

$$\underline{x}_\lambda(t) = \underline{c}_\lambda\, e^{p_\lambda t} \; , \quad \underline{c}_{\lambda_T} = (c_{\lambda 1},\, c_{\lambda 2},\ldots c_{\lambda n})$$

Einsetzen in die homogene Differentialgleichung führt auf

$$(Tp_\lambda\,\underline{c}_\lambda + \underline{A}_T\,\underline{A}\,\underline{c}_\lambda)\, e^{p_\lambda t} = 0 \; .$$

Da dieser Ausdruck für alle t gilt, muß die Klammer verschwinden. Multiplikation mit $\underline{c}_{\lambda T}$ und Umformung ergibt

$$Tp_\lambda\,\underline{c}_{\lambda T}\,\underline{c}_\lambda + \underline{c}_{\lambda T}\,\underline{A}_T\,\underline{A}\,\underline{c}_\lambda = 0$$

oder

$$p_\lambda = -\frac{1}{T}\,\frac{(\underline{A}\,\underline{c}_\lambda)_T\,(\underline{A}\,\underline{c}_\lambda)}{\underline{c}_{\lambda T}\,\underline{c}_\lambda} \; .$$

Zähler und Nenner sind positive Skalare; somit ist p_λ negativ reell.

In Bild 8.2a sind für das Beispiel (n = 2)

$$\begin{bmatrix} -2 & 5 \\ 1 & 2 \end{bmatrix} \begin{bmatrix} x_1 \\ x_2 \end{bmatrix} - \begin{bmatrix} 7 \\ 10 \end{bmatrix} = \underline{0}$$

Höhenlinien der Funktion Q, zusammen mit Lösungstrajektorien
$\underline{x}(t)$ für verschiedene Anfangswerte aufgetragen. Die Kurven
Q = const. sind hier Ellipsen um den Lösungspunkt (x_{10}, x_{20}).
Die Trajektorien verlaufen orthogonal zu den Höhenlinien;
sie enden asymptotisch im Minimum Q = 0, d.h. im Lösungspunkt
des Gleichungssystems, $x_{10} = 4$, $x_{20} = 3$. Bild 8.2b zeigt die
Komponenten einer der Lösungskurven als Funktionen der Zeit.

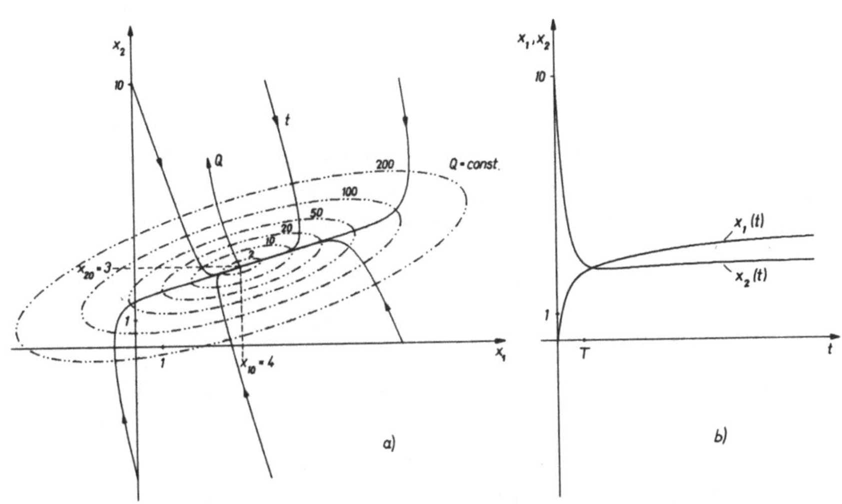

Bild 8.2

Man könnte zunächst daran denken, die geschilderte Integra-
tions-Methode als Ersatz für übliche Lösungsverfahren von
linearen Gleichungen, z.B. das Gauß'sche Eliminationsverfah-
ren, zu betrachten. Es zeigt sich jedoch, daß gerade in jenen
Fällen, in denen die Matrizeninversion wegen des Aufbaues von
$\underline{A}$ problematisch ist, etwa bei nahezu singulären Matrizen,
auch die numerische Integration von Gl.(2) Schwierigkeiten be-
reitet. Der Grund hierfür liegt im stark unterschiedlichen Betrag der Eigenwerte p_λ; da die Integrationsschrittweite durch

die betragsmäßig größten und das End-Argument t_{end} durch die
kleinsten Eigenwerte bestimmt wird, sind sehr viele Integra-
tionsschritte bis zum Erreichen einer brauchbaren Näherung
für die stationäre Lösung notwendig. Wegen der daraus folgenden großen Rechenzeit und des Anwachsens der Rundungsfehler
bietet das Verfahren keine praktischen Vorteile.

8.2. Identifizierung einer kontinuierlichen linearen Regelstrecke durch Anpassung eines dynamischen Modelles

8.2.1. Aufgabenstellung

Bei den meisten Regelstrecken ist es möglich, aufgrund von
physikalischen Zusammenhängen, die z.B. den Energie- oder
Stoffaustausch innerhalb des Systems beschreiben, hinreichend
genaue Aussagen über die innere Struktur und das dynamische
Verhalten der Strecke zu machen, so daß sich die noch fehlenden quantitativen Parameter anhand einfacher Messungen bestimmen lassen. Manchmal sind die internen Zusammenhänge jedoch unbekannt oder zu kompliziert, so daß eine physikalische
Beschreibung nicht möglich ist. Auch kann es vorkommen, daß
Messungen mit deterministischer Veränderung der Steuergrößen
ungenügende Resultate liefern. Bei kleiner Amplitude des Testsignals kann das Nutzsignal vom Störpegel überdeckt sein, während bei größerer Amplitude die Gefahr einer Überschreitung
des linearen Bereiches besteht. In solchen Fällen kann es
sich als zweckmäßig erweisen, statistische Analyseverfahren
in Verbindung mit kleinen Prüfsignalen zu verwenden.

Aus praktischen Gründen ist es oft nicht möglich, gezielte Ex-
perimente an der Regelstrecke durchzuführen, so daß für die
Analyse nur frühere Aufzeichnungen, etwa ein Oszillogramm der
wesentlichen Betriebsgrößen, zur Verfügung stehen. Dies ist
z.B. auch bei der Lenkung von größeren wirtschaftlichen Systemen der Fall, wo quantitative Messungen besonders schwierig
sind; hier ist man stets auf nachträgliche Auswertung von Daten angewiesen.

Ziel einer solchen Analyse ist die Erstellung eines mathematischen Modelles, im allgemeinen ein Satz von Differentialgleichungen, das die Eigenschaften der Regelstrecke hinreichend genau beschreibt. Das Modell kann dann z.B. zur Überprüfung beabsichtigter Steuereingriffe, zur Auswahl eines geeigneten Reglers oder zur Vorhersage des zeitlichen Verlaufes interessierender Systemgrößen herangezogen werden.

Die Erstellung eines dynamischen Modelles einer Regelstrecke aufgrund von Beobachtungen ihrer Eingangs- und Ausgangsgrößen wird als Identifizierung bezeichnet. Über dieses Gebiet ist in den letzten Jahren ein umfangreiches Schrifttum entstanden |z.B. 12, 13, 18, 19-21, 28, 38, 61|.

Natürlich wird man stets versuchen, beim Aufbau des mathematischen Modelles alle vorliegenden Kenntnisse zu verwenden, um die Aufgabe der Identifizierung zu vereinfachen. Die Modelle können deshalb eine sehr verschiedenartige, auch nichtlineare Struktur aufweisen; doch genügt es in vielen Fällen, die Regelstrecke in der Umgebung des Arbeitspunktes zu linearisieren. Das Identifizierungsproblem besteht dann im engeren Sinne darin, Schätzwerte für die Koeffizienten der linearen Strecken-Differentialgleichung zu finden. Die selbsttätige Erstellung eines Modelles aufgrund von Eingangs-Ausgangs-Messungen ist bisher nur bei linearen Übertragungsstrecken, und auch dort nur mit Einschränkungen, möglich.

Wenn die Eigenschaften der Regelstrecke hinreichend konstant sind, braucht diese Analyse nur einmal ausgeführt zu werden; dagegen kann es bei Regelstrecken, die sich während des Betriebs stark ändern, wünschenswert sein, die Identifizierung in gewissen Abständen oder laufend zu wiederholen, um den Regler an die Regelstrecke anzupassen. Beispiele hierfür gibt es bei Flugkörpern und in der Verfahrens- und Antriebstechnik. Man spricht dann von adaptiver oder selbstanpassender Regelung. Sie stellt eine höhere Stufe der Regelung dar, bei der nicht nur der Regeleingriff aufgrund einer vorgegebenen

Regelabweichung, sondern auch die Anpassung des Reglers bei veränderlicher Regelstrecke selbsttätig erfolgt.

Viele praktische Regelungen sind in diesem Sinne adaptiv. So ist z.B. das Steuerverhalten eines Kraftwagens stark von der Geschwindigkeit abhängig; während beim Parken in einer engen Straße oft mehrere volle Lenkrad-Umdrehungen notwendig sind, genügt bei hoher Geschwindigkeit eine kurzdauernde falsche Lenkbewegung von wenigen Grad, um von der Fahrbahn abzukommen. Der Regler, d.h. in diesem Fall der Fahrer des Wagens, muß sich also an die bestehenden Verhältnisse anpassen, er wirkt damit adaptiv. Man kann die Adaption als Lernvorgang deuten, bei dem der Regler das Verhalten der Regelstrecke aufgrund ihrer Reaktionen kennenlernt. Ein geübter Fahrer wird also jeweils mit besonderer Aufmerksamkeit eine Anpassungsphase durchlaufen, wenn sich die Fahrverhältnisse, z.B. Geschwindigkeit oder Zustand der Fahrbahn, stark ändern, oder wenn er einen anderen Wagentyp steuert. Adaptive Regelsysteme sind notwendigerweise nichtlineare Systeme, da Regler-Parameter als Funktion von Anregungsgrößen und veränderlichen Streckenparametern verändert werden. Auch über adaptive Regelungen besteht ein umfangreiches Schrifttum |z.B. 29, 54-56|.

Im vorliegenden Zusammenhang interessiert lediglich die Identifizierung als Teil einer Adaption. Um das Problem linear behandeln zu können, wird angenommen, daß die Änderungen der Regelstrecke und die notwendigen Anpassungsmaßnahmen am Regler sehr viel langsamer ablaufen als die eigentlichen Regelvorgänge; hinsichtlich der Identifizierungs- und Regelvorgänge hat man es dann näherungsweise mit einem linearen und zeitlich konstanten System zu tun.

Die in den folgenden Abschnitten behandelten Identifizierungsverfahren werden für lineare Regelstrecken mit einer Eingangs- und einer Ausgangsgröße abgeleitet; sie sind im Prinzip jedoch auch für lineare Mehrgrößensysteme verwendbar.

8.2.2. Identifizierung mit einem geteilten Modell

Das dynamische Steuerverhalten einer linearen Regelstrecke
mit der Eingangsgröße y(t) und der Ausgangsgröße x(t) werde
näherungsweise durch die lineare Differentialgleichung

$$\sum_{\mu=0}^{n} a_\mu x^{(\mu)} = \sum_{\mu=0}^{n} b_\mu y^{(\mu)} \; ,$$

oder die Übertragungsfunktion

$$\frac{X}{Y}(p) = F(p) = \frac{\sum\limits_{\mu=0}^{n} b_\mu p^\mu}{\sum\limits_{\mu=0}^{n} a_\mu p^\mu} = \frac{B(p)}{A(p)} \tag{3}$$

beschrieben, wobei die Koeffizienten a_μ, b_μ konstant anzunehmen sind. Diese "Parameter" der Strecke sollen nun mit der in
Bild 8.3 im Prinzip skizzierten Identifizierungs-Schaltung experimentell, d.h. aufgrund einer gleichzeitigen Beobachtung
von y(t) und x(t) bestimmt werden. Es handelt sich bei dieser
Anordnung des Modelles |57| um eine von vielen möglichen For-
men |z.B. 29, 56|, die besondere Vorzüge aufweist. Die zu ei-
ner konzentrierten Störgröße r(t) zusammengefaßten unbekannten Störeinflüsse werden vorerst außer Acht gelassen.

Bild
8.3

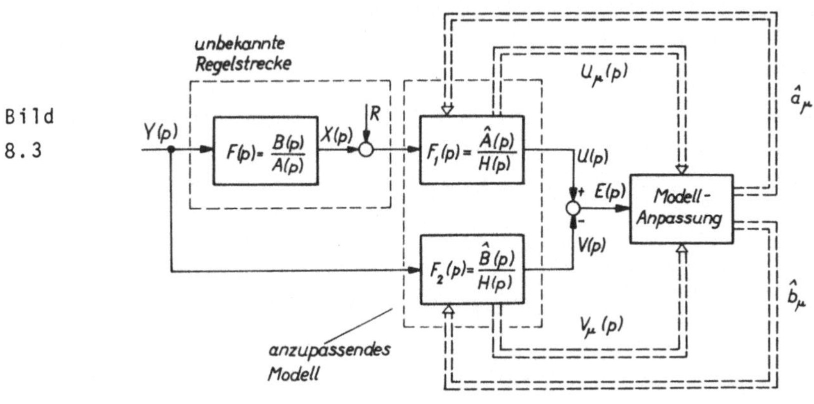

Die beiden Teile des mathematischen Modells mit den Teil-Übertragungsfunktionen

$$F_1(p) = \frac{U}{X}(p) = \frac{\sum\limits_{\mu=0}^{n} \hat{a}_\mu p^\mu}{\sum\limits_{\mu=0}^{n+1} h_\mu p^\mu} = \frac{\hat{A}(p)}{H(p)} \quad ,$$

$$F_2(p) = \frac{V}{Y}(p) = \frac{\sum\limits_{\mu=0}^{n} \hat{b}_\mu p^\mu}{\sum\limits_{\mu=0}^{n+1} h_\mu p^\mu} = \frac{\hat{B}(p)}{H(p)}$$

sind der Regelstrecke nach- bzw. parallelgeschaltet zu denken. Die Teile des Modelles werden also selbst durch Differentialgleichungen entsprechend Gl.(3) beschrieben; sie werden im allgemeinen in einem Digitalrechner nachgebildet. Die Koeffizienten $\hat{a}_\mu$, $\hat{b}_\mu$ der Polynome $\hat{A}(p)$, $\hat{B}(p)$ sind die im Sinne einer Anpassung des Modelles an die Strecke absatzweise zu verstellenden Schätzwerte der Streckenkoeffizienten a_μ, b_μ. Das Nennerpolynom $H(p)$ dient dazu, das Modell realisierbar zu machen; seine Koeffizienten h_μ sind im Prinzip beliebig, doch wird man sie naturgemäß so wählen, daß die Modellteile stabil und gut gedämpft sind. Der Koeffizient $\hat{a}_n$ kann zur Normierung konstant angenommen werden, ohne damit die Allgemeinheit des Ansatzes einzuschränken. Die Ähnlichkeit der in Bild 8.3 dargestellten Struktur mit der von Bild 7.1 ist deutlich erkennbar.

Verknüpft man die beiden Teile des Modelles in der im Bild 8.3 gezeigten Weise mit der unbekannten Regelstrecke, so läßt sich die Fehlergröße mit R = 0 in folgender Form schreiben

$$E(p) = U(p)-V(p) = F_1(p)X(p) - F_2(p)Y(p) =$$

$$= \frac{1}{H(p)} \left[\hat{A}(p) \frac{B(p)}{A(p)} - \hat{B}(p) \right] Y(p) \quad .$$

e(t) ist bei absatzweise konstanten Koeffizienten $\hat{a}_\mu$, $\hat{b}_\mu$ ein
Maß für die Abweichungen zwischen Regelstrecke und Modell.
Sobald es gelungen ist, die Modellkoeffizienten $\hat{a}_\mu$, $\hat{b}_\mu$ mit
einer geeigneten Strategie schrittweise in Richtung des Ab-
gleiches zu verstellen, wird der Fehler Null.

$$
E(p) = 0 \text{ für } \quad
\begin{aligned}
\hat{a}_\mu &= a_\mu, \quad \text{d.h.} \quad \hat{A}(p) = A(p) \;, \\
\hat{b}_\mu &= b_\mu, \quad \text{d.h.} \quad \hat{B}(p) = B(p) \;.
\end{aligned}
$$

Wenn dieser Zustand erreicht ist, sind die Koeffizienten der
Regelstrecke bekannt, d.h. die Regelstrecke ist 'identifiziert'. Diese Kenntnis kann dann beispielsweise dazu verwendet werden, ein bestimmtes Regelverfahren in einem schnelle-
ren Zeitmaßstab, also vor dem eigentlichen Steuereingriff, zu
erproben.

Es wurde angenommen, daß die unbekannten Parameter a_μ, b_μ
der Regelstrecke während des Modellabgleiches konstant bleiben. Wie schon erwähnt, ist die Anwendung eines Identifizierungsverfahrens aber natürlich vor allem dann interessant,
wenn sich die Eigenschaften der Regelstrecke während des Betriebes verändern; die Änderungen sollen jedoch so langsam
erfolgen, daß während einer Identifizierung quasi-stationäre
Verhältnisse vorliegen und die Modellnachführung in der Lage
ist, den Änderungen der Regelstrecke zu folgen.

Bei praktischen Regelstrecken greifen neben der Stellgröße
y(t) zusätzliche Störgrößen r(t) an, die zur Folge haben, daß
der Fehler e(t) auch bei idealer Anpassung des Modelles nicht
verschwindet. Da über die Dynamik der zu identifizierenden
Strecke aber ein innerer Zusammenhang zwischen y(t) und x(t)
besteht, ist es in vielen Fällen dennoch möglich, den Abgleichvorgang durchzuführen, wenn auch langsam und mit Rest-
fehlern in den gefundenen Koeffizienten. Allerdings ist es gewöhnlich notwendig, am Eingang der Regelstrecke ein zusätzliches Testsignal zu überlagern, um den Abgleichvorgang zu er-
leichtern. In Abs. 8.3 wird dies an Beispielen gezeigt.

Bei der Einführung des Modelles wurde angenommen, daß die
Ordnung n der Regelstrecke bereits bekannt ist. Bei einer
praktischen Aufgabenstellung ist dies natürlich nicht der
Fall. Man kann dann die Identifizierung mit mehreren geschätzten Werten für n durchführen und die einfachste Lösung auswäh-
len, die brauchbare Ergebnisse liefert.

Wie schon erwähnt, handelt es sich bei dem in Bild 8.3 dargestellten Schema, in dem das Modell aus einem in Reihe (F_1)
und einem parallel zur Regelstrecke geschalteten Teil (F_2) besteht, nur um eine von verschiedenen Möglichkeiten; diese Mo-
dellstruktur ist jedoch besonders zweckmäßig, da die Verstel-
lung der Modell-Koeffizienten $\hat{a}_\mu$, $\hat{b}_\mu$ nur die Zähler der Mo-
dell-Übertragungsfunktionen betrifft. Dies wirkt sich in folgender Weise aus: Die Differentialgleichungen der beiden Teile des Modelles lassen sich bekanntlich durch die in Bild 8.4
gezeigten Strukturbilder graphisch beschreiben |z.B. 24|, wo-
bei die Hilfsvariablen $u_1(t)$ ... $u_{n+1}(t)$ und $v_1(t)$ ... $v_{n+1}(t)$
stetige Ausgangsgrößen von Integratoren und somit Zustandsgrößen des Modelles verkörpern. (In Bild 8.4 wurde als Beispiel einer zusätzlichen Siebung der Meßwerte ein Nennerpolynom H(p) mit dem Grad n+1 gewählt.) Die veränderlichen Modellkoeffizienten $\hat{a}_\mu$, $\hat{b}_\mu$ stellen lediglich Überlagerungs-Koeffi-
zienten zur Bildung der Ausgangsgrößen u(t) und v(t) dar; sie
greifen dagegen nicht in die internen Ausgleichsvorgänge der
Modellteile ein. Dies hat den Vorzug, daß durch eine Verstel-
lung der $\hat{a}_\mu$, $\hat{b}_\mu$ keine Einschwingvorgänge innerhalb der Modelle
angeregt werden, die die Identifizierung verzögern können.

Mit der in Bild 8.4 gezeichneten Modell-Struktur läßt sich der
Fehler

$$e(t) = u(t) - v(t) =$$

$$= \sum_{\mu=0}^{n} \frac{\hat{a}_\mu}{h_\mu} u_{\mu+1}(t) - \sum_{\mu=0}^{n} \frac{\hat{b}_\mu}{h_\mu} v_{\mu+1}(t) \tag{4}$$

schreiben. e(t) ist bei dieser Anordnung des Modelles eine

algebraische, lineare Funktion der Zustandsgrößen des Model-
les; man bezeichnet ihn deshalb als 'Gleichungsfehler' |58|.

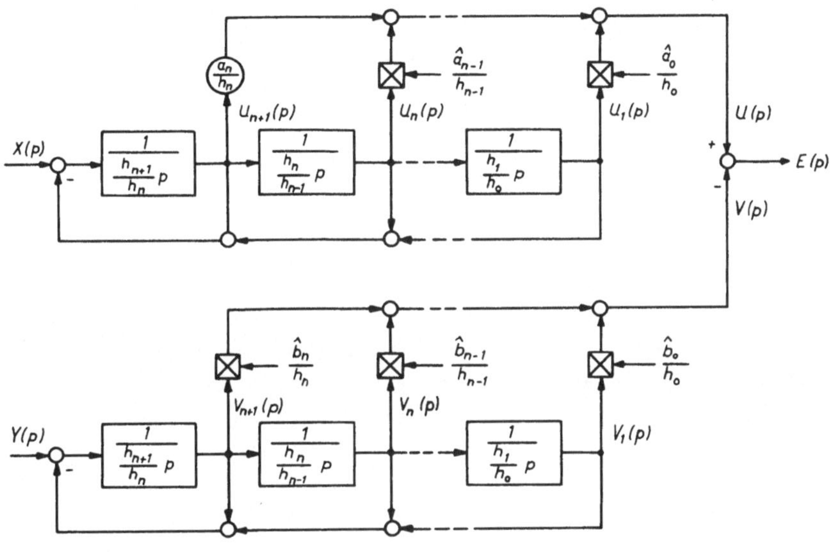

Bild 8.4

Die schrittweise Verstellung der Schätzwerte $\hat{a}_\mu$, $\hat{b}_\mu$ gemäß
Bild 8.5 soll zu den Zeitpunkten $t = iT_N$, $i = 1,2,..$ erfolgen;
während des jeweils anschließenden Meßintervalles T_N bleiben
die Modellkoeffizienten konstant. Als Kriterium für die
gleichzeitige Verstellung der $2n+1$ veränderlichen Koeffizien-
ten $\hat{a}_\mu$, $\hat{b}_\mu$ zum Zeitpunkt iT_N wird der im vorhergegangenen
Intervall beobachtete quadratische Fehler herangezogen,

Bild 8.5

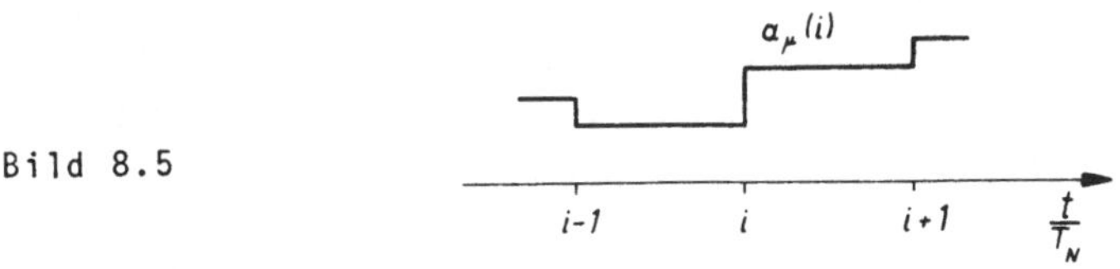

$$Q(i) = \frac{1}{T_N} \int_{(i-1)T_N}^{iT_N} e^2(t)\,dt =$$

$$= \frac{1}{T_N} \int_{(i-1)T_N}^{iT_N} \left[\sum_{\mu=0}^{n} \frac{\hat{a}_\mu(i-1)}{h_\mu} u_{\mu+1}(t) - \right.$$

$$\left. - \sum_{\mu=0}^{n} \frac{\hat{b}_\mu(i-1)}{h_\mu} v_{\mu+1}(t) \right]^2 dt \ . \tag{5}$$

Das quadratische Fehlermaß hängt über u_μ, v_μ natürlich auch vom Verlauf der Stellgröße $y(t)$ ab; bei $y = 0$ ist keine Identifizierung möglich, so daß ein Prüfsignal erforderlich ist. Nach erfolgter Anpassung des Modelles an die ungestörte Strecke ($r = 0$) verschwindet Q bei beliebiger Anregung $y(t)$. Um den Modellabgleich herbeizuführen, ist also für $Q(i)$ der Wert Null, bei Anwesenheit von zusätzlichen Störgrößen der Minimalwert, anzustreben; dabei werden im allgemeinen von den Störgrößen abhängige Restfehler der Koeffizienten auftreten.

Eine Auflösung der Forderung

$$Q(i) \rightarrow \underset{\hat{a}_\mu,\hat{b}_\mu}{\text{Min}}$$

nach den 2n+1 Parametern $\hat{a}_\mu,\hat{b}_\mu$ anhand der im Intervall $(i-1)T_N \leq t < iT_N$ beobachteten Größen $y(t)$, $x(t)$ ist nicht ohne weiteres möglich. Aus diesen Gründen ist ein iteratives Suchverfahren vorteilhaft, bei dem die Einstellung der ModellKoeffizienten durch einen schrittweisen Regelvorgang erfolgt. Als Strategie kann z.B. wieder eine Gradientenmethode Verwendung finden. Ein darartiges periodisch wiederholtes Einstellverfahren hat außerdem den Vorzug, daß das Modell nach einmal erfolgtem Abgleich den Änderungen der Strecke folgt.

Da die Koeffizienten $\hat{a}_\mu$, $\hat{b}_\mu$ in Gl.(5) während des Integrationsintervalles $(i-1)T_N \leq t < iT_N$ voraussetzungsgemäß konstant sind, können die partiellen Ableitungen unter dem Integral gebildet werden; mit Gl.(4) lauten die Komponenten des Gradienten grad Q im 2n + 1 dimensionalen Koeffizientenraum

$$\frac{\partial Q(i)}{\partial \frac{\hat{a}_\mu}{\hat{h}_\mu}} = \frac{2}{T_N} \int\limits_{(i-1)T_N}^{iT_N} e(t)\,\frac{\partial e(t)}{\partial \frac{\hat{a}_\mu}{\hat{h}_\mu}}\; dt =$$ (6a)

$$= \frac{2}{T_N} \int\limits_{(i-1)T_N}^{iT_N} e(t)u_{\mu+1}(t)\, dt \;, \quad \mu = 0,1,\ldots n-1 \;;$$

und, entsprechend,

$$\frac{\partial Q(i)}{\partial \frac{\hat{b}_\mu}{\hat{h}_\mu}} = -\frac{2}{T_N} \int\limits_{(i-1)T_N}^{iT_N} e(t)v_{\mu+1}(t)\, dt \;, \quad \mu = 0,1,\ldots n \;.$$

(6b)

Diese Ausdrücke sind mit Hilfe der Zustandsgleichungen des Modelles unter Verwendung der Anfangsbedingungen zum Zeitpunkt $(i-1)T_N$ und der im Intervall $(i-1)T_N \leq t < iT_N$ beobachteten Anregungsgrößen $y(t)$ bzw. $x(t)$ zu berechnen. Sie lassen sich als Kurzzeit-Kreuzkorrelationsfunktionen des Fehlers $e(t)$ und der Zustandsgrößen $u_\mu(t)$, $v_\mu(t)$ des Modelles deuten; falls zwischen $e(t)$ und einer Zustandsgröße des Modelles eine Abhängigkeit besteht, weist dies gemäß Bild 8.4 auf eine noch bestehende Fehleinstellung des betreffenden Modell-Koeffizienten hin.

Einen schrittweise ablaufenden Regelvorgang, bei dem die Verstellung der Koeffizienten jeweils nach Maßgabe von -grad Q erfolgt, beschreiben die Differenzengleichungen

$$\frac{\hat{a}_\mu}{\hat{h}_\mu}\,(i) = \frac{\hat{a}_\mu}{\hat{h}_\mu}\,(i-1) - k_\mu\,\frac{\partial Q(i)}{\partial \frac{\hat{a}_\mu}{\hat{h}_\mu}} =$$

$$= \frac{\hat{a}_\mu}{h_\mu}(i-1) - k_\mu \frac{2}{T_N} \int\limits_{(i-1)T_N}^{iT_N} e(t)u_{\mu+1}(t)\,dt\ ,$$

$$\mu = 0,1,\ldots n-1\ ,$$

und $\hspace{8cm}$ (7a)

$$\frac{\hat{b}_\mu}{h_\mu}(i) = \frac{\hat{b}_\mu}{h_\mu}(i-1) + k_\mu \frac{2}{T_N} \int\limits_{(i-1)T_N}^{iT_N} e(t)v_{\mu+1}(t)\,dt\ ,$$

$$\mu = 0,1,\ldots n\ .$$

$$(7b)$$

k_μ sind dabei passend zu wählende Verstärkungsfaktoren. Der
Abgleich nach dem Gradientenverfahren ist in Bild 8.6 für den
Koeffizienten $\hat{a}_\mu$ schematisch dargestellt; in Abwesenheit von
Störgrößen und bei stabilem Verlauf des Einstellvorganges
gilt im Endzustand $\hat{a}_\mu = a_\mu$.

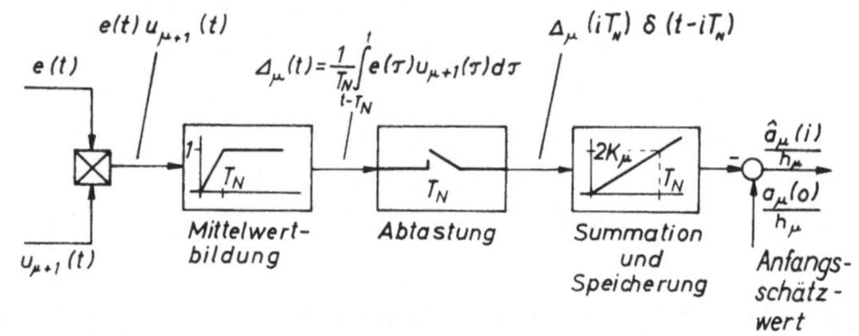

Bild 8.6

Wegen der Integralausdrücke in Gln.(7a,b) sind die Kreisver-
stärkungen der Koeffizienten-Regelkreise von $e(t)$, $u_\mu(t)$ und
$v_\mu(t)$ abhängig. Falls das normale Betriebssignal $y(t)$ nicht
ausreicht, um in Anwesenheit von Störgrößen eine eindeutige

Identifizierung zu ermöglichen, muß am Eingang der Regelstrek-
ke ein besonderes Prüfsignal überlagert werden.

Da für den Einstellvorgang die Kurzzeit-Korrelationsfunktio-
nen zwischen $e(t)$ und $u_\mu(t)$ bzw. $v_\mu(t)$ maßgebend sind, müssen
etwaige Störsignale von $y(t)$ unabhängig sein, um das Ergebnis
nicht zu verfälschen. Die vorstehend beschriebenen Ergebnisse
gelten deshalb nur für eine "offene" Regelstrecke; falls die
zu identifizierende Regelstrecke Teil eines Regelkreises ist,
gelten die in Abs. 6.3 gefundenen Einschränkungen.

Wegen der quadratischen Abhängigkeit der Gütegröße $Q(i)$ von
den Koeffizienten $\hat{a}_\mu$, $\hat{b}_\mu$ gibt es in Abwesenheit von Störgrös-
sen nur ein einziges Minimum von Q, das mit dem beschriebenen
Gradientenverfahren bei richtiger Wahl der Verstärkungen k_μ
aperiodisch approximiert wird. Da der Betrag des Gradienten
aber bei Annäherung an das Minimum immer kleiner wird, verläuft der Einstellvorgang gegen Ende sehr träge, vgl. Bild
8.2b. Ein schnellerer Abgleich ist bei Normierung des Fehlers
möglich, indem in Gl.(7) z.B. der Ausdruck

$$\frac{e(t)u_{\mu+1}(t)}{\sqrt{|e(t)u_{\mu+1}(t)|}}$$

als Integrand verwendet wird $|35|$. Außerdem gibt es viele
Varianten des Gradientenverfahrens mit verbesserten Abgleich-
eigenschaften.

Bei Anwesenheit von Störgrößen in der Regelstrecke wird sich
der Ort des Minimums von Q im allgemeinen von den korrekten
Schätzwerten $\hat{a}_\mu = a_\mu$, $\hat{b}_\mu = b_\mu$ unterscheiden. Bei starken Störgrößen besteht ferner die Möglichkeit, daß Nebenminima auf-
treten, die sich mit einem differentiellen Verfahren nicht
ohne weiteres vom echten Minimum unterscheiden lassen. Eine
Kontrolle ist am einfachsten durch Vorgabe unterschiedlicher
Anfangswerte $\hat{a}_\mu(o)$, $\hat{b}_\mu(o)$ möglich. Die für die Mittelwertbildung und Stör-Unterdrückung erforderliche Meßzeit T_N steigt

wieder mit der Amplitude der Störgrößen an.

Durch Verwendung anderer Einstellverfahren, z.B. eines Iterationsverfahrens zweiter Ordnung, läßt sich die Konvergenz wesentlich verbessern, allerdings auf Kosten erhöhten Rechenaufwandes |35|. Dies wird im nächsten Abschnitt anhand von Beispielen gezeigt.

8.3. Identifizierung einer linearen diskreten Regelstrecke durch Anpassung eines dynamischen Modelles

Das in Abs. 8.2 am Beispiel einer kontinuierlichen Regelstrecke erläuterte Identifizierungsverfahren läßt sich ohne Schwierigkeiten auch auf diskrete Systeme übertragen. Die zu identifizierende Strecke kann dabei echt diskreter Natur sein; in den meisten Fällen wird es sich aber um eine kontinuierliche Strecke handeln, bei der man im Interesse einer vereinfachten Auswertung mit dem Digitalrechner nur Abtastwerte der Ein- und Ausgangsgrößen heranzieht. Dies ist in Bild 8.7a angedeutet; die kontinuierliche Regelstrecke mit der Übertragungsfunktion $F_1(p)$ ist dabei zwischen periodische Abtaster mit nachfolgenden Impulsspeichern (Haltegliedern) eingefügt. $y^*(t)$ und $x^*(t)$ sind modulierte Impulsreihen, die durch Impulsspeicher mit der Übertragungsfunktion

$$F_H(p) \;=\; \frac{1-e^{-Tp}}{Tp}$$

in Stufenfunktionen $y^{**}(t)$ und $x^{**}(t)$ umgewandelt werden (Bild 8.7b). Nach den Regeln der z-Transformation gilt dann |z.B. 25|,

$$\frac{X^*}{Y^*}(p) = \frac{X^{**}}{Y^{**}}(p) = (F_H F_1)^*(p) = F^*(p)$$

oder mit $e^{Tp} = z$

$$\frac{X}{Y}(z) = (F_H F_1)(z) = F(z) = \frac{\sum\limits_{\mu=0}^{n} b_\mu z^\mu}{\sum\limits_{\mu=0}^{n} a_\mu z^\mu} \; . \qquad (8)$$

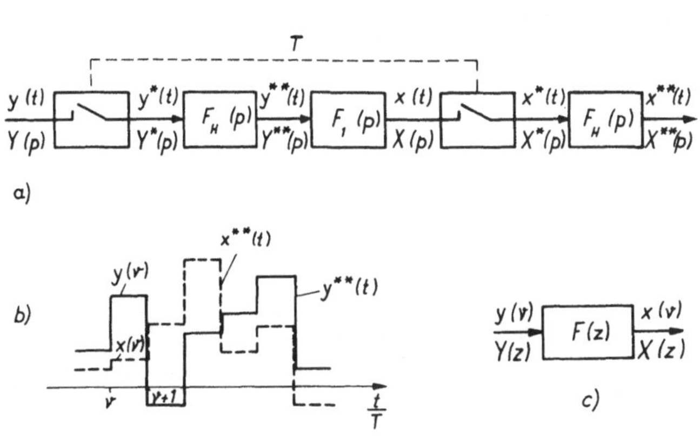

Bild 8.7

Dieser Zusammenhang ist in Bild 8.7c vereinfacht dargestellt.
Die Impuls-Übertragungsfunktion F(z) ist also eine rationale
Funktion der Variablen z. Falls die Abtastperiode T in einem
angemessenen Verhältnis zu den Einschwingvorgängen der konti-
nuierlichen Strecke steht |49|, ist es ohne wesentlichen Ver-
lust an Information möglich, aus den durch Identifizierung
gewonnenen Parametern a_μ, b_μ der diskreten Strecke F(z) die
eigentlich interessierenden Parameter der kontinuierlichen
Strecke F_1(p) zu gewinnen |z.B. 25|. Die Koeffizienten a_μ, b_μ
sind naturgemäß nicht mit denen in Gl.(3) identisch.

Die diskrete Strecke mit der Impuls-Übertragungsfunktion F(z)
wird im Zeitbereich durch eine lineare Differenzengleichung

der Form

$$\sum_{\mu=0}^{n} a_{\mu}\, x(\nu-n+\mu) = \sum_{\mu=0}^{n} b_{\mu}\, y(\nu-n+\mu) \qquad (9)$$

beschrieben; zur Normierung wird a_n = 1 gesetzt. Die Koeffizienten der Differenzengleichung sind also gleichzeitig die der Impuls-Übertragungsfunktion, ähnlich wie dies bei kontinuierlichen Systemen für Differentialgleichung und Übertragungsfunktion galt.

Im folgenden wird eine diskrete Version des in Abs. 8.2 beschriebenen Identifizierungsverfahrens genauer betrachtet und anhand einiger Beispiele diskutiert.

8.3.1. Abtastsystem und Vergleichsmodell, Gleichungsfehler und quadratische Zielfunktion

Der durch die lineare Differenzengleichung (9) oder die Impuls-Übertragungsfunktion (8) beschriebene Zusammenhang läßt sich wie bei einem kontinuierlichen System in einem Zustandsmodell graphisch darstellen. Bild 8.8 zeigt eine besonders übersichtliche Struktur in Form einer Laufzeitkette mit verteilten Rückkoppelschleifen. Die mit 1/z bezeichneten Blöcke bedeuten dabei eine Speicherung und Verschiebung der diskreten Variablen um die Abtastperiode T. In den Verschiebespeichern sind diskrete Hilfsgrößen x_1, x_2,... x_n enthalten, die als diskrete Zustandsgrößen durch ein System von n Differenzengleichungen 1. Ordnung verknüpft sind,

$$x_1(\nu) = x_2(\nu-1) \;,$$
$$x_2(\nu) = x_3(\nu-1) \;,$$
$$\vdots$$
$$x_n(\nu) = y(\nu-1) - a_0 x_1(\nu-1) - a_1 x_2(\nu-1) - \ldots - a_{n-1} x_n(\nu-1);$$

aus den Zustandsgrößen wird durch Überlagerung die Ausgangsgröße x(ν) gebildet,

$$x(\nu) = b_n\, y(\nu) + \sum_{\mu=1}^{n} (b_{\mu-1} - a_{\mu-1} b_n)\, x_\mu(\nu)\ .$$

Bild 8.8

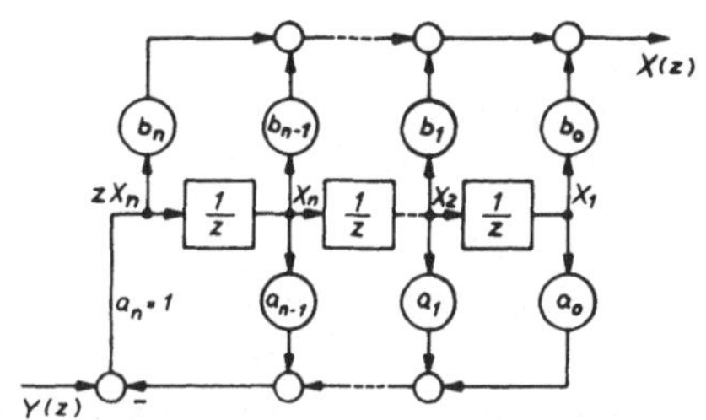

Stabilität und Dämpfung der diskreten Strecke werden aus-
schließlich durch die Rückkopplungsschleifen, d.h. die Koeffizienten a_μ des Nennerpolynoms von F(z) oder des homogenen
Teils der Differenzengleichung (9) bestimmt, während die b_μ
lediglich Überlagerungsfaktoren darstellen. Zum Unterschied
vom kontinuierlichen Fall sind die Koeffizienten a_μ, b_μ bereits durch Definition dimensionslos.

Die Aufgabe besteht nun darin, bei einer vorgegebenen diskreten oder diskretisierten Regelstrecke die Koeffizienten a_μ,
b_μ aufgrund von Meßreihen der Eingangs- und Ausgangsgrößen
y(ν), x(ν) zu bestimmen. Von den in der Praxis stets vorhandenen Störgrößen sei zunächst abgesehen.

Für die Lösung dieses Identifizierungs- oder Schätzproblems
gibt es zahlreiche Verfahren. Eine besonders übersichtliche
Methode besteht auch hier in der schrittweisen Anpassung eines Schätzmodells, derart, daß die Abweichungen zwischen der
Regelstrecke und dem Modell verschwinden. Sobald der Modellabgleich gelungen ist, hat man in Form der eingestellten Mo-

dellparameter Schätzwerte $\hat{a}_\mu$, $\hat{b}_\mu$ der unbekannten Strecke gewonnen und damit die Strecke 'identifiziert'.

Falls keinerlei Störgrößen angreifen, genügen 2n+1 lineare Gleichungen der Form (9), um die 2n+1 unbekannten Koeffizienten a_μ, b_μ zu berechnen; es handelt sich dann um ein deterministisches Problem. Da dieser Fall aber in der Praxis nie vorliegt, sind erheblich mehr Gleichungen erforderlich; die für eine erfolgreiche Schätzung benötigte Zahl von Meßwertpaaren steigt mit der Störamplitude an.

Bei den Modellverfahren zeichnet sich das bereits in Bild 8.3 skizzierte geteilte Modell durch besondere Übersichtlichkeit aus; dabei werden die Ein- und Ausgangsfolgen $y(\nu)$, $x(\nu)$ der Strecke dynamisch verformt und anschließend miteinander verglichen. Die Struktur der Modellteile ist so zu wählen, daß der Fehler $e(\nu)$ bei der richtigen Einstellung der Modellparameter verschwindet. Der diskrete Modellierungs- und Anpassungsprozeß ist für die Ausführung in einem Digitalrechner natürlich besonders geeignet.

Die beiden Teile des diskreten Modelles werden durch die rationalen Übertragungsfunktionen

$$\frac{U}{X}(z) = \frac{\hat{A}(z)}{H(z)} = \frac{\sum\limits_{\mu=o}^{n} \hat{a}_\mu z^\mu}{\sum\limits_{\mu=o}^{n} h_\mu z^\mu} \;, \qquad a_n = 1 \;,$$

$$\frac{V}{Y}(z) = \frac{\hat{B}(z)}{H(z)} = \frac{\sum\limits_{\mu=o}^{n} \hat{b}_\mu z^\mu}{\sum\limits_{\mu=o}^{n} h_\mu z^\mu} \tag{10}$$

beschrieben; sie lassen sich also ebenfalls durch Strukturen nach Art von Bild 8.8 darstellen. Der Grad n ist zunächst unbekannt und wird geschätzt. Die Zählerkoeffizienten $\hat{a}_\mu$, $\hat{b}_\mu$, haben nun, entsprechend den b_μ in Bild 8.8, die Bedeutung von Gewichtsfaktoren bei der Überlagerung der Zustandsgrößen

$u_\mu(\nu)$, $v_\mu(\nu)$ des Modelles. Dies hat wieder den Vorzug, daß eine Verstellung der $\hat{a}_\mu$, $\hat{b}_\mu$ keine Einschwingvorgänge innerhalb des Modelles auslöst; die Größen $u(\nu)$, $v(\nu)$ sind somit lineare Funktionen der $\hat{a}_\mu$, $\hat{b}_\mu$.

Für den Fehler $E(z)$ folgt aus Gln.(10)

$$E(z) = U(z) - V(z) = \frac{1}{H(z)} \left[\frac{\hat{A}(z)}{A(z)} B(z) - \hat{B}(z) \right] Y(z), \quad (11)$$

was besagt, daß der Fehler in Abwesenheit einer Störgröße für

$$\hat{A}(z) = A(z) , \quad \hat{B}(z) = B(z) \qquad (12)$$

verschwindet. Das Nennerpolynom $H(z)$ ist im Prinzip beliebig, solange die Modellteile stabil sind, d.h. die Nullstellen von $H(z)$ im Einheitskreis liegen. Man könnte $H(z)$ dazu verwenden, eine bestimmte erwünschte Filterwirkung zu erzielen, indem man z.B. periodische Störanteile unterdrückt; hier wird darauf verzichtet und der Einfachheit halber $H(z) = z^n$ gesetzt. Die beiden Modellteile erhalten damit die Form von rückkopplungsfreien Laufzeitketten, Bild 8.9, denen über einstellbare Gewichtsfaktoren $\hat{a}_\mu$, $\hat{b}_\mu$ die verzögerten Wertefolgen $y(\nu-n+\mu)$ und $x(\nu-n+\mu)$ entnommen werden.

Bei Vernachlässigung der Störgröße $R(z)$ läßt sich der Fehler $E(z)$ unmittelbar durch die Abweichungen der Koeffizienten von Strecke und Modell ausdrücken. Nach Bild 8.9 gilt doch

$$E(z) = \frac{\hat{A}(z)}{z^n} X(z) - \frac{\hat{B}(z)}{z^n} Y(z) ;$$

außerdem ist gemäß Gl.(10)

$$0 = \frac{A(z)}{z^n} X(z) - \frac{B(z)}{z^n} Y(z) .$$

Daraus folgt als Differenz

$$E(z) = \frac{\hat{A}(z)-A(z)}{z^n} \, X(z) - \frac{\hat{B}(z)-B(z)}{z^n} \, Y(z) \; ,$$

oder, bei Annahme gleicher Ordnung für Strecke und Modell,

$$E(z) = \sum_{\mu=0}^{n} \left[\underbrace{(\hat{a}_\mu - a_\mu)}_{\alpha_\mu} X(z) - \underbrace{(\hat{b}_\mu - b_\mu)}_{-\beta_\mu} Y(z) \right] z^{-n+\mu} \; . \tag{13}$$

Die Koeffizienten

$$\alpha_\mu = \hat{a}_\mu - a_\mu \; , \qquad -\beta_\mu = \hat{b}_\mu - b_\mu$$

entsprechen dabei den Modellfehlern, sie sind nach erfolgter Anpassung Null. Im Zeitbereich lautet Gl.(13)

$$e(\nu) = \sum_{\mu=0}^{n} \alpha_\mu x(\nu-n+\mu) + \beta_\mu y(\nu-n+\mu) \; , \; \alpha_n = 0 \; . \tag{14}$$

$e(\nu)$ ist also eine Linearkombination der Modellfehler. Falls am Ausgang der Strecke eine diskrete Störgröße $r(\nu)$ angreift, erweitert sich der Ausdruck für $e(\nu)$ um den Term

$$\sum_{\mu=0}^{n} \hat{a}_\mu \, r(\nu-n+\mu) \; .$$

Die Verstellung der $2n+1$ Koeffizienten $\hat{a}_\mu$, $\hat{b}_\mu$ kann gemäß Bild 8.10 im Abstand NT erfolgen, wobei N groß genug zu wählen ist, um aus den vorhergehenden Beobachtungen hinreichend Informationen über den nächsten Verstellschritt gewinnen zu können. Andererseits soll N natürlich nicht zu groß sein, um die Anpassung des Modelles nicht unnötig zu verzögern.

Als Kenngröße für die Abweichung zwischen Strecke und Modell (Zielfunktion) kann wieder das mittlere Fehlerquadrat während des jeweils letzten Beobachtungsintervalles dienen,

$$Q(i) = \frac{1}{N} \sum_{(i-1)N}^{iN-1} e^2(\nu) \; . \tag{15}$$

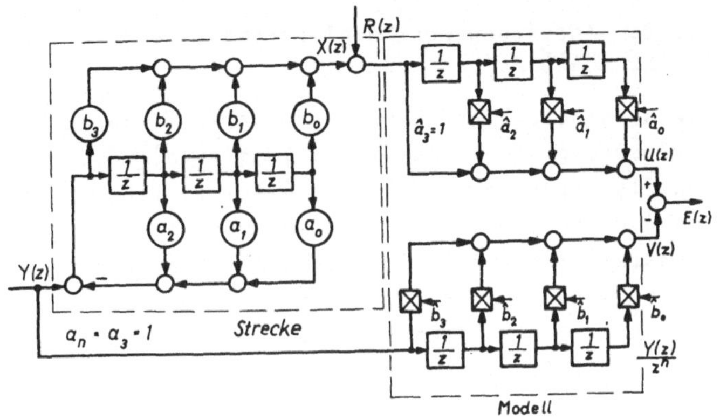

Bild 8.9

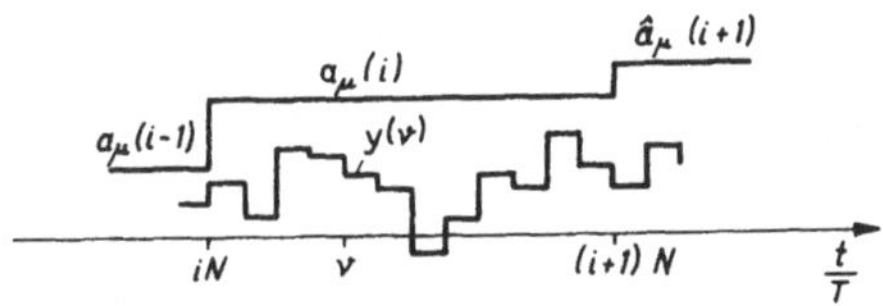

Bild 8.10

In Abwesenheit einer Störgröße und bei $\alpha_\mu = \beta_\mu = 0$, d.h. bei vollständigem Abgleich, nimmt Q den Wert $Q_{min} = 0$ an. Falls Störgrößen auftreten, ist $Q_{min} > 0$. Außerdem wird sich normalerweise der Ort des Minimums gegenüber dem idealen Abgleich verschieben.

Formal betrachtet ist Q(i) eine positiv definite Funktion im 2n+1 dimensionalen α_μ, β_μ-Raum. Sie hängt quadratisch von den Modellfehlern α_μ, β_μ und der Anregungsgröße y(ν) ab. Falls das betriebsmäßige Eingangssignal nicht ausreicht, um den Abgleich durchzuführen, ist ein zusätzliches Testsignal erforderlich.

8.3.2. Anpassung der Modellparameter mit dem Gradientenverfahren

Die Aufgabe besteht nun wieder darin, Q durch schrittweise Veränderung der $\hat{a}_\mu$, $\hat{b}_\mu$ zu minimisieren, wobei die während des jeweils vorhergehenden Intervalles $(i-1)N\leq \nu < iN-1$ beobachteten Werte $y(\nu)$, $x(\nu)$, $e(\nu)$ verwendet werden sollen. Die einfachste Methode ist eine gezielte Veränderung der Koeffizienten in Richtung des steilsten Abstieges von $Q(i)$ im $(2n+1)$-dimensionalen Koeffizientenraum. Beginnend mit beliebig angenommenen Anfangswerten $\hat{a}_\lambda(o)$, $\hat{b}_\lambda(o)$ für die Modellkoeffizienten ergibt sich zum Zeitpunkt iN die Verstellvorschrift

$$\hat{a}_\lambda(i) = \hat{a}_\lambda(i-1)-k_\alpha \frac{\partial Q(i)}{\partial \hat{a}_\lambda} = \hat{a}_\lambda(i-1)-k_\alpha \frac{\partial Q(i)}{\partial \alpha_\lambda} \,,$$

$$\hat{b}_\lambda(i) = \hat{b}_\lambda(i-1)-k_\beta \frac{\partial Q(i)}{\partial \hat{b}_\lambda} = \hat{b}_\lambda(i-1)+k_\beta \frac{\partial Q(i)}{\partial \beta_\lambda} \,. \tag{16}$$

Dem entspricht gerade das in Bild 8.11 skizzierte Schema eines nichtlinearen Mehrgrößen-Abtastregelsystems, bei dem die Komponenten des Gradienten grad Q schrittweise nach Null geregelt werden. Die iterative Methode zum Abbau der Koeffizientenfehler ist notwendig, da die zum Zeitpunkt iN erreichten Werte $\alpha_\lambda(i)$, $\beta_\lambda(i)$ unbekannt sind.

Stabilität und Einschwingverhalten des in Bild 8.11 dargestellten Ersatzsystems sind im wesentlichen durch die in der 'Regelstrecke' enthaltenen Kopplungen und Nichtlinearitäten sowie durch die Verstärkung des 'Gradientenreglers' bestimmt; dieser ist in Bild 8.11 durch ein Mehrgrößen-Integralglied mit den Integrierzeitkonstanten T_i = NT/k dargestellt. Die Faktoren k werden im folgenden gleich angenommen; sie können aber auch gemäß einer besonderen Strategie unterschiedlich und von Schritt zu Schritt veränderlich gewählt werden. Es gibt hierfür verschiedene Varianten, z.B. das konjugierte Gradientenverfahren |35|.

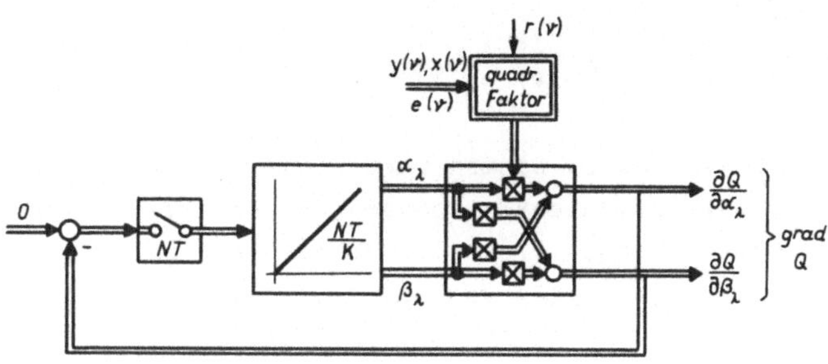

Bild 8.11

Die in Bild 8.11 angedeutete Mehrfach-Regelstrecke ist zwar
linear in α_μ, β_μ, jedoch sind die Kopplungsfaktoren nichtlineare Funktionen der beobachteten Werte $y(\nu)$, $x(\nu)$, $e(\nu)$ und
der unbekannten Störgrößen $r(\nu)$ im vorhergehenden Intervall.
Wegen der nichtlinearen und zeitlich veränderlichen Abhängigkeit des Gradienten von den Meßwerten und Störgrößen ist es
durchaus möglich, daß mit dem Gradientenverfahren nur ein re-
latives Minimum gefunden wird; außerdem kann der Suchvorgang
bei zu kleinen oder zu großen Werten der Verstärkungsziffern
k zu langsam konvergieren bzw. instabil werden.

Der Gradient läßt sich aus Gl.(15) durch Anwendung der Kettenregel berechnen, z.B.

$$\frac{\partial Q(i)}{\partial \alpha_\lambda} = \frac{2}{N} \sum_{(i-1)N}^{iN-1} e(\nu) \frac{\partial e(\nu)}{\partial \alpha_\lambda} , \quad \lambda = 1,2,..n-1 ;$$

unter Berücksichtigung von Gl.(14) folgt daraus

$$\frac{\partial Q(i)}{\partial \alpha_\lambda} = \frac{2}{N} \sum_{(i-1)N}^{iN-1} e(\nu)x(\nu-n+\lambda) \equiv 2 \,{}^{i}\varphi_{ex}(n-\lambda) \qquad (17a)$$

und entsprechend

$$\frac{\partial Q(i)}{\partial \beta_\lambda} = \frac{2}{N} \sum_{(i-1)N}^{iN-1} e(\nu)y(\nu-n+\lambda) \equiv 2\ ^i\varphi_{ey}(n-\lambda) \ . \qquad (17b)$$

Mit Hilfe dieser Summen werden die für die Verstellung erforderlichen Komponenten von grad Q schrittweise berechnet; die Ausdrücke lassen sich als Kurzzeit-Korrelationssummen der Fehlergröße $e(\nu)$ mit $x(\nu)$ bzw. $y(\nu)$ deuten. Sie stellen damit ein Maß für den Zusammenhang dieser Größen im Beobachtungsintervall dar.

Einen genaueren Einblick in die Wirkungsweise des Abgleichvorganges vermittelt das Einsetzen der Fehlergröße $e(\nu)$

$$\frac{\partial Q(i)}{\partial \alpha_\lambda} = \frac{2}{N} \sum_{(i-1)N}^{iN-1} x(\nu-n+\lambda) \left[\sum_{\mu=0}^{n} \alpha_\mu(i-1)x(\nu-n+\mu) + \beta_\mu(i-1)y(\nu-n+\mu) \right], \ \alpha_n = 0.$$

Durch Vertauschung der Summenbildung entsteht daraus

$$\frac{\partial Q(i)}{\partial \alpha_\lambda} = 2 \sum_{\mu=0}^{n} \alpha_\mu(i-1) \left[\frac{1}{N} \sum_{(i-1)N}^{iN-1} x(\nu-n+\mu)x(\nu-n+\lambda) \right] +$$
$$+ \beta_\mu(i-1) \left[\frac{1}{N} \sum_{(i-1)N}^{iN-1} y(\nu-n+\mu)x(\nu-n+\lambda) \right] \ .$$

Mit den analog wie in Gl.(17) definierten Korrelationssummen

$$^i\varphi_{yy}(\mu-\lambda) = \frac{1}{N} \sum_{(i-1)N}^{iN-1} y(\nu-n+\mu)y(\nu-n+\lambda) \ ,$$

$$^i\varphi_{yx}(\mu-\lambda) = \frac{1}{N} \sum_{(i-1)N}^{iN-1} y(\nu-n+\mu)x(\nu-n+\lambda) \ , \qquad (18)$$

$$^i\varphi_{xx}(\mu-\lambda) = \frac{1}{N} \sum_{(i-1)N}^{iN-1} x(\nu-n+\mu)x(\nu-n+\lambda) \ ,$$

erhalten die Komponenten des Gradienten die Form

$$\frac{\partial Q(i)}{\partial \alpha_\lambda} = 2 \sum_{\mu=o}^{n} \alpha_\mu (i-1)^i \varphi_{xx}(\mu-\lambda) + \beta_\mu (i-1)^i \varphi_{yx}(\mu-\lambda)$$

und
$$\frac{\partial Q(i)}{\partial \beta_\lambda} = 2 \sum_{\mu=o}^{n} \alpha_\mu (i-1)^i \varphi_{xy}(\mu-\lambda) + \beta_\mu (i-1)^i \varphi_{yy}(\mu-\lambda) \; .$$

$$(19)$$

Die Gleichungen (19) kennzeichnen die beim Gradientenverfahren entstehenden Kopplungen, d.h. die in Bild 8.11 enthaltene Mehrfachregelstrecke. Die als Hauptkoppelfaktoren, $\alpha_\lambda \rightarrow \frac{\partial Q}{\partial \alpha_\lambda}$, wirkenden quadratischen Mittelwerte

$$\overline{y^2} = \varphi_{yy}(o) \; , \qquad \overline{x^2} = \varphi_{xx}(o) \; ,$$

übertreffen zwar die übrigen Koppelfaktoren, doch können bei entsprechendem Verlauf der Korrelationsfunktionen, etwa bei periodischen Signalen, auch die Neben-Koppelfaktoren vergleichbare Werte annehmen und den Abgleich empfindlich stören. Weitere unerwünschte Kopplungen entstehen vor allem dann, wenn neben der 'Nutzanregung' $y(\nu)$ unbekannte Störsignale $r(\nu)$ wirksam sind. Aus diesen Gründen ist das einfache Gradientenverfahren für die Anwendung wenig geeignet. In Abs. 8.3.4 wird dies anhand von gerechneten Beispielen deutlich. Durch Anwendung leistungsfähigerer Verfahren läßt sich der Bedarf an Meßdaten und Rechenzeit jedoch erheblich senken.

8.3.3. Anpassung der Modellparameter mit dem Newton'schen Verfahren

Ordnet man die linearen Gleichungen (17, 19) in schematischer Form an, so entsteht eine besonders übersichtliche Darstellung (20). Dabei wird aus Symmetriegründen auch α_n mitgeführt, obwohl $\alpha_n = 0$ bereits durch Normierung festgelegt ist; in Wirklichkeit entfallen also die n.Zeile und Spalte. Bei der Eintragung der Elemente wurden außerdem die für Langzeit-Korrelationsfunktionen gültigen Symmetriebeziehungen

$$\varphi_{yy}(j) = \varphi_{yy}(-j), \quad \varphi_{yx}(j) = \varphi_{xy}(-j), \quad \varphi_{xx}(j) = \varphi_{xx}(-j)$$

berücksichtigt.

$$
\begin{array}{ccc|ccc|c}
\beta_0 & \beta_1 \cdots \beta_n & & \alpha_0 & \alpha_1 \cdots \alpha_n & & \\
\hline
\varphi_{yy}(0) & \varphi_{yy}(1)\ldots\varphi_{yy}(n) & & \varphi_{yx}(0) & \varphi_{yx}(-1)\ldots\varphi_{yx}(-n) & & \varphi_{ey}(n) \\
\varphi_{yy}(1) & \varphi_{yy}(0) \quad \varphi_{yy}(n-1) & & \varphi_{yx}(1) & \varphi_{yx}(0) \quad \varphi_{yx}(-n+1) & & \varphi_{ey}(n-1) \\
\vdots & & & \vdots & & & \vdots \\
\varphi_{yy}(n) & \varphi_{yy}(n-1)\varphi_{yy}(0) & & \varphi_{yx}(n) & \varphi_{yx}(n-1)\varphi_{yx}(0) & & \varphi_{ey}(0) \\
\hline
\varphi_{yx}(0) & \varphi_{yx}(1)\ldots\varphi_{yx}(n) & & \varphi_{xx}(0) & \varphi_{xx}(1)\ldots\varphi_{xx}(n) & & \varphi_{ex}(n) \\
\varphi_{yx}(-1)\varphi_{yx}(0) & \varphi_{yx}(n-1) & & \varphi_{xx}(1) & \varphi_{xx}(0) \quad \varphi_{xx}(n-1) & & \varphi_{ex}(n-1) \\
\vdots & & & \vdots & & & \vdots \\
\varphi_{yx}(-n), \varphi_{yx}(-n+1)\varphi_{yx}(0) & & & \varphi_{xx}(n), & \varphi_{xx}(n-1)\varphi_{xx}(0) & & \varphi_{ex}(0)
\end{array}
$$

$$(20)$$

Man erhält also ein System von 2n+1 linearen Gleichungen für
die 2n+1 Unbekannten α_μ, β_μ. Die in den Gleichungen als Koeffizienten auftretenden Korrelationssummen sind aus den Meßwer-
ten $y(\nu)$, $x(\nu)$ und $e(\nu)$ zu berechnen; sie gelten jeweils für
ein Intervall (N). Die quadratische und symmetrische Koeffi-
zienten-Matrix wird auch als Kovarianz-Matrix $\underline{\Phi}$ bezeichnet.

Es liegt nun der Gedanke nahe, anstelle eines iterativen Ab-
gleiches mit dem Gradientenverfahren das Gleichungssystem
(20) sofort nach α_μ, β_μ aufzulösen und mit den gefundenen Lösungen eine Anpassung des Modelles in einem einzigen Schritt
zu erreichen. Die Berechnung der Korrelationsfunktionen in
Gl.(20) kann dabei mit den beliebig angenommenen Anfangswerten der Modellkoeffizienten $\hat{a}_\mu(0)$, $\hat{b}_\mu(0)$ erfolgen.

Mit den Bezeichnungen

$$
\begin{vmatrix} \beta_0 \\ \vdots \\ \beta_n \\ \alpha_0 \\ \vdots \\ \alpha_{n-1} \end{vmatrix} = \underline{\vartheta} \; , \quad \begin{vmatrix} \varphi_{ey}(n) \\ \vdots \\ \varphi_{ey}(o) \\ \varphi_{ex}(n) \\ \vdots \\ \varphi_{ex}(1) \end{vmatrix} = \underline{\varphi}_e
$$

lautet das Gleichungssystem (20) in Matrizenform

$$
\underline{\Phi}_1 \cdot \underline{\vartheta} = \underline{\varphi}_e \; .
$$

$\underline{\Phi}_1$ ist dabei die um die n. Zeile und Spalte verkürzte Kovarianz-Matrix. Die Lösung folgt durch Inversion der Matrix $\underline{\Phi}_1$

$$
\underline{\vartheta} = \underline{\Phi}_1^{-1} \, \underline{\varphi}_e \; . \tag{21}
$$

Damit wird das Minimum in einem Schritt erreicht,

$$
\underline{\vartheta}(1) = \underline{\vartheta}(o) - \underline{\Phi}_1^{-1} \underline{\varphi}_e = \underline{0} \; . \tag{22}
$$

Diese Lösung stellt eine Alternative zum Gradientenverfahren
dar, mit der eine schnellere und genauere Konvergenz unter
Verwendung wesentlich weniger Meßwerte möglich ist. Die Berechnung nach Gl.(22) entspricht dem Newton'schen Verfahren
zur Minimisierung der Funktion $Q(i)$. Das Minimum einer quadratischen Zielfunktion wird damit in einem Schritt erreicht
|35|. Bei Anwesenheit von Störgrößen und nichtstationären Meß-
werten führt allerdings auch das Newton'sche Verfahren nicht
notwendigerweise zu den richtigen Koeffizienten. Es kann dann
gegebenenfalls auch rekursiv angewendet werden |64|. Im näch-
sten Abschnitt wird dies anhand von Beispielen gezeigt.

Wegen der linearen Differenzengleichung (14) und der Verwendung eines quadratischen Fehlerkriteriums läßt sich die
Newton'sche Lösung auch als mehrdimensionales Regressionsverfahren interpretieren (Abs. 3.2). Darauf deutet der analoge

Aufbau der Gl.(21) bzw. der Gl.(11) in Abs. 3. Aus diesem Zusammenhang folgen zusätzliche Bedingungen für eine im Grenz-
fall ($N \rightarrow \infty$) gültige Schätzung, die in Abs. 9.1 genauer untersucht werden.

8.3.4. Einige Ergebnisse

Die in den vorhergehenden Abschnitten beschriebenen Rechen-
verfahren wurden anhand zahlreicher mit dem Rechner nachge-
bildeter Regelstrecken erprobt |64|. Das Gradientenverfahren
erwies sich dabei als für die praktische Anwendung wenig
brauchbar; es dient im folgenden lediglich als Bezugsverfah-
ren.

Um angesichts der großen Zahl von Parametern (n, a_μ, b_μ, N,
k, i, $y(\nu)$, $r(\nu)$) einen Überblick zu gewinnen, werden zunächst für eine Strecken-Übertragungsfunktion dritter Ordnung
verschiedene Parameter des Anpaßverfahrens variiert.

Günstige Eigenschaften des Gradientenverfahrens, wie sie allerdings in der Praxis selten vorliegen werden, sind dann zu
erwarten, wenn die Anregung $y(\nu)$ wenig korreliert ist, d.h.
eine ausgeprägte impulsförmige Autokorrelationsfunktion
$\varphi_{yy}(j)$ aufweist, und wenn $y(\nu)$ außerdem mit N periodisch ist.
Diese Eigenschaften besitzen pseudo-statistische Binärfolgen
(PRBS), wie sie in Abs. 6.5 diskutiert wurden. Es ist jedoch
zu beachten, daß auch durch Annahme eines solchen Testsignals
das Mehrgrößen-Regelsystem gemäß Bild 8.11 nicht entkoppelt
werden kann, da die Größe $x(\nu)$ nicht unkorreliert ist. Im
Gleichungssystem (20) hat also lediglich der linke obere
Quadrant angenähert eine Diagonalform.

Bei der Anwendung des Gradientenverfahrens ist vor allem die
Wahl eines geeigneten Wertes für den Verstärkungsfaktor k von
Bedeutung; im vorliegenden Fall wurde diese Frage empirisch
untersucht. Bild 8.12 zeigt als Beispiel den mit einer Perio-

denlänge N = 63 bei einer ungestörten Strecke dritter Ordnung
(n = 3) berechneten Einschwingvorgang der Schätzkoeffizienten
$\hat{a}_\mu$, $\hat{b}_\mu$; i ist die Zahl der Iterationen. Es wurden drei verschiedene Werte des Verstärkungsfaktors k gewählt; für k =
0.005 verläuft der Anpaßvorgang des Modells sehr langsam,
während sich bei k = 0.1 etwa der aperiodische Grenzfall und
für k = 0.2 ein periodischer Vorgang ergibt. Aus dem Verlauf
der Fehlergröße Q(i) läßt sich der Abgleich besonders gut
verfolgen. Im Fall k = 0.1 haben die Koeffizienten $\hat{a}_\mu$, $\hat{b}_\mu$,
ausgehend von einem willkürlichen Anfangswert, nach etwa 10
Iterationen ihre Endwerte erreicht.

Da bei der Identifizierung einer praktischen Strecke die Ord-
nungszahl n unbekannt ist, wird man mit verschiedenen Schätzwerten $\hat{n}$ für das Modell arbeiten. Dies ist in Bild 8.13 anhand der gleichen Strecke gezeigt. $\hat{n}$ = 2 entspricht einem vereinfachten, $\hat{n}$ = 4 einem unnötig komplizierten Ansatz. Der
Faktor k hatte bei diesen Rechnungen den vorher gefundenen
optimalen Wert. Die Einstellvorgänge verlaufen gut gedämpft,
wenn auch im Fall $\hat{n}$ = 2 etwas schleppend. Interessanterweise
stellen sich bei $\hat{n}$ = 4, d.h. bei überbestimmtem Modell, nicht
die richtigen Koeffizienten, ergänzt durch $a_4 = b_3 = 0$, ein;
dennoch ist der verbleibende Fehler Q sehr klein.

Das Ergebnis ist in Bild 8.14 zu sehen. Es stellt die diskreten Impulsantworten g(ν) der Strecke und die für $\hat{n}$ = 2, 3 und
4 nach 30 Iterationen gefundenen Impulsantworten $\hat{g}(\nu)$ der Modelle dar. Dabei überrascht nicht, daß für $\hat{n}$ = 2 die Details
der Impulsantwort nicht genau wiedergegeben werden; dagegen
sind für $\hat{n}$ = 3 und 4 trotz der verschiedenen Koeffizienten
keine praktischen Unterschiede festzustellen. Die Annahme
$\hat{n}$ = 4 führt also offenbar auf eine Modell-Übertragungsfunk-
tion $\hat{F}(z)$, deren Zähler und Nenner einen gemeinsamen Faktor
$z - z_4$ enthalten. Die für $\hat{n}$ = 4 gefundene Übertragungsfunktion
läßt sich also durch Kürzen vereinfachen. Die Frage eines
überdimensionierten Modelles wird in Abs. 9.2 genauer untersucht.

Modellanpassung mit dem Gradientenverfahren

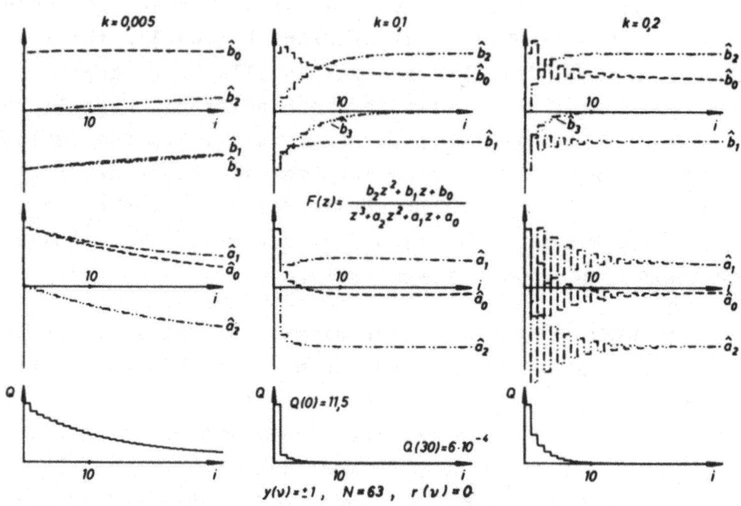

Bild 8.12   Verschiedene Verstärkungsfaktoren, $n = \hat{n} = 3$

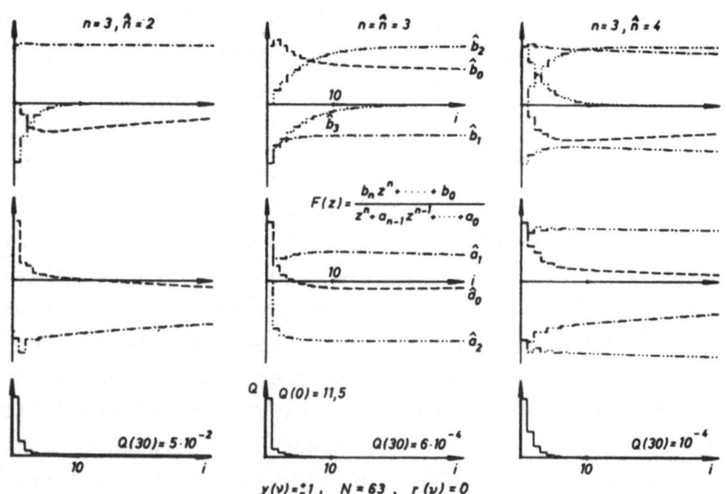

Bild 8.13   Verschiedene Modellordnungen, $k = 0,1$

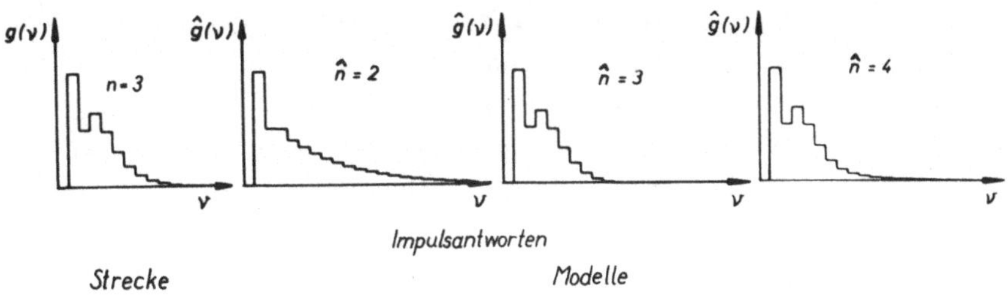

Bild 8.14   Gradientenverfahren,
Ergebnis nach i = 30 Iterationen

In Bild 8.15 sind die mit dem Newton-Verfahren in einem
Schritt gefundenen entsprechenden Ergebnisse aufgetragen. Die
Periodenlänge der Binärfolge war nun N = 15, so daß insgesamt
eine außerordentliche Verkürzung der für die Identifizierung
erforderlichen Zahl von Meßwerten zu beobachten ist. Auch
hier ergibt sich für $\hat{n}$ = 4 eine Übertragungsfunktion, aus deren Zähler und Nenner sich ein gemeinsamer Faktor abspalten
läßt.

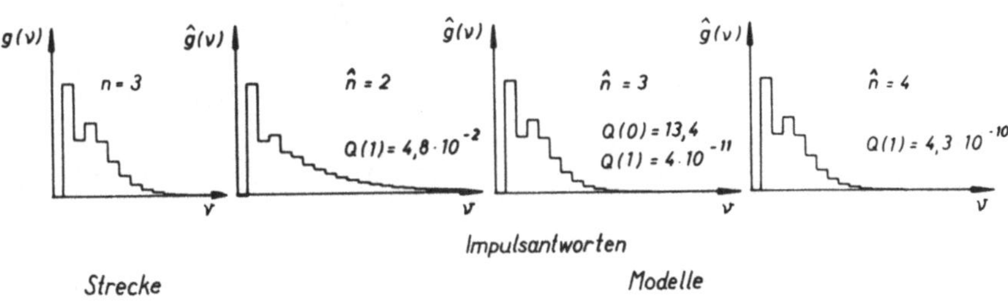

Bild 8.15   Modellanpassung mit Newton-Verfahren

Bild 8.16 beschreibt den Fall eines leicht instabilen Systems,
dessen Impulsantwort oszillatorisch verläuft und in der Amplitude langsam zunimmt. Bei Anregung der Strecke durch eine Binärfolge divergiert deshalb auch die Ausgangsgröße x(v). Der
Anpaßvorgang mit dem Gradientenverfahren verläuft anfangs er-

folgreich, jedoch überwiegt die Zunahme der Ausgangsgrößen
x(ν) schließlich die Reduktion der Koeffizientenfehler, so
daß das gesamte System instabil wird. Es ist zu beobachten,
daß sich dieser Einfluß vorwiegend bei den Nennerkoeffizien-
ten $\hat{a}_\mu$ auswirkt. Wesentlich besser arbeitet wieder das Newton-

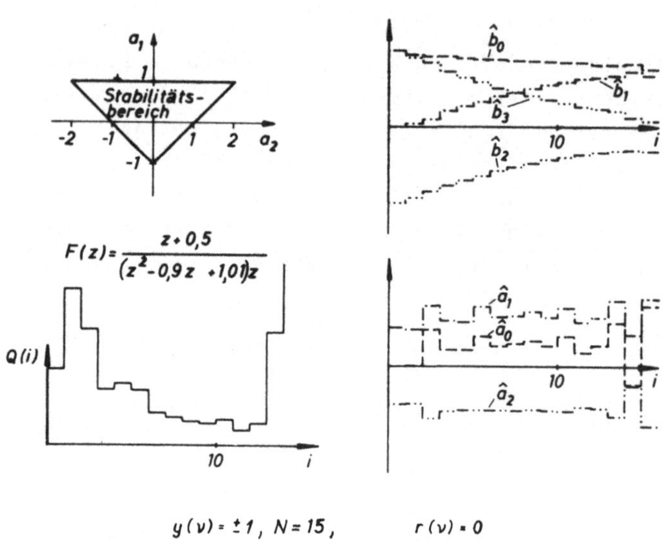

Bild 8.16   Divergenz des Gradientenverfahrens bei instabiler Strecke

Verfahren. Hier wird die Strecke bereits nach einem Beobachtungsintervall mit N = 15 fehlerfrei identifiziert. In Bild
8.17 ist die gefundene Impulsantwort der Strecke aufgetragen.

Falls unbekannte Störgrößen an der Regelstrecke angreifen,
tritt bei allen Identifizierungsverfahren eine deutliche Ver-

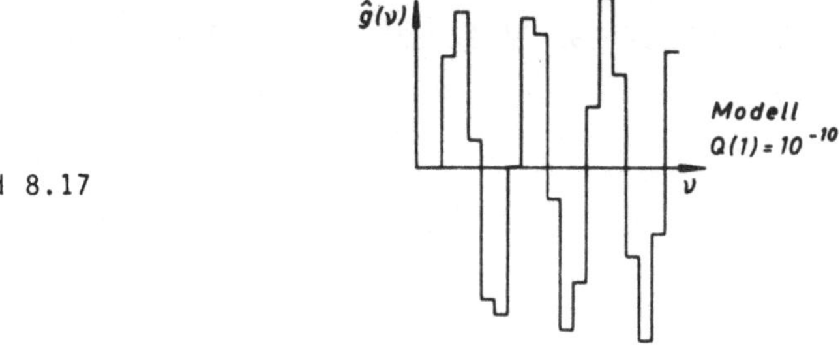

Bild 8.17   Ergebnis der Modellanpassung mit dem Newton-
Verfahren bei instabiler Strecke (i = 1, N = 15)

schlechterung ein. Dies ist anhand von Bild 8.18 und 8.19
zu beobachten, wo die Ergebnisse der Identifizierung in Anwesenheit einer sinusförmigen Störung aufgetragen sind. Im
Fall des Newton-Verfahrens war es bei zu kurzer Beobachtungs-
zeit (N = 7) notwendig, eine zweite Iteration vorzunehmen,
um zu brauchbaren Ergebnissen zu gelangen. Auch bei N = 15
ist die Identifizierung noch ziemlich fehlerhaft; sie könnte
aber durch zusätzliche Iterationen verbessert werden.

Bei der Bewertung aller Ergebnisse ist zu berücksichtigen,
daß ein relativ starkes Prüfsignal y(ν) mit einem sehr vor-
teilhaften zeitlichen Verlauf verwendet wurde. In praktischen
Fällen liegen derart günstige Voraussetzungen normalerweise
nicht vor, was sich vor allem auf die für eine erfolgreiche
Identifizierung erforderliche Intervall-Länge N auswirkt. Das
einfache Gradientenverfahren bietet in solchen Fällen wenig
Aussicht auf Erfolg. Dagegen sind die Aussichten mit einer
schneller konvergierenden Anpaßstrategie, z.B. dem Newton-
Verfahren, wesentlich besser. Wegen der Berechnung und Inversion der Matrix Φ_1 steigt natürlich auch der Rechenbedarf an,
doch liegen in den ausgeführten Beispielen die reinen Rechen-
zeiten für einen mittleren Prozeßrechner noch bei wenigen Se-

<u>Identifizierung mit sinusförmiger Störgröße</u>

$y(\nu) = \pm 1$, PRBS; $r(\nu) = 0{,}5 \sin 0{,}2\nu$

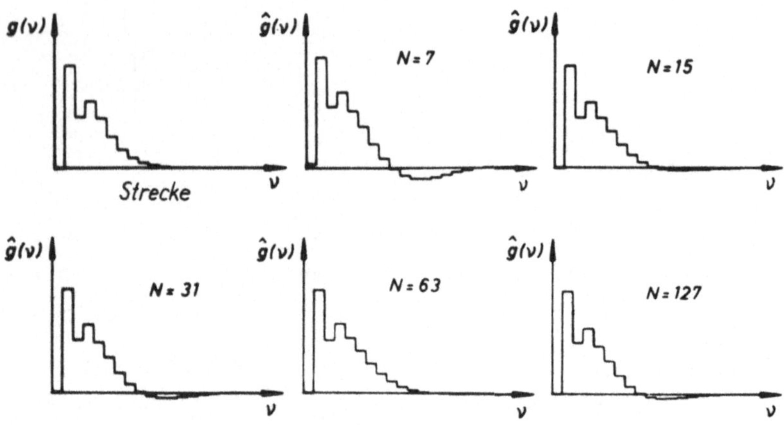

Bild 8.18   Gradientenverfahren   i = 30

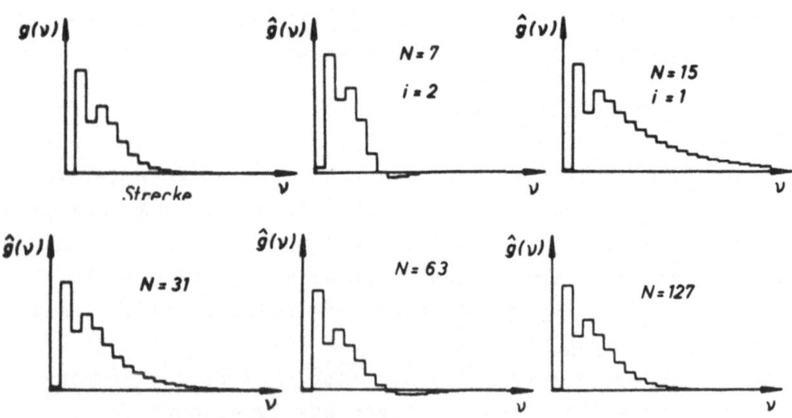

Bild 8.19   Newton'sches Verfahren   i = 1;2

kunden, so daß eine betriebsmäßige periodische Identifizierung mit dem beschriebenen Verfahren möglich und sinnvoll erscheint.

Die Wahl des Prüfsignals ist von großer Bedeutung. Vor allem
ist darauf zu achten, daß auch Einschwingvorgänge der zu identifizierenden Strecke erfaßt werden. Wird die Identifizierung
z.B. mit sinusförmiger Anregung im stationären Zustand ausgeführt, so entsteht ein Modell, das bei der Prüffrequenz zwar
die richtige Verstärkung und Phasenverschiebung aufweist,
sonst aber keine Übereinstimmung mit der Strecke zeigt. Dies
ist kaum überraschend, da die Freiheitsgrade des Systems im
eingeschwungenen Zustand nicht zum Tragen kommen |64|.

Das Newton-Verfahren eignet sich wegen des geringen Bedarfs
an Meßwerten auch für eine Identifizierung anhand eines einzelnen Betriebs-Oszillogramms, z.B. einer gemessenen Sprungantwort. Dies ist in Bild 8.20 zu sehen; es zeigt den Einschwingvorgang der schwach gedämpften Zugregelstrecke eines
Kaltwalzwerkes.Die beiden Kurven des Oszillogrammes wurden dabei durch eine Anzahl äquidistanter Abtastpunkte charakteri-
siert, um Eingabedaten für das Identifizierungsprogramm zu erhalten. Das Ergebnis ist in Bild 8.20b aufgetragen, es läßt
erkennen, daß die Eigenschaften der Strecke auch in diesem
Fall angenähert richtig wiedergegeben werden.

Bild 8.20

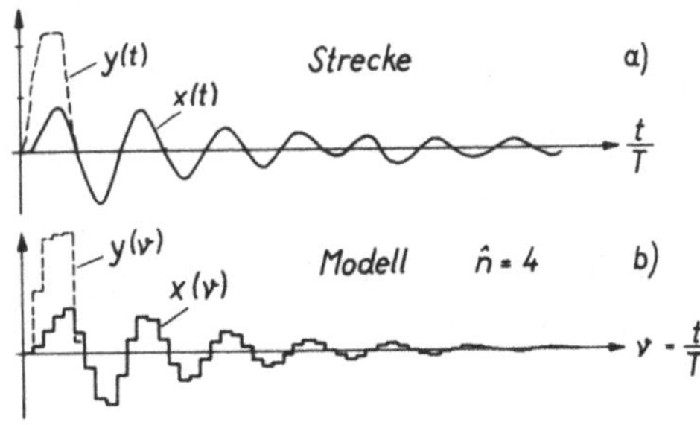

9. Parameter-Identifizierung einer linearen Übertragungsstrecke

9.1. Regressionsanalyse mit unkorrelierten Restgliedern

Im Abschnitt 8.3 wurde der Grundgedanke der Parameterschätzung einer linearen diskreten oder diskretisierten Übertragungsstrecke mehr intuitiv erläutert. Nach einer Umformulierung läßt sich zeigen, daß es sich bei der Modellanpassung nach dem Newton'schen Verfahren im wesentlichen um das Regressionsverfahren handelt('Least squares estimation'). Dies soll zunächst anhand des einfachsten Falles einer offenen Regelstrecke mit unkorrelierten Restgliedern('residuals') erläutert werden; gleichzeitig wird eine normalisierte Matrizen-Schreibweise eingeführt, die für die Bearbeitung mit dem Digitalrechner besonders geeignet ist.

Die zu identifizierende diskrete Regelstrecke sei wieder durch eine lineare Differenzengleichung der Form

$$\sum_{\mu=0}^{n} a_\mu \, x(\nu-n+\mu) = \sum_{\mu=0}^{n} b_\mu \, y(\nu-n+\mu) \ , \quad a_n = 1 \ , \qquad (1)$$

beschrieben. Einzelne der b_μ können Null sein; z.B. gilt bei einer Strecke mit einer Laufzeit von i Taktperioden $b_n = b_{n-1} = b_{n-i+1} = 0$.

Nach Einführung der z-Transformation

$$Y(z) = T \sum_{\nu=0}^{\infty} y(\nu)z^{-\nu} , \quad X(z) = T \sum_{\nu=0}^{\infty} x(\nu)z^{-\nu} ,$$

wird das dynamische Verhalten der Strecke durch die Impuls-Übertragungsfunktion

$$\frac{X(z)}{Y(z)} = F(z) = \frac{B(z)}{A(z)} \qquad (2)$$

beschrieben. Dabei sind

$$A(z) = \sum_{\mu=0}^{n} a_\mu z^\mu \,, \qquad B(z) = \sum_{\mu=0}^{n} b_\mu z^\mu \qquad\qquad (3)$$

mit den Koeffizienten der Differenzengleichung gebildete Polynome in z. Bei einer realisierbaren Strecke ist der Grad von
B(z) höchstens gleich dem Grad von A(z).

Im folgenden wird die Übertragungsfunktion häufig in der Form

$$F(z) = \frac{B(z)/z^n}{A(z)/z^n} \qquad\qquad (2a)$$

geschrieben, wobei

$$\frac{A(z)}{z^n} = \sum_{\mu=0}^{n} a_\mu z^{-n+\mu} \,, \qquad \frac{B(z)}{z^n} = \sum_{\mu=0}^{n} b_\mu z^{-n+\mu} \qquad\qquad (3a)$$

synthetische Teil-Übertragungsstrecken kennzeichnen, die gewichtete Mittelwerte über die letzten n+1 Werte ihrer diskre-
ten Eingangsgrößen bilden |z.B. 25|. Analog zu Bild 8.9 ge-
hört dazu als Strukturbild eine offene Laufzeitkette.

Für die Anwendung der Regressionsanalyse geht man gemäß Abs.
3.2 von der linearen Differenzengleichung (1) aus, die durch
ein unbekanntes Fehler- oder Restglied r(ν) ergänzt wird,

$$x(\nu) + \sum_{\mu=0}^{n-1} a_\mu \, x(\nu-n+\mu) = \sum_{\mu=0}^{n} b_\mu \, y(\nu-n+\mu) + r(\nu),$$

$$\nu = 1,2,\ldots N. \qquad (4)$$

Je nach Betrachtungsweise läßt sich r(ν) dabei als Meßun-
sicherheit oder als unbekannte Störgröße deuten, die den Zusammenhang (1) zwischen der Eingangsgröße y(ν) und der Ausgangsgröße x(ν) verfälscht.

Indem man das Restglied r(ν) als Störgröße mit unbekannter
Herkunft deutet, wird Gl. (4) durch die in Bild 9.1a ge-

zeichnete Struktur einer diskreten Übertragungsstrecke beschrieben. Da nun zwei Eingangsgrößen, $y(\nu)$ und $r(\nu)$ in Form
der transformierten Größen $Y(z)$ und $R(z)$, mit unterschiedli-
chem dynamischen Einfluß auf die Ausgangsgröße $x(\nu)$ einwirken,
hat die Struktur in Bild 9.1a eine etwas andere Form als in
Bild 8.8; im übrigen sind beide Anordnungen äquivalent. Die
Existenz verschiedener gleichwertiger Strukturbilder ist eine
Folge der bekannten Tatsache, daß die Definition der Zustands-
größen eines Systems nicht eindeutig ist |z.B. 24|.

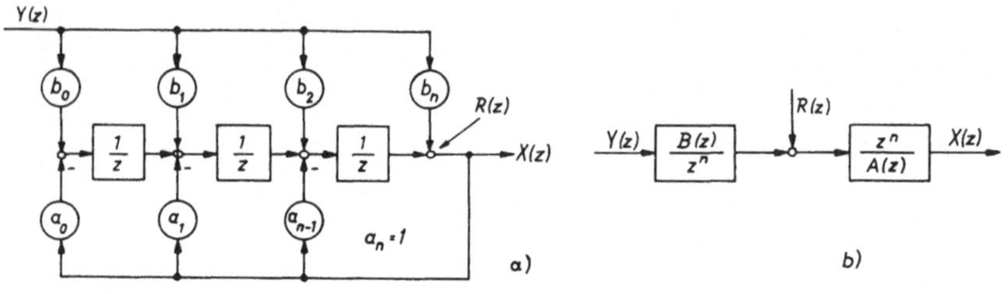

Bild 9.1

Die zur Differenzengleichung (4) gehörige Beziehung im Bildbereich lautet

$$X(z) = \frac{B(z)}{A(z)} \ Y(z) + \frac{z^n}{A(z)} \ R(z) \ , \tag{5}$$

wobei $A(z)$ und $B(z)$ die Polynome aus Gl.(3) sind. In Bild
9.1b ist der gleiche Zusammenhang vereinfacht dargestellt.
Dem Funktionsteil $B(z)/z^n$ entspricht dabei wieder eine Mittelwertbildung in Form einer n-gliedrigen offenen Laufzeitkette
und $z^n/A(z)$ ein rückgekoppeltes System ('autoregressiver Prozeß'). Die Strukturen der beiden Systemteile sind als Sonderfälle mit $a_\mu = 0$ bzw. $b_\mu = 0$ übrigens auch in Bild 9.1 enthalten.

Eine andere gleichwertige Deutung von Gl.(5) ist in Bild
9.2a,b gezeigt, wo das Restglied $r(\nu)$ als Differenz zweier
gewichteter Mittelwerte über $y(\nu)$ und $x(\nu)$ erscheint. Die

Ähnlichkeit mit Bild 8.9 legt es nahe, diese Anordnung als
'Modell' zu interpretieren, dessen Teile A(z) und B(z) so zu
wählen sind, daß das Restglied möglichst klein wird.

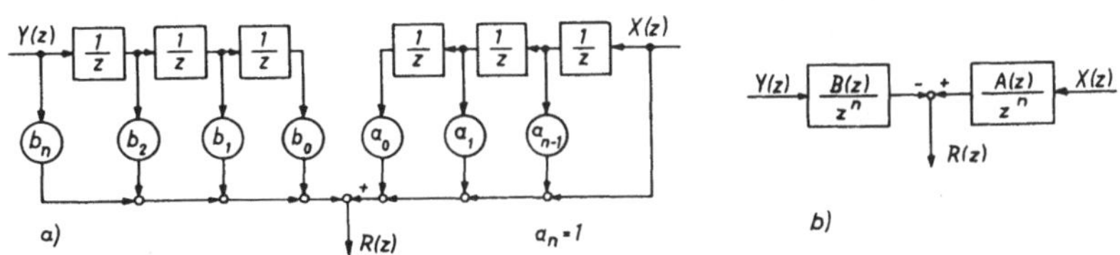

Bild 9.2

Die Differenzengleichung (4) soll nun für eine größere Zahl
N im Abstand T aufeinander folgender Meßwertpaare x(ν), y(ν)
gelten. Für die Berechnung der 2n+1+N Unbekannten a_μ, b_μ, r(ν)
fehlen dann gemäß Abs. 3.2 noch 2n+1 Gleichungen, die durch
die Nebenbedingung für minimale Quadratsumme der Restglieder
geliefert werden,

$$Q = \sum_{\nu=1}^{N} r^2(\nu) \rightarrow \underset{a_\mu, \, b_\mu}{\text{Min}} \quad . \qquad (6)$$

Im Interesse besserer Übersichtlichkeit wird die weitere Rechnung wieder in Matrizenschreibweise ausgeführt. Hierfür definiert man die Vektoren der Meßwerte,

$$\underline{y(\nu)}_T = \left[y(\nu), \quad y(\nu+1), \quad \dots y(\nu+N-1) \right] \, ,$$

$$\underline{x(\nu)}_T = \left[x(\nu), \quad x(\nu+1), \quad \dots x(\nu+N-1) \right] \, ,$$

der Restgrößen $\qquad\qquad\qquad\qquad\qquad\qquad\qquad\qquad$ (7)

$$\underline{r(\nu)}_T = \left[r(\nu), \quad r(\nu+1), \quad \dots r(\nu+N-1) \right] \, ,$$

den gesuchten Parametervektor

$$\underline{\theta}_T = \left[b_0, \quad b_1, \quad \dots b_n, \quad -a_0, \quad -a_1, \quad \dots -a_{n-1} \right]$$

und die Matrix der Meßwerte

$$\underline{X} = \left[\underline{y(\nu-n)},\ \underline{y(\nu-n+1)},\ \ldots\ \underline{y(\nu)},\ \underline{x(\nu-n)},\ldots\ \underline{x(\nu-1)}\right].$$

$$(8)$$

Damit lauten die Gleichungen (4) und (6)

$$\underline{x(\nu)} = \underline{X} \cdot \underline{\Theta} + \underline{r(\nu)} \qquad\qquad (4a)$$

$$Q = \underline{r(\nu)}_T \cdot \underline{r(\nu)} = \left[\underline{x(\nu)} - \underline{X}\ \underline{\Theta}\right]_T \left[\underline{x(\nu)} - \underline{X}\cdot\underline{\Theta}\right] \to \underset{\underline{\Theta}}{\text{Min}}\ . \qquad (6a)$$

Die Differentiation nach $\underline{\Theta}$ ergibt

$$\frac{\partial Q}{\partial \underline{\Theta}} = -\ 2\ \underline{X}_T \left[\underline{x(\nu)} - \underline{X}\ \underline{\Theta}\right] = \underline{0}\ .$$

Daraus folgt als Schätzwert des Parametervektors

$$\underline{\hat{\Theta}} = (\underline{X}_T\underline{X})^{-1}\ \underline{X}_T\ \underline{x(\nu)}\ . \qquad\qquad (9)$$

Einsetzen von Gl.(4a) führt nach Vereinfachung auf

$$\underline{\hat{\Theta}} = \underline{\Theta} + (\underline{X}_T\underline{X})^{-1}\ \underline{X}_T r(\nu)\ . \qquad\qquad (10)$$

Der Schätzvektor $\underline{\hat{\Theta}}$ stimmt also nur dann mit dem richtigen Wert $\underline{\Theta}$ überein, wenn die Bedingung

$$\underline{X}_T\ \underline{r(\nu)} = \underline{0} \qquad\qquad (11)$$

erfüllt ist. Da aber $\underline{X}_T$ vergangene Werte von $x(\nu)$, $y(\nu)$ und für $b_n \neq o$ auch mit $r(\nu)$ zusammenfallende Werte von $y(\nu)$ enthält, bedeutet diese Forderung, daß das Restglied $r(\nu)$ sowohl von $x(\nu)$, $y(\nu)$ als auch von früheren Werten $r(\nu-k)$ unabhängig sein muß. Dies ist nur der Fall, wenn $r(\nu)$ unkorreliertes ('weißes') Rauschen darstellt.

Aus Gln.(6a, 9) folgt der quadratische Mittelwert der Restglieder

$$Q_{min} = \overline{r^2(\nu)} = \underline{x(\nu)}_T\underline{x(\nu)} - \underline{x(\nu)}_T\ \underline{X}\ (\underline{X}_T\underline{X})^{-1}\underline{X}_T\ \underline{x(\nu)}\ . \qquad (12)$$

Da die Restglieder nach Voraussetzung den Mittelwert Null
haben sollen, entspricht $\overline{r^2(\nu)}$ gleichzeitig der Varianz von
$r(\nu)$.

In Abs. 9.3 sind einige mit diesem Verfahren erhaltene Ergebnisse dargestellt.

Üblicherweise wird bei Anwendung dieses Regressionsverfahrens
zunächst eine genügende Anzahl $N \gg n$ von Meßwertpaaren angesammelt und in Form der Matrix $\underline{X}$ angeordnet. Anschließend ist
die quadratische und symmetrische Matrix $\underline{X}_T\underline{X}$ der Dimension
2n+1 zu berechnen und zu invertieren. Um diese Rechnung zu
vereinfachen, hat man auch sog. rekursive Prozeduren vorgeschlagen $|z.B.\ 12,\ 39,\ 63|$, bei denen die Inversion einer
Matrix entfällt. Vielmehr wird der Algorithmus so umgeformt,
daß bei jedem neuen Meßwertpaar $x(\nu)$, $y(\nu)$ auch ein verbesserter Parameterschätzwert $\hat{\underline{\theta}}(\nu)$ entsteht,

$$\hat{\underline{\theta}}(\nu) = \hat{\underline{\theta}}(\nu-1) + \underline{\Delta\hat{\underline{\theta}}}(x(\nu),\ y(\nu)), \tag{13}$$

der nach Verarbeitung genügend vieler Meßwerte, unter der Bedingung (11), gegen den richtigen Wert $\underline{\theta}$ konvergiert. Der Anfangs-Schätzvektor $\hat{\underline{\theta}}(o)$ ist dabei beliebig.

Ein solches Verfahren ist besonders vorteilhaft, wenn die
Identifizierung in Echtzeit durchgeführt wird und die Meßwerte so, wie sie aus der Beobachtung der Strecke anfallen, verarbeitet werden müssen. Da ein Prozeßrechner für solche Einzelaufgaben oft nur kurzfristig zur Verfügung steht, sind
wiederholte kurze Programmläufe günstiger als ein einzelnes
längeres Programm, das von anderen Programmen mit höherer
Priorität doch mehrmals unterbrochen würde. Ein weiterer Vorteil des rekursiven Verfahrens liegt in der Tatsache, daß die
Schätzung $\hat{\underline{\theta}}(\nu)$ selbsttätig den Änderungen der Strecke folgt.
Der rekursive Algorithmus $|63|$ enthält Parameter, die es gestatten, die Konvergenzgeschwindigkeit des Anpaßvorganges zu
verändern. Analog zur Wirkung eines linearen Tiefpaßfilters
besteht dabei natürlich ein Zusammenhang zwischen der Konver-

genzgeschwindigkeit und der erzielten Streuung der Schätzwerte $\hat{\underline{\theta}}(v)$.

Praktische Vergleiche |64, 67| des Regressionsverfahrens mit
gleichzeitiger Verwendung des gesamten Datensatzes und des
Verfahrens mit Einzelverarbeitung der Meßdaten haben allerdings gezeigt, daß beim rekursiven Verfahren wegen des Weg-
falles der Matrizen-Inversion zwar der einzelne Rechenschritt
sehr schnell abläuft, daß aber die bis zum Erreichen eines
brauchbaren Schätzwertes $\hat{\underline{\theta}}(N)$ benötigte gesamte Rechenzeit
doch erheblich größer ist als bei geschlossener Verarbeitung
der Meßdaten.

Aus diesem Grunde liegt der Gedanke nahe, eine zwischen den
beiden Grenzfällen, Gesamt- und Einzelverarbeitung, liegende
Lösung zu versuchen, indem man zunächst für einen kleineren
Wert von N die Daten geschlossen analysiert und den erhalte-
nen Schätzwert $\hat{\underline{\theta}}$ anschließend mit neuen Meßwerten schrittweise verbessert. Bei einer solchen blockweisen Verarbeitung der
Daten fallen die Parameter-Schätzwerte zwar in größeren Abständen an als bei der Einzelverarbeitung, doch sind sie besser fundiert, da sie auf mehr Informationen beruhen; dadurch
erübrigen sich besondere, im konkreten Fall in der Wirkung
schwer überschaubare Vorkehrungen zur Filterung der Schätz-
werte |63|. Wegen der, gegenüber der geschlossenen Verarbei-
tung aller Daten, kleineren Blockgröße ist dennoch eine gewisse Anpassungsfähigkeit des Modelles an sich ändernde
Streckenparameter erreichbar.

Ausgangspunkt für eine iterative Verbesserung des Schätzvek-
tors durch blockweise Verarbeitung der Meßdaten ist Gl.(10),
die rekursiv in folgender Weise geschrieben werden kann |64,
85|

$$\hat{\underline{\theta}}/_{i+1} \;=\; \hat{\underline{\theta}}/_i + \Delta\hat{\underline{\theta}}/_{i+1} \;\;\cdot \tag{14}$$

Dabei ist

$$\underline{\Delta\hat{\Theta}}/_{i+1} = (\underline{X}_T\underline{X})^{-1} \underline{X}_T\underline{r(\nu)}/_i \, , \tag{15}$$

oder mit Gl.(4a)

$$\underline{\Delta\hat{\Theta}}/_{i+1} = (\underline{X}_T\underline{X})^{-1} \underline{X}_T \, (\underline{x(\nu)} - \underline{X} \, \underline{\hat{\Theta}})/_i \, . \tag{16}$$

Diese Beziehung läßt sich anhand von zwei Sonderfällen über-
prüfen:

a) Für $i = 0$, $\underline{\Theta}/_0 = 0$ erhält man im ersten Schritt das Ergebnis der normalen Regression (Gl.9),

$$\underline{\hat{\Theta}}/_1 = (\underline{X}_T\underline{X})^{-1} \underline{X}_T \, \underline{x(\nu)} \quad .$$

b) Bei fehlerfreier Bestimmung der Streckenparameter, $\underline{\hat{\Theta}}_i = \underline{\Theta}$,
   ist unter den getroffenen Annahmen $r(\nu)$ ein unkorreliertes
   Rauschsignal, d.h. es gilt Gl.(11); somit ist $\underline{\Delta\hat{\Theta}}/_{i+1} = 0$.

Testrechnungen haben ergeben |85|, daß das Verfahren der
blockweisen Verarbeitung eine brauchbare Alternative zur Verwertung der Meßdaten in einem einzigen Schritt bzw. zur Einzelverarbeitung darstellt. Die Unterteilung eines gegebenen
Datensatzes in mehrere Blöcke und ihre iterative Verarbeitung
führt häufig auf wesentlich bessere Schätzergebnisse als die
Verwertung der gleichen Meßdaten in einem Zuge.

Die mit dem Regressionsverfahren erzielbaren Ergebnisse entsprechen den in Abs. 8.3 mit dem Newton'schen Verfahren gefundenen Resultaten; insbesondere gilt in beiden Fällen die Forderung nach unkorrelierten Restgliedern als Voraussetzung für
ein unverfälschtes Schätzergebnis. Im folgenden Abschnitt
wird untersucht, welche Möglichkeiten für eine erfolgreiche
Schätzung bestehen, wenn diese Bedingung nicht erfüllt ist.

9.2. Verallgemeinertes Regressionsverfahren

Die Forderung nach Unkorreliertheit der Restglieder läßt bei
den meisten Anwendungen Schwierigkeiten erwarten, da Störsignale und Meßfehler nach Verlauf und Entstehungsort im allgemeinen nicht fixierbar sind. Vielmehr ist damit zu rechnen,
daß irgendwie geartete Störgrößen an beliebiger Stelle der
Regelstrecke wirken und die Meßwerte der Ausgangsgröße $x(\nu)$
beeinflussen. Bild 9.3a zeigt ein einfaches Beispiel, wo das
Störsignal am Ausgang der Strecke überlagert wird. Die zugehörige Differenzengleichung lautet nun

$$\sum_{\mu=0}^{n} a_\mu \left[x(\nu-n+\mu)-r(\nu-n+\mu) \right] = \sum_{\mu=0}^{n} b_\mu y(\nu-n+\mu) \; ,$$

oder
$$\sum_{\mu=0}^{n} a_\mu \, x(\nu-n+\mu) = \sum_{\mu=0}^{n} b_\mu y(\nu-n+\mu) + \sum_{\mu=0}^{n} a_\mu r(\nu-n+\mu) \; .$$

Das Restglied

$$e(\nu) = \sum_{\mu=0}^{n} a_\mu r(\nu-n+\mu)$$

ist nun ein gewichteter Mittelwert und damit korreliert, auch
wenn $r(\nu)$ selbst weißes Rauschen darstellt. Durch Umzeichnung
des Strukturbildes findet man dies bestätigt (Bild 9.3b). Bei
Anwendung des in Abs. 9.1 beschriebenen einfachen Korrelationsverfahrens ist also ein verfälschtes Ergebnis zu erwarten.
Ähnlich ist es, wenn die Störgröße am Eingang oder an irgendeinem anderen Punkt der Strecke, mit Ausnahme des gedachten
Angriffspunktes in Bild 9.1b, wirkt.

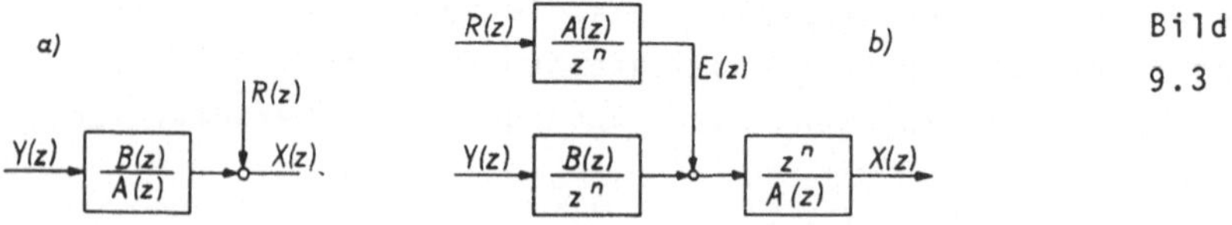

Bild
9.3

225

Anhand eines elementaren Beispiels läßt sich die Verfälschung
des Schätzergebnisses zeigen; hierfür wird eine Laufzeit-
strecke mit der Übertragungsfunktion $F(z) = z^{-3}$ angenommen,
d.h. es gilt $a_3 = b_0 = 1$, während die restlichen Koeffizienten Null sind. Als Testsignal wird eine Periode (N = 63) eines
pseudostatistischen Binärsignals verwendet; außerdem wirken
verschiedenartige Störungen auf den Ausgang der Strecke. Bild
9.4 zeigt das Ergebnis der Schätzung anhand der gefundenen
Impulsantworten. Im ungestörten Fall ist das Ergebnis fehlerfrei, während sich die Schätzung bei Anwesenheit von Störungen zum Teil erheblich verschlechtert. Mit weißem Rauschen
als Störgröße ist bei dieser speziellen Strecke kein asymp-
totischer Fehler zu erwarten, doch wären mehr Meßwerte erforderlich, um dies nachzuweisen.

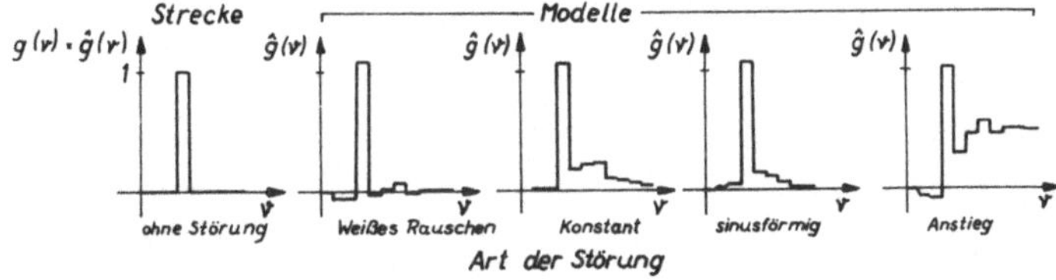

Bild 9.4

Ein vielfach verwendetes Schätzverfahren, das in der Lage ist,
auch bei korrelierten Restgliedern genaue Ergebnisse zu liefern, wird im Schrifttum als 'verallgemeinerte Regressions-
analyse' bezeichnet |z.B. 39, 62|. Man geht dabei von einer
Struktur der gestörten Strecke aus, wie sie in Bild 9.5 dargestellt ist. Die hierzu gehörige Beziehung im Bildbereich
lautet

$$X(z) = \frac{B(z)}{A(z)} Y(z) + \frac{z^n}{A(z)} \frac{z^m}{C(z)} R(z) . \qquad (17)$$

Um eine mögliche Korrelation des Restgliedes zu berücksichtigen, wird also ein zunächst unbekanntes 'Störfilter' mit der

Übertragungsfunktion $z^m/C(z)$ angenommen, das aus einem unkorrelierten Störsignal $R(z)$ ein korreliertes Restglied $E(z)$
erzeugt; $C(z)$ ist dabei ein Polynom vom Grade m,

$$E(z) = \frac{z^m}{C(z)}\, R(z) = \frac{z^m}{\sum\limits_{\mu=0}^{m} c_\mu z^\mu}\, R(z) \quad,\quad c_m = 1 \; . \qquad (18a)$$

Es handelt sich bei dem angenommenen Störfilter also um eine
autoregressive Verknüpfung, die durch die Differenzengleichung

$$\sum_{\mu=0}^{m} c_\mu\, e(\nu-m+\mu) = r(\nu) \qquad (18b)$$

beschrieben wird. Man bezeichnet einen solchen Vorgang $e(\nu)$
auch als Markoff-Prozeß. Der Zusammenhang zwischen $r(\nu)$ und
$e(\nu)$ ist in Bild 9.6 graphisch dargestellt. In der einfachen
Struktur (Bild 9.1a) ist das korrelierte Restglied $e(\nu)$ anstelle von $r(\nu)$ angreifend zu denken.

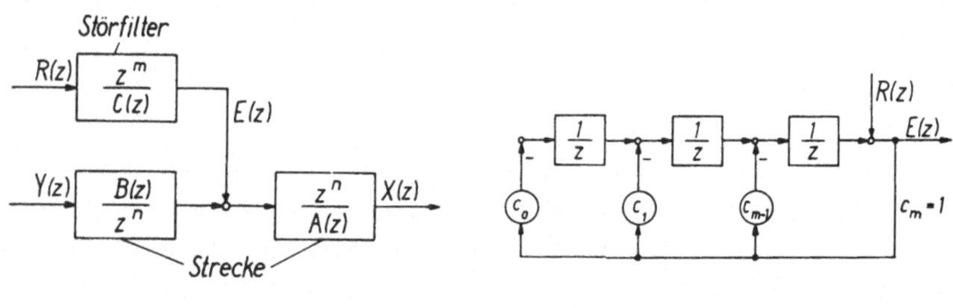

Bild 9.5 Bild 9.6

Der anzunehmende Grad m des Störfilters ist zunächst natürlich
ebenfalls unbekannt; der günstigste Wert muß im allgemeinen
experimentell gefunden werden. Falls sich z.B. herausstellt,
daß m unnötig groß gewählt wurde, ist zu erwarten, daß einzelne der Koeffizienten näherungsweise Null werden,

$c_o \simeq c_1 \simeq c_2 \simeq \dots \simeq 0$. Die Übertragungsfunktion des Störfilters kann dann entsprechend vereinfacht werden.

Auch die alternative Darstellungsform in Bild 9.2 läßt sich
für den Ansatz mit Störfilter erweitern (Bild 9.7). In diesem
Fall entsteht zunächst ein korrelierter Fehlerterm $E(z)$, der
beim Passieren eines mittelwertbildenden Störfilters $C(z)/z^m$
in weißes Rauschen umgewandelt wird.

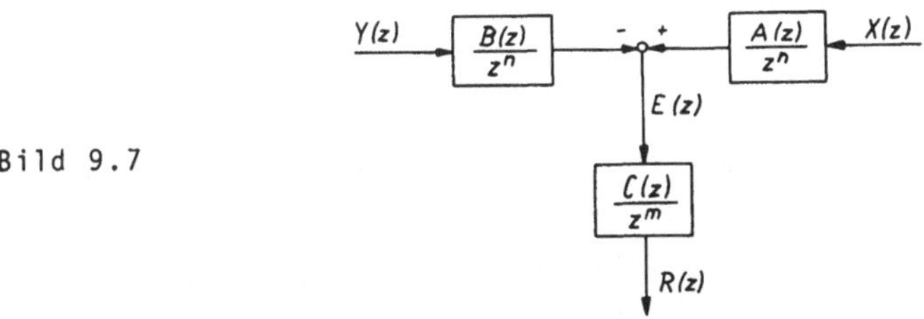

Bild 9.7

Der Grundgedanke der verallgemeinerten Regressionsanalyse
|62| ist in Bild 9.8 graphisch erläutert. Der gestrichelt um-
randete Teil entspricht der Anordnung in Bild 9.5; es sind
lediglich an verschiedenen Stellen gedachte Störfilter mit
den Übertragungsfunktionen $\hat{C}(z)/z^m$ bzw. die dazu inversen Filter eingeführt. In der Wirkung heben sich diese zusätzlichen
Glieder gerade auf, so daß zwischen den Größen $Y(z)$, $R(z)$ und
$X(z)$ der gleiche Zusammenhang wie in Bild 9.5 besteht. Der
Zweck dieses Gedankenversuches besteht darin, daß nun synthetische Größen $Y_F(z)$, $X_F(z)$ und $\hat{R}(z)$ verfügbar werden, auf die
bei geeigneter Wahl von $\hat{C}(z)/z^m$ das normale Regressionsverfahren anwendbar ist.

Falls sich nämlich das zu einem bestimmten Zeitpunkt verfüg-
bare Schätzpolynom $\hat{C}(z)$ nicht allzu sehr vom wirklichen Polynom $C(z)$ unterscheidet, stellt $\hat{R}(z)$ eine brauchbare Näherung
für $R(z)$ dar; $\hat{r}(\nu)$ entspricht dann angenähert einem unkorrelierten Störsignal. Damit läßt sich auf der Basis von gefil-
terten Meßwerten

$$Y_F(z) = \frac{\hat{C}(z)}{z^{\hat{m}}} \, Y(z), \qquad X_F(z) = \frac{\hat{C}(z)}{z^{\hat{m}}} \, X(z) \tag{19a}$$

bzw.

$$y_F(\nu) = \sum_{\mu=0}^{\hat{m}} \hat{c}_\mu \, y(\nu-\hat{m}+\mu), \qquad x_F(\nu) = \sum_{\mu=0}^{\hat{m}} \hat{c}_\mu \, x(\nu-\hat{m}+\mu) \tag{19b}$$

eine erste Regression mit

$$\overline{\hat{r}^2(\nu)} \underset{\hat{a}_\mu, \hat{b}_\mu}{\to} \text{Min} \tag{20}$$

durchführen. Diese ergibt einen Schätzvektor $\underline{\hat{\Theta}}$, bestehend aus den Koeffizienten $\hat{a}_\mu$, $\hat{b}_\mu$. Mit den zugehörigen Schätzpolynomen

$$\hat{A}(z) = \sum_{\mu=0}^{n} \hat{a}_\mu z^\mu \quad \text{und} \quad \hat{B}(z) = \sum_{\mu=0}^{n} \hat{b}_\mu z^\mu \tag{21}$$

wird nun mit

$$\hat{E}(z) = \frac{\hat{A}(z)}{z^n} \, X(z) - \frac{\hat{B}(z)}{z^n} \, Y(z) \tag{22a}$$

bzw. im Zeitbereich,

$$\hat{e}(\nu) = \sum_{\mu=0}^{n} \left[\hat{a}_\mu \, x(\nu-n+\mu) - \hat{b}_\mu \, y(\nu-n+\mu) \right] \tag{22b}$$

die im unteren Teil des Bild 9.8 angegebene Wertefolge $\hat{e}(\nu)$ berechnet. Dabei werden wieder die ursprünglichen Meßwerte $x(\nu)$, $y(\nu)$ herangezogen.

Drückt man $\hat{E}(z)$ gemäß Bild 9.8 durch die Größen $Y(z)$ und $E(z)$ aus, so folgt

$$\hat{E}(z) = \left[\frac{B(z)}{z^n} \frac{\hat{A}(z)}{A(z)} - \frac{\hat{B}(z)}{z^n} \right] Y(z) + \frac{\hat{A}(z)}{A(z)} \, E(z). \tag{23}$$

Unter der Annahme, daß die vorliegenden Schätzpolynome $\hat{A}(z)$, $\hat{B}(z)$ bereits brauchbare Approximationen der wirklichen Strekkenpolynome $A(z)$, $B(z)$ sind, kann der Inhalt der eckigen

Klammer vernachlässigt werden; $\hat{e}(\nu)$ wird dann eine Näherung
für die korrelierte Störgröße $e(\nu)$. Somit gilt auch der in
Bild 9.8 oben links erkennbare Zusammenhang

$$\hat{R}(z) = \frac{\hat{C}(z)}{z^{\hat{m}}} E(z) \simeq \frac{\hat{C}(z)}{z^{\hat{m}}} \hat{E}(z) \tag{24a}$$

bzw.

$$\hat{r}(\nu) \simeq \sum_{\mu=0}^{\hat{m}} \hat{c}_{\mu} \, \hat{e}(\nu-\hat{m}+\mu) \; . \tag{24b}$$

Da $\hat{r}(\nu)$ nach Voraussetzung näherungsweise unkorreliert ist,
läßt sich nun eine zweite Regression durchführen,

$$\overline{\hat{r}^2(\nu)} \to \min_{\hat{c}_{\mu}} \quad , \tag{25}$$

. um die vorhandene Schätzung $\hat{C}(z)$ für das Störfilter zu verbessern.

Bild
9.8

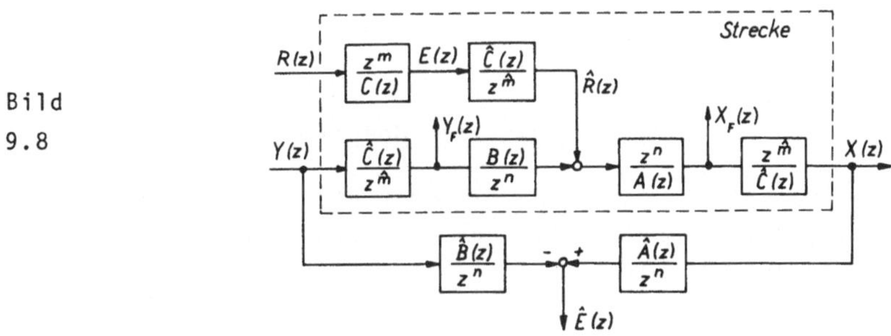

Der Rechnungsgang enthält somit zwei Regressionen, einmal für
$\hat{a}_{\mu}$, $\hat{b}_{\mu}$, und einmal für $\hat{c}_{\mu}$; er kann in einer Iterationsschlei-
fe beliebig oft durchlaufen werden. Da man bei praktischen
Meßdaten im allgemeinen nicht weiß, ob und wie stark das Restglied $e(\nu)$ korreliert ist, beginnt man am einfachsten bei
Gl.(19) mit $\hat{C}(z) = z^{\hat{m}}$, d.h. mit der Annahme eines unkorrelierten Restgliedes. Ausgehend davon werden dann das Streckenmo-

dell und das Störfilter schrittweise verbessert. Sollte der
seltene Fall vorliegen, daß das Restglied tatsächlich unkorreliert ist, wird die Iteration die anfängliche Annahme
$\hat{C}(z) = z^{\hat{m}}$ bestätigen.

Das beschriebene verallgemeinerte Regressionsverfahren läßt
sich, ebenso wie in Abs. 9.1 beschrieben, rekursiv anwenden,
indem man für jedes Meßwertpaar $x(\nu)$, $y(\nu)$ die Iterations-
schleife einmal durchläuft, um einen verbesserten Satz der
Koeffizienten $\hat{a}_\mu(\nu)$, $\hat{b}_\mu(\nu)$, $\hat{c}_\mu(\nu)$ zu erhalten. Dies kann wieder von Vorteil sein, wenn die zu identifizierende Strecke
Änderungen unterworfen ist, denen das Strecken- und Störmodell
folgen soll.

Das Verfahren wurde an zahlreichen Beispielen erprobt |63,
67|; dabei hat sich bestätigt, daß die Iteration in allen Fäl-
len gegen die richtigen Parameterwerte konvergiert. Ein Konvergenzbeweis ist allerdings nur unter starken einschränken-
den Annahmen zu führen |63|. Im folgenden Absatz sind einige
Ergebnisse enthalten.

9.3. Regression mit erweitertem Modell

Das gleiche Ziel einer zutreffenden Regressionsanalyse in Anwesenheit von korrelierten Restgliedern läßt sich auch auf
einem anderen, wesentlich direkteren Weg erreichen |76|. Hier-
zu ist die angenommene Blockstruktur (Bild 9.5) in Bild 9.9a
nochmals dargestellt und durch Einbeziehung des Störfilters
in die Strecke umgeformt, Bild 9.9b. Die beiden Anordnungen
sind vollständig äquivalent. Wie ein Vergleich mit Bild 9.1b
erkennen läßt, ist nun wieder eine einfache Regression zur
Bestimmung der erweiterten Schätzpolynome $\hat{A}_1(z) = (\hat{A}\hat{C})(z)$ und
$\hat{B}_1(z) = (\hat{B}\hat{C})(z)$ möglich. Es ist hierfür lediglich notwendig,
die Ordnung des Ansatzes so zu erhöhen, daß auch ein evtl. er-
forderliches Störfilter Platz findet. Die geschätzte Übertragungsfunktion hat dann die Form

$$\hat{F}(z) = \frac{\hat{B}_1(z)}{\hat{A}_1(z)} \quad . \tag{26}$$

Dieser Ausdruck gilt für beliebiges $\hat{C}(z)$, er hat wegen des gemeinsamen Faktors $\hat{C}(z)$ allerdings noch nicht die einfachste mögliche Form.

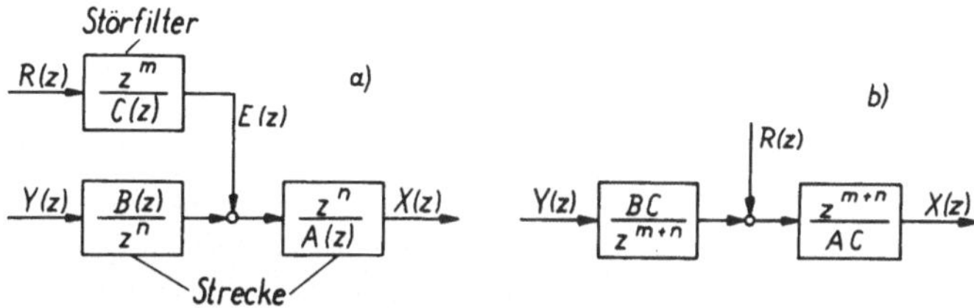

Bild 9.9

Um $\hat{C}(z)$ abzuspalten, ist es notwendig, die Pole und Nullstellen von $\hat{F}(z)$ numerisch zu berechnen und die angenähert oder genau zusammenfallenden Paare wegzulassen. Der aus den erweiterten Polynomen $\hat{A}_1(z)$ und $\hat{B}_1(z)$ durch Kürzen zu entfernende Linearfaktor bildet dann gerade das Schätzpolynom $\hat{C}(z)$ des Störfilters.

Die Berechnung der Nullstellen von Polynomen ist eine Standardaufgabe, für die in Rechenzentren fertige Programme vorliegen. Schwierigkeiten bei der Rechnung treten im allgemeinen nur auf, wenn mehrere Nullstellen in enger Nachbarschaft vorkommen. Im übrigen ist zu berücksichtigen, daß die Abspaltung des $\hat{C}$-Polynoms keine notwendige Bedingung für die Identifizierung darstellt, sondern nur der Vereinfachung des Streckenmodelles dient. Man wird deshalb bei Anwendung eines rekursiven Schätzverfahrens diese zusätzliche Rechnung nur gelegentlich ausführen.

Der wesentliche Vorzug des Regressionsverfahrens mit erweitertem Modell besteht in seiner Transparenz; so erübrigt sich z.B. ein besonderer Konvergenzbeweis, da das Problem auf eine normale Regression zurückgeführt ist. Sofern Bild 9.9a die Struktur der Strecke richtig wiedergibt, keine Instabilität der Strecke vorliegt und $r(\nu)$ ein unkorreliertes Rauschsignal darstellt, sind bei Auswertung genügend vieler Daten somit die richtigen Schätzparameter zu erwarten.

Wegen der erhöhten Modellordnung (n+m) erfordert das Verfahren natürlich einen größeren Rechenaufwand, doch entfällt dafür die beim verallgemeinerten Verfahren notwendige Iteration, die jeweils eine getrennte Regression für $\hat{A}$, $\hat{B}$ bzw. $\hat{C}$ umfaßt. Die Wahl der dem Datensatz angemessenen Modellordnung kann übrigens auch durch rekursive Erhöhung von $(n\hat{+}m)$ erfolgen, was den Rechenaufwand stark reduziert $|83|$.

In manchen Fällen, wie z.B. in Bild 9.3, entsteht das korrelierte Restglied $E(z)$ durch eine Mittelwertbildung vom Typ

$$E(z) = \frac{D(z)}{z^m} \, R(z) \; ,$$

oder durch einen allgemeinen linearen Prozeß, der sowohl eine Mittelwertbildung als auch Rückkopplungen enthält,

$$E(z) = \frac{D(z)}{G(z)} \, R(z) \; .$$

In diesen Fällen erhält man mit der verallgemeinerten Regressionsanalyse eine Approximation durch den Bild 9.5 zugrunde liegenden Ansatz

$$E(z) \simeq \frac{z^m}{C(z)} \, R(z) \; .$$

Dies geht ebenfalls aus den anschließend behandelten Beispielen hervor.

Bei Annahme eines autoregressiven Störfilters mit der Übertra-

gungsfunktion $z^m/C(z)$ gemäß Bild 9.5 bzw. 9.9 besteht auch
die Möglichkeit, auf einfache Weise Gleichkomponenten der
Störgrößen oder auch zeitlich linear oder parabolisch veränderliche Drifteffekte nachzubilden. Wenn z.B. das korrelierte
Störsignal E(z) eine Gleichkomponente enthält, entsteht bei
der Regression u. a. ein Pol von $\hat{C}(z)$ an der Stelle z = 1;
das Störfilter wirkt somit als Integrator und kann deshalb
ohne äußere Anregung ein Gleichsignal erzeugen. Eine zeitlich
linear ansteigende Drift führt in entsprechender Weise auf
einen Doppelpol bei z = 1. Ähnliche Verhältnisse liegen bei
Anwesenheit einer periodischen Störschwingung vor. In diesem
Fall enthält das Störfilter zwei konjugiert komplexe Eigenwerte auf dem Einheitskreis der z-Ebene. Diese Flexibilität
ist bei praktischen Anwendungen, wo Drifteffekte und periodische Störungen nie ganz auszuschließen sind, von großem Nutzen.

Die Güte der nach irgendeiner der beschriebenen Methoden ausgeführten Identifizierung läßt sich anhand des Verlaufes und
der Amplitude des geschätzten Restgliedes $\hat{r}(\nu)$ beurteilen,
das nach erfolgter Identifizierung mit den gegebenen Daten
$y(\nu)$, $x(\nu)$ und den geschätzten Parametern $\hat{a}_\mu$, $\hat{b}_\mu$, $\hat{c}_\mu$ berechnet werden kann. Die Berechnung erfolgt, in Analogie zu der
Struktur in Bild 9.7, nach der Beziehung

$$\hat{R}(z) = \frac{(\widehat{AC})(z)}{z^{n\hat{+}m}} \, X(z) - \frac{(\widehat{BC})(z)}{z^{n\hat{+}m}} \, Y(z) \, . \tag{27}$$

Das Ergebnis der Identifizierung ist offenbar umso besser, je
mehr sich das so berechnete Restglied einem diskreten weißen
Rauschen nähert. Ein kleiner Wert von $\overline{r^2}$ und eine schmale
Autokorrelationsfunktion $\varphi_{rr}(i)$ deuten ja auf eine gute An-
passung des Modelles an die gegebenen Daten, d.h. eine hohe
'Aufklärungsquote' ihres inneren Zusammenhanges.

Zum Vergleich des verallgemeinerten Regressionsverfahrens
(Bild 9.8) und des normalen Regressionsverfahrens mit erwei-

tertem Modell (Bild 9.9b) sind in den Bildern 9.10 und 9.11
die Ergebnisse verschiedener Testrechnungen |67| in Form der
gefundenen Strecken-Impulsantworten aufgetragen. In beiden
Fällen wurde mit einem rekursiven Algorithmus gemäß Gl.(13)
gearbeitet. Die angenommene Strecke hatte eine Übertragungsfunktion 4. Ordnung mit einer Laufzeit von einer Taktperiode,

$$F(z) = \frac{B(z)}{A(z)} = \frac{z^3 - 0,2\, z^2 + 0,5\, z - 0,4}{z^4 - 0,4\, z^3 + 0,3\, z^2 - 0,1\, z + 0,2} \ .$$

Als Prüfsignal $y(\nu)$ wurden in beiden Fällen pseudostatistische Binärfolgen verwendet; am Ausgang der Strecke war einmal
(Bild 9.10) ein sinusförmiges Signal, das andere Mal (Bild
9.11) ein angenähert unkorreliertes Rauschsignal überlagert.

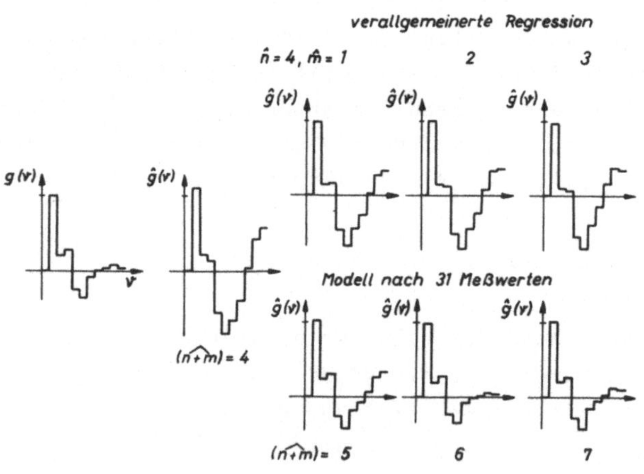

$$y(\nu) = {}^{\pm}1, \text{ PRBS, } N = 31; \quad r(\nu) = \sin 0.137\nu$$

Bild 9.10

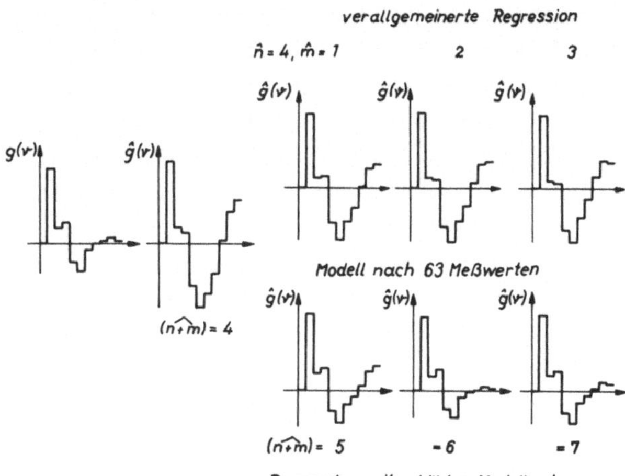

$$y(\nu) = {}^{\pm}1,\ \text{PRBS},\ N = 63;\ \overline{r^2} = 1.$$

Bild 9.11

Gemäß Bild 9.3 gilt z.B. für den Fall des sinusförmigen Störsignals als tatsächlich wirksames Störfilter der Ausdruck

$$\frac{E(z)}{R(z)} = \frac{A(z)}{z^2(z^2+az+1)} = \frac{z^4-0,4z^3+0,3z^2-0,1z+0,2}{z^2(z^2+az+1)} ,$$

der bei der Identifizierung durch den Ansatz

$$\frac{E(z)}{R(z)} \approx \frac{z^{\hat{m}}}{\hat{C}(z)}$$

approximiert wird. Der auch in $\hat{C}(z)$ enthaltene quadratische
Faktor (z^2+az+1), entsprechend einem Eigenwertpaar auf dem
Einheitskreis, wirkt dabei als Generator zur Erzeugung der
sinusförmigen Dauerschwingung.

Die Ergebnisse in Bild 9.10 und 9.11, in denen die nach 31
bzw. 63 Meßwertpaaren erhaltenen Schätz-Impulsantworten aufgetragen sind, lassen erkennen, daß ohne Störfilter (n$\hat{+}$m = 4)
nur eine sehr unbefriedigende Annäherung möglich ist, während
bereits bei $\hat{m}$ = 2 bzw. (n$\hat{+}$m) = 6 eine recht gute Übereinstimmung mit der Impulsantwort der Strecke besteht. Das Verfahren
mit erweitertem Modell erweist sich bei dem Vergleich dem verallgemeinerten Regressionsverfahren in der Konvergenz leicht
überlegen, was am Wegfall der Iterationen für $\hat{A}$, $\hat{B}$ bzw. $\hat{C}$ liegen dürfte. Die Verschlechterung beim Übergang von $\hat{m}$ = 2 auf
$\hat{m}$ = 3 deutet nur darauf hin, daß bei einer erhöhten Anzahl von
Freiheitsgraden auch eine größere Zahl von Meßwerten erforderlich ist.

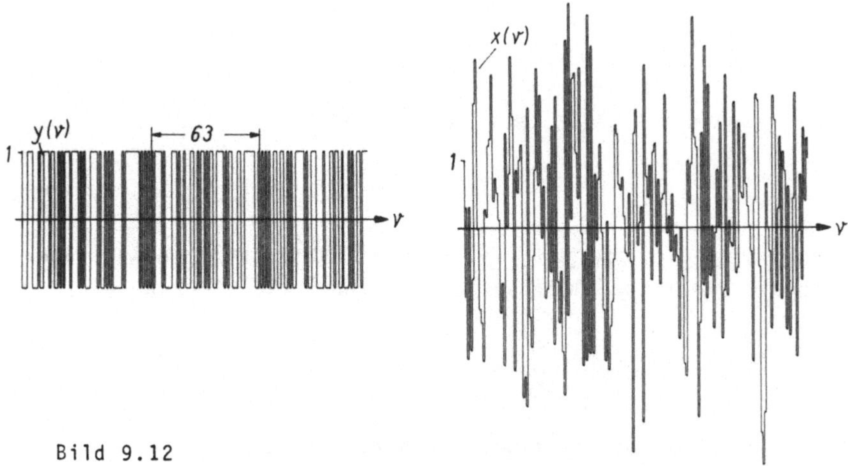

Bild 9.12

Insgesamt zeigen die Ergebnisse eine überraschende Leistungsfähigkeit des Regressionsverfahrens, das in der Lage ist, aus
einer bescheidenen Datenmenge beachtliche Informationen über
die Strecke zu ziehen. Im Fall der unkorrelierten Störungen
werden offenbar mehr Daten benötigt, um ein brauchbares Modell

zu erhalten, als bei einer sinusförmigen Störgröße. Dies ist anschaulich verständlich, da es einfacher ist, eine periodische Gesetzmäßigkeit in den Daten zu erkennen und auszuscheiden als ein unkorreliertes Störsignal. In Bild 9.12 ist ein Stück der für die Identifizierung gemäß Bild 9.11 verwendeten Datenfolge aufgetragen.

9.4. Identifizierung einer Strecke im geschlossenen Regelkreis

Den bisherigen Überlegungen lag eine 'offene' Regelstrecke ohne Rückkopplung irgendwelcher Art zugrunde; diese Einschränkung folgt aus der notwendigen Bedingung des Regressionsverfahrens, daß Steuergröße $y(\nu)$ und Restglied $r(\nu)$ von der Ausgangsgröße $x(\nu)$ unabhängig sind. Aus diesem Grunde ist es mit dem beschriebenen Verfahren im allgemeinen nicht möglich, eine Regelstrecke im geschlossenen Kreis zu identifizieren.

Die Frage ist von Bedeutung, da manche praktischen Regelstrekken, vor allem bei einer gewissen Komplexität, wo eine Identifizierung überhaupt interessant ist, nicht ohne Regelung betrieben werden können. Dies kann z.B. daran liegen, daß die Strecke ohne Regelung in einen unerwünschten Betriebszustand gelangen könnte, wo unzulässige Beanspruchung oder eine unwirtschaftliche Betriebsweise zu befürchten sind; solche Schwierigkeiten bestehen bei vielen verfahrenstechnischen Produktionsanlagen. Manchmal ist die Regelstrecke auch instabil,so daß aus diesem Grund der Regelkreis nicht aufgetrennt werden kann. In |68| ist z.B. eine Kugelmühle mit Materialrückfluß untersucht, wie sie in der Zementindustrie zur Zerkleinerung des Rohmaterials Verwendung findet. Dabei wurde beobachtet, daß schon gelegentliche korrigierende Eingriffe des Bedienungspersonals das Ergebnis einer Regressionsanalyse beeinträchtigten, da hierbei eine störende Abhängigkeit der Steuergröße $y(t)$ von der Ausgangsgröße $x(t)$ entstand.

Die Möglichkeit der Identifizierung einer Regelstrecke in
einem Regelkreis hängt davon ab, ob ein externes Testsignal
verwendet werden kann; dies wird anhand von Bild 9.13a erläutert. $F_1(z)$ sei die Impuls-Übertragungsfunktion des diskreten
(bekannten) Reglers, während $F_2(z)$ die zu identifizierende
Strecke darstellt. W(z) ist die diskrete Führungsgröße, R_1,
R_2 sind unkorrelierte diskrete Störsignale und $Y_0(z)$ ist das
unkorrelierte Testsignal, etwa eine pseudostatistische Binärfolge mit geringer Amplitude.

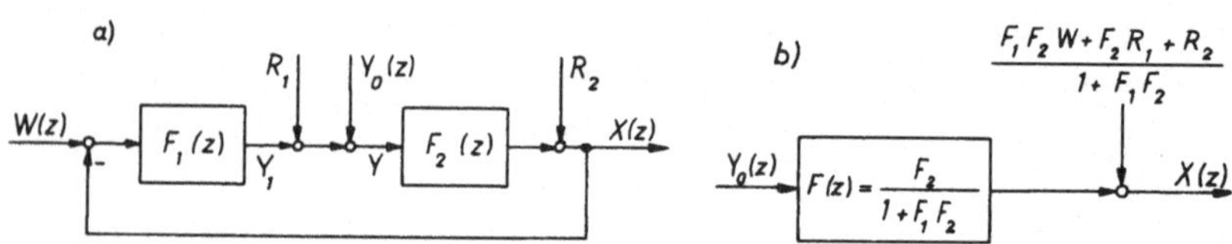

Bild 9.13

Die Regelgröße läßt sich dann in folgender Weise schreiben

$$X(z) = \frac{F_2}{1 + F_1F_2}\, Y_0(z) + \frac{F_1F_2W + F_2R_1 + R_2}{1 + F_1F_2}\,. \qquad (28)$$

Bild 9.13b zeigt ein zugehöriges vereinfachtes Blockschaltbild. Falls $y_0(\nu)$, wie angenommen, ein unabhängiges Prüfsignal ist, läßt sich analog zu Abs. 4.3.2 eine Regressionsanalyse für die Koeffizienten der Übertragungsfunktion

$$\frac{X}{Y_0}(z) = \hat{F}(z) = \frac{\hat{F}_2(z)}{1 + F_1\hat{F}_2(z)}$$

durchführen; aus dem Ergebnis wird dann die gesuchte Übertragungsfunktion

$$\hat{F}_2(z) = \frac{\hat{F}(z)}{1 - F_1\hat{F}(z)} \qquad (29)$$

berechnet. Der von Y_0 unabhängige Anteil in Gl.(28) kann wieder angenähert durch ein von einem Restglied angesteuertes Störfilter berücksichtigt werden.

Eine etwas schwierigere Situation liegt vor, wenn kein externes Testsignal verwendet werden kann, z.B. da die Identifizierung anhand früher durchgeführter Aufzeichnungen ('off line') erfolgen soll |68-70|. Bild 9.14a zeigt eine mögliche Testanordnung; dabei wird im Rechner unter Verwendung der als bekannt angenommenen Regler-Übertragungsfunktion aus X(z), Y(z) und W(z) eine synthetische und vom Ausgang der Regelstrecke unabhängige Größe

$$U(z) = Y(z) - F_1(z) \left[W(z) - X(z)\right] \equiv R_1(z) \qquad (30)$$

gebildet, die der nicht meßbaren Größe $R_1(z)$ entspricht; $R_1(z)$ wirkt somit als externes unabhängiges Prüfsignal. Auf der Basis von U(z) und X(z) kann nun eine Regression ausgeführt werden (Bild 9.14b); dabei erhält man wieder eine Schätzung für die Übertragungsfunktion des geschlossenen Kreises

$$\frac{X}{U}(z) = \hat{F}(z) = \frac{\hat{F}_2}{1 + F_1\hat{F}_2} \quad ,$$

aus der mit Gl.(29) die gesuchte Strecken-Übertragungsfunktion gewonnen werden kann.

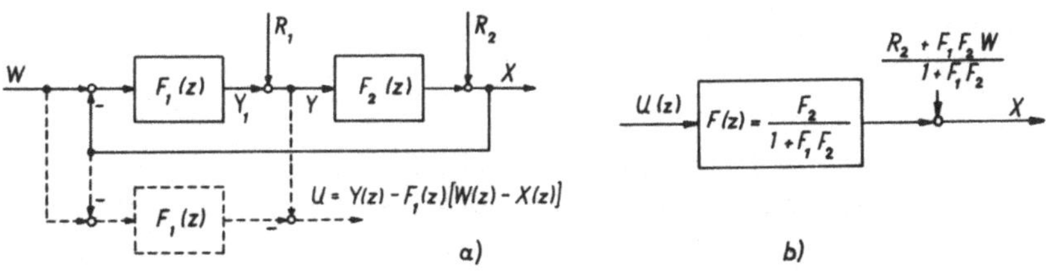

Bild 9.14

In den folgenden Bildern sind einige Ergebnisse bei der Identifizierung im geschlossenen Regelkreis dargestellt |67|. Als Regelstrecke ist dabei ein Laufzeitglied angenommen, das mit einem diskreten Integralregler geregelt wird,

$$F_1(z) = \frac{0,2}{z-1} \ , \quad F_2(z) = z^{-2} \ ;$$

die Integrierzeit ist so gewählt, daß die Einschwingvorgänge gut gedämpft verlaufen. Die Impuls- und Sprungantworten von Strecke und Regelkreis sind in Bild 9.15 aufgetragen.

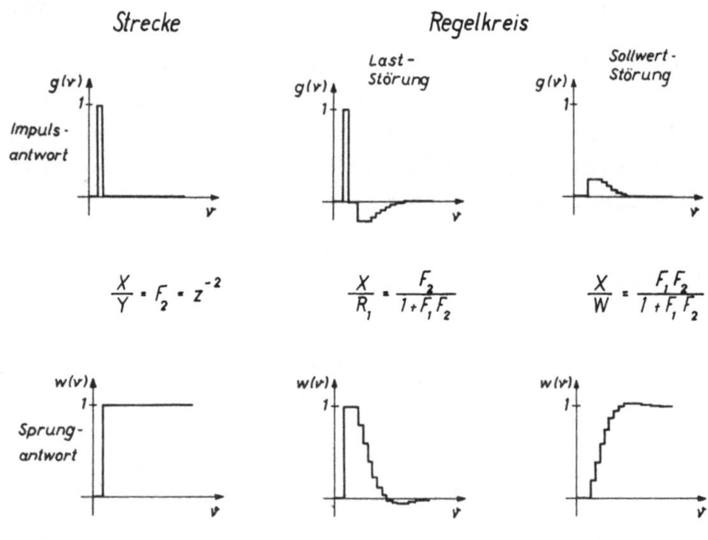

Bild 9.15

Bild 9.16 zeigt Ergebnisse der Identifizierung des geschlossenen Regelkreises mit einer pseudostatistischen Binärfolge als Testsignal $y_0(\nu)$ bei Überlagerung verschiedener zusätzlicher Störgrößen $r_2(\nu)$. Die Übertragungsfunktion der Strecke $F_2(z)$ läßt sich hieraus durch Anwendung von Gl.(29) gewinnen, wenn hierbei natürlich auch zusätzliche Fehlerquellen bestehen.

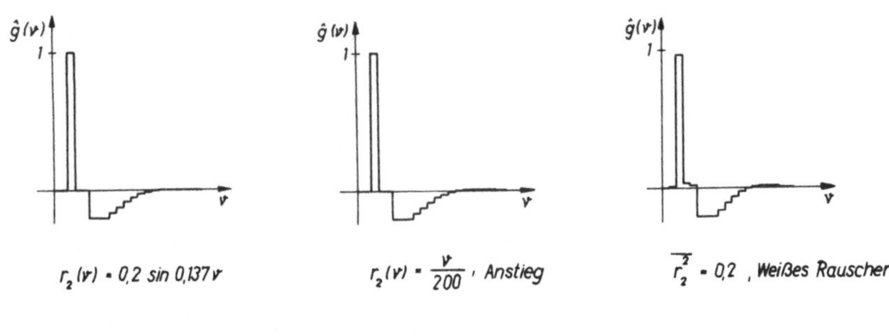

$$y_0(\nu) = \pm\,1,\ \text{PRBS};\ N = 250,\ r_1 = w = 0,\ \widehat{n+m} = 5$$

Bild 9.16   Identifizierung des geschlossenen Regelkreises

Abschließend sollen noch einige Ergebnisse eines ungeeigne-
ten Versuchs der Identifizierung im geschlossenen Regelkreis
ohne externes Prüfsignal gezeigt werden. Ausgangspunkt ist
die Anordnung in Bild 9.13a mit zwei Störgrößen R_1, R_2 und
bei vernachlässigter Führungsgröße. Mit $W = Y_0 = 0$ ergibt sich

$$Y(z) = \frac{R_1(z) - F_1 R_2(z)}{1 + F_1 F_2(z)} \ , \quad X(z) = \frac{F_2 R_1(z) + R_2(z)}{1 + F_1 F_2(z)} \ .$$

Durch Regression von x und y entsteht also bestenfalls die
synthetische Übertragungsfunktion

$$\frac{X}{Y}(z) = \frac{F_2 R_1(z) + R_2(z)}{R_1(z) - F_1 R_2(z)} \ .$$

Das Ergebnis hängt also nicht nur von den Streckenparametern,
sondern auch von der Amplitude und den Spektren der Störgrößen
ab. Es ist deshalb als Schätzung für $F_2(z)$ normalerweise
nicht brauchbar.

Analog zu Abs. 6.3 sind zwei Sonderfälle zu vermerken: Mit $R_2 = 0$ erhält man das gewünschte Ergebnis

$$\frac{X}{Y}(z)\Big|_{R_2 = 0} = F_2(z) \; ,$$

während sich für $R_1 = 0$ fälschlicherweise die negativ inverse Regler-Übertragungsfunktion einstellt,

$$\frac{X}{Y}(z)\Big|_{R_1 = 0} = -\frac{1}{F_1(z)} \; .$$

Der allmähliche Übergang von der richtigen zur falschen Schätzung ist in Bild 9.17 gezeigt; dabei sind $r_1(\nu)$, $r_2(\nu)$ zwei unabhängige Rauschsignale, deren Amplituden in mehreren Schritten gegenläufig verändert wurden. Die beiden Grenzfälle werden bei der Regressionsanalyse somit richtig wiedergegeben; dagegen ist im (normalerweise vorliegenden) Übergangsbereich keine sinnvolle Deutung möglich.

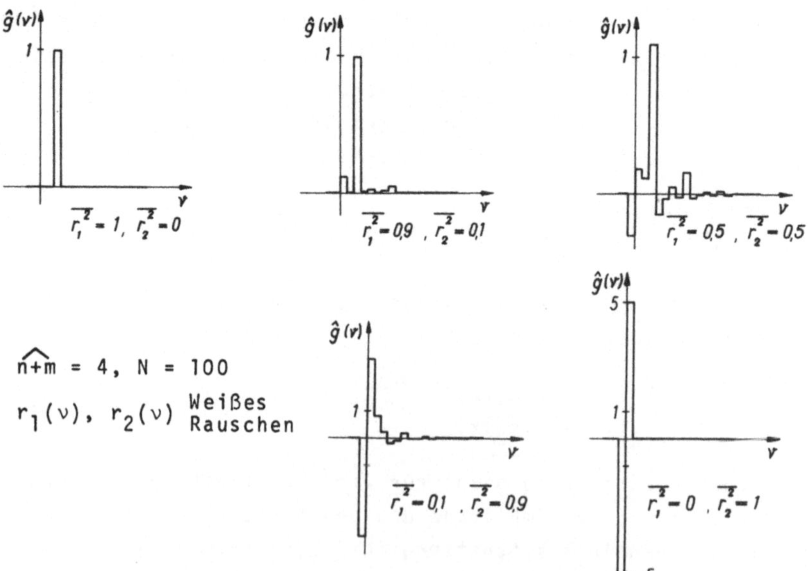

Bild 9.17   Identifizierung im geschlossenen Regelkreis

Eine weitere Möglichkeit zur Schätzung im geschlossenen Kreis
ist gegeben, wenn die Rückwirkung über den Regler auf die Regelstrecke mit einer Laufzeit erfolgt. In diesem Fall besteht
Aussicht, wenigstens die ersten Abtastwerte der Strecken-Im-
pulsantwort richtig zu erfassen.

9.5. Andere Schätzverfahren

Neben dem in den vorhergehenden Abschnitten behandelten Regressionsverfahren zur Schätzung der Parameter einer linearen
Übertragungsstrecke gibt es zahlreiche andere Methoden, die
z. T. ähnliche Eigenschaften aufweisen |18, 61, 73|. Es ist
nicht möglich und auch nicht notwendig, diese teilweise sehr
diffizilen Analyseverfahren hier vorzustellen; ein Überblick
mit umfangreichem Literaturverzeichnis wird in |61| gegeben.
Nur auf eines dieser Verfahren soll wegen seiner häufigen Anwendung in Kürze hingewiesen werden.

Es handelt sich dabei um das Prinzip der maximalen Verbundwahrscheinlichkeit oder Mutmaßlichkeit ('maximum likelihood'),
das, ebenso wie das Regressionsverfahren, auf C.F. G a u ß
zurückgeht; allerdings hat dieser dem Regressionsprinzip im
Sinne der kleinsten Fehlerquadratsumme den Vorzug gegeben
|siehe 13|. Das Verfahren wurde später neu entdeckt; es stellt
heute eine Standardmethode der Statistik dar.

Der Grundgedanke ist ähnlich dem des verallgemeinerten Regressionsverfahrens. Man geht z.B. von einem diskreten Modell
aus |72|, das im Zeitbereich durch die lineare Differenzen-
gleichung

$$\sum_{\mu=0}^{n} a_\mu \, x(\nu-n+\mu) = \sum_{\mu=0}^{n} b_\mu \, y(\nu-n+\mu) + \sum_{\mu=0}^{n} c_\mu \, r(\nu-n+\mu), \qquad (31a)$$

oder im Bildbereich durch die Beziehung

$$X(z) = \frac{B(z)}{A(z)} \, Y(z) + \frac{C(z)}{A(z)} \, R(z) \qquad\qquad (31b)$$

beschrieben wird (Bild 9.18). Zum Unterschied von Gl.(17) ist
hier als Störfilter eine gewichtete Mittelwertbildung angenommen. Als Meßdaten seien N äquidistante Wertepaare $y(\nu)$,
$x(\nu)$ verfügbar. Gesucht sind wieder die Schätzpolynome $\hat{A}(z)$,
$\hat{B}(z)$, $\hat{C}(z)$ von Strecke und Störfilter.

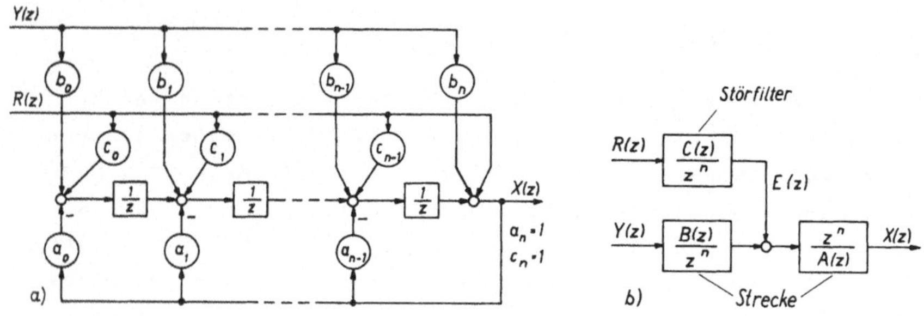

Bild 9.18

Die nach Gl.(31) mit den geschätzten Parametern $\hat{a}_\mu$, $\hat{b}_\mu$, $\hat{c}_\mu$
aus den Meßdaten $y(\nu)$, $x(\nu)$ zu berechnenden Schätzwerte der
Restglieder $\hat{r}(\nu)$,

$$\hat{R}(z) = \frac{\hat{A}(z)}{\hat{C}(z)} \ X(z) - \frac{\hat{B}(z)}{\hat{C}(z)} \ Y(z) \ , \tag{32}$$

werden nun als statistische Variable eingeführt. Für einen
einzelnen Wert $\hat{r}(\nu)$ des Restgliedes ist eine bedingte Wahrscheinlichkeitsdichte definiert,

$$w\left[\hat{r}(\nu)/\hat{a}_\mu, \ \hat{b}_\mu, \ \hat{c}_\mu\right],$$

die naturgemäß von der Annahme der Schätzparameter $\hat{a}_\mu$, $\hat{b}_\mu$, $\hat{c}_\mu$
abhängt. Da die Größen $\hat{r}(\nu)$ bei richtiger Wahl des Störfilters
statistisch unabhängig sind, wird die Verbundwahrscheinlichkeit für die Folge $\hat{r}(\nu)$ gleich dem Produkt der Einzelwahrscheinlichkeiten für das einzelne Element,

$$w(\hat{r}) = \prod_{\nu=1}^{N} w\,(\hat{r}(\nu)/\hat{a}_{\mu},\hat{b}_{\mu},\hat{c}_{\mu})\;.$$

Der Gedanke des 'Maximum likelihood'-Verfahrens besteht darin, diese Verbundwahrscheinlichkeit abhängig von $\hat{a}_{\mu}$, $\hat{b}_{\mu}$, $\hat{c}_{\mu}$ zum Maximum zu machen, $w(\hat{r}) \to \mathrm{Max}_{\hat{a}_{\mu},\hat{b}_{\mu},\hat{c}_{\mu}}$. Die zugehörigen Werte $(\hat{a}_{\mu}, \hat{b}_{\mu}, \hat{c}_{\mu})_{\mathrm{opt}}$ stellen dann die günstigsten Schätzwerte der gesuchten Parameter dar. Führt man als sog. 'Likelihood-Funktion' den Logarithmus von $w(\hat{r})$ ein, so gilt wegen des monotonen Verlaufes der Logarithmusfunktion für positives Argument auch $\log(w(\hat{r})) \to \mathrm{Max}_{\hat{a}_{\mu},\hat{b}_{\mu},\hat{c}_{\mu}}$. Für die Berechnung des Extremwertes sind wieder verschiedene numerische Verfahren anwendbar $|$z.B. 72, 74$|$.

Falls für die Restglieder eine symmetrische Normalverteilung angenommen werden kann, was im Einzelfall natürlich nicht mit Sicherheit bekannt, aber auch nicht auszuschließen ist,

$$w(\hat{r}(\nu)/\hat{a}_{\mu},\,\hat{b}_{\mu},\,\hat{c}_{\mu}) = \frac{1}{\sqrt{2\pi}\sigma}\,e^{-\frac{\hat{r}^{2}(\nu)}{2\,\sigma^{2}}}\;,$$

so erhält die Verbundwahrscheinlichkeit die Form

$$w(\hat{r}) = \left(\frac{1}{\sqrt{2\pi}\sigma}\right)^{N} e^{-\sum_{1}^{N}\frac{\hat{r}^{2}(\nu)}{2\,\sigma^{2}}}$$

und es gilt

$$\log w = k - \sum_{1}^{N}\frac{\hat{r}^{2}(\nu)}{2\,\sigma^{2}}\;.$$

Aus der Bedingung $\log w(\hat{r}) \to \mathrm{Max}$ folgt dann die bekannte Forderung nach minimalem quadratischen Restglied

$$\sum_{\nu=1}^{N} \hat{r}^{2}(\nu) \to \mathrm{Min}_{\hat{a}_{\mu},\hat{b}_{\mu},\hat{c}_{\mu}}\;,$$

d.h. das 'Maximum likelihood'-Verfahren geht in das vorher behandelte Regressionsverfahren über.

10. Schätzung der Zustandsgrößen einer linearen Übertragungsstrecke unter dem Einfluß von Störgrößen

10.1. Aufgabenstellung, Zustandsgrößen

Bei den in Abs. 8 und 9 betrachteten Identifizierungsverfahren bestand die Aufgabe darin, aus den gemessenen Eingangs- und Ausgangsgrößen die unbekannten Parameter der Regelstrecke in Anwesenheit von Störgrößen zu schätzen. Die Aufgabe wurde im Prinzip durch Anpassung eines gedachten Modelles gelöst, das ähnliche dynamische Eigenschaften wie die zu identifizierende Übertragungsstrecke aufwies; die Verstellvorschrift wurde dabei aus der Forderung nach einer minimalen quadratischen Fehlerfläche zwischen den Ausgangsgrößen der Strecke und des Modelles abgeleitet. Bei der Parameterschätzung fallen als Nebenprodukt Zustandsgrößen des Modelles an, die bei gleicher Struktur von Strecke und Modell und nach Anpassung der Modellparameter als Schätzwerte für die Zustandsgrößen der Strecke anzusehen sind. Die vorher behandelten Identifizierungsverfahren liefern also sowohl Schätzwerte für die Parameter der Strecke als auch für ihre Zustandsgrößen.

Es stellt sich nun die Frage, ob die Zustandsgrößen nicht auf einfachere Weise bestimmt werden können, wenn Struktur und Parameter der Strecke bekannt sind. Die Schätzung der Zustandsgrößen kann von Bedeutung sein, wenn diese bei der praktischen Übertragungsstrecke nicht sämtlich zugänglich oder infolge von Störgrößen nicht fehlerfrei meßbar sind. Die Schätzwerte können dann z.B. als Ersatzgrößen für eine Regelung herangezogen werden, wie dies in Bild 10.1 angedeutet ist.

Auch für die 'Zustandsschätzung' werden häufig Modellverfahren vorgeschlagen; allerdings handelt es sich dabei möglicherweise um konstante Modelle, deren Zustandsgrößen mit Hilfe einer geeigneten Fehlerfunktion den Zustandsgrößen der Strecke nachgeführt werden. Von den zahlreichen Möglichkeiten |z.B. 77| sollen hier nur die sog. linearen Beobachter erläutert

werden |80, 81|. Zuvor sei nochmals kurz an den Begriff der
Zustandsgrößen erinnert.

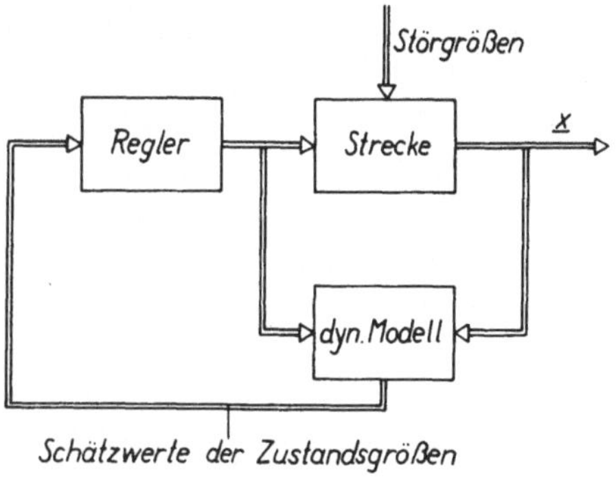

Bild 10.1

In einem kontinuierlichen System handelt es sich bei den Zustandsgrößen um Hilfsvariable, die bei endlicher Steuergröße
stetig verlaufen und somit den 'Zustand' des Systems zu einem
bestimmten Zeitpunkt vollständig beschreiben |z.B. 24|. Zu-
standsvariable sind somit in erster Linie die mit einem Speicherinhalt (Energie, Materie) verknüpften Größen, da diese
sich nur stetig ändern können; die Speichergrößen lassen sich
aber auch in beliebige synthetische Zustandsgrößen abbilden,
die zwar keine einfache physikalische Bedeutung haben, aber
ebenfalls stetig verlaufen. Die Zustandsgrößen eines Systems
sind also nicht eindeutig definiert.

In dynamischen Blockschaltbildern erscheinen die gewählten Zu-
standsvariablen als Ausgangsgrößen von Integratoren, die ja
eine Speicherwirkung verkörpern. Die Anzahl der Zustandsgrös-
sen entspricht somit der Ordnung der das System beschreiben-
den Differentialgleichung. Die Einführung der Zustandsvariab-
len ermöglicht es, anstelle einer Differentialgleichung n.
Ordnung zwischen Eingangs- und Ausgangsgröße einen Satz von
Differentialgleichungen 1. Ordnung in den Zustandsgrößen für

die Beschreibung des Systems zu verwenden. Dies ist eine bedeutende Vereinfachung für die Verarbeitung der Gleichungen, z.B. eine numerische Integration mit dem Digitalrechner. Betrachtet man die Zustandsgrößen als die eigentlichen Informationsträger, so führt ihre Einführung außerdem auf eine einheitliche Beschreibung von Ein- und Mehrgrößensystemen; bei Verwendung der Zustandsgrößen wird ja jede Strecke höherer Ordnung zum Mehrgrößensystem, selbst wenn nur eine einzige Steuergröße vorliegt und die (internen) Zustandsgrößen schließlich zu einer einzigen Ausgangsgröße kombiniert werden. Zustandsgrößen sind sowohl bei linearen wie auch nichtlinearen Systemen verwendbar; eine Übertragung auf diskrete Systeme ist ohne weiteres möglich, z.B. Abs. 8.3.1. Die konsequente Einführung der Zustandsgrößen in die Regelungstheorie geht vor allem auf K a l m a n zurück |78|.

Bild 10.2 zeigt als Beispiel das Blockschaltbild eines linearen kontinuierlichen Mehrgrößen-Systems mit zwei Steuergrössen y_1, y_2 und drei Speichervariablen x_1, x_2, x_3, die gleichzeitig als Zustandsgrößen dienen. Die zugehörigen Differentialgleichungen 1. Ordnung lauten:

$$T \frac{dx_1}{dt} = a_{11}x_1 + \phantom{a_{22}}x_2 + b_{11}y_1$$

$$T \frac{dx_2}{dt} = a_{21}x_1 + a_{22}x_2 + x_3 \phantom{+ b_{11}y_1} + b_{22}y_2$$

$$T \frac{dx_3}{dt} = a_{31}x_1 \phantom{+ a_{22}x_2 + x_3} + b_{31}y_1 + b_{32}y_2 \; .$$

In dem (beliebig gewählten) Beispiel sind die Einflußfaktoren a,b nur teilweise von Null verschieden.

Die linearen Zustandsgleichungen lassen sich übersichtlich in Matrizenform schreiben. Mit der Definition eines stetig veränderlichen Zustandsvektors

$$\underline{x}(t) = \begin{vmatrix} x_1(t) \\ x_2(t) \\ \vdots \\ x_n(t) \end{vmatrix}$$

eines Steuervektors

$$\underline{y(t)} \quad \begin{vmatrix} y_1(t) \\ y_2(t) \\ \vdots \\ y_m(t) \end{vmatrix}$$

und mit der Abkürzung

$$T \frac{dx}{dt} = \frac{dx}{d\tau} = \dot{x}$$

gilt die Differentialgleichung

$$\dot{\underline{x}} = \underline{A}\,\underline{x} + \underline{B}\,\underline{y} \,. \tag{1}$$

Dabei ist

$$\underline{A} = \begin{vmatrix} a_{11}a_{12}\cdots a_{1n} \\ a_{21} \\ \vdots \\ a_{n1} \qquad a_{nn} \end{vmatrix}$$

die im betrachteten Beispiel nicht voll besetzte quadratische
Systemmatrix;

$$\underline{B} = \begin{vmatrix} b_{11}b_{12}\cdots b_{1m} \\ b_{21} \\ \vdots \\ b_{n1}\cdots \qquad b_{nm} \end{vmatrix} \qquad \text{wird als Steuermatrix}$$

bezeichnet.

$\underline{A}$ kennzeichnet also das homogene Differentialgleichungssystem,
$\underline{B}$ den Einfluß der Anregungsgrößen. Bei einem zeitinvarianten
System sind $\underline{A}$ und $\underline{B}$ konstant. Sofern nach einer Transforma-

tion der Zustandsgrößen auf Eigenfunktionen, d.h. bei einer
Diagonalform für $\underline{A}$, keine Zeile von $\underline{B}$ nur Nullen enthält,
nennt man die Zustandsgrößen 'vollständig steuerbar'.

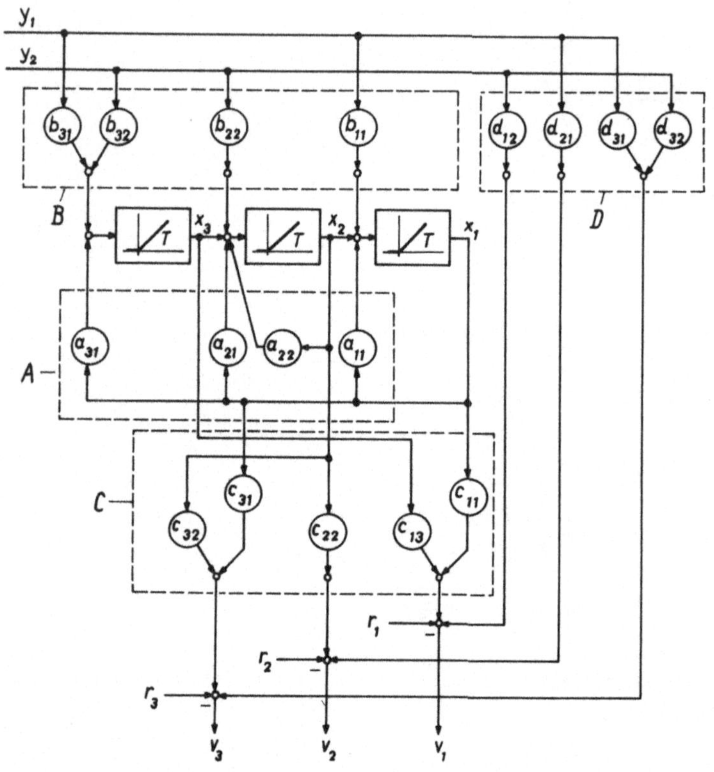

Bild 10.2

Die Zustandsgrößen x(t) werden nun mit den Steuergrößen y(t)
zu den Ausgangsgrößen v(t) kombiniert; außerdem werden am
Ausgang unbekannte Störgrößen r(t) angenommen. Mit der Definition eines Ausgangsvektors beliebiger Dimension, z.B.

$$\underline{v}(t) = \begin{vmatrix} v_1(t) \\ v_2(t) \\ \vdots \\ v_n(t) \end{vmatrix}$$

und eines am Ausgang angreifenden Störvektors

$$\underline{r}(t) = \begin{vmatrix} r_1(t) \\ r_2(t) \\ \vdots \\ r_n(t) \end{vmatrix}$$

lauten dann die vollständigen Beziehungen für die Ausgangsgrößen

$$\underline{v}(t) = \underline{C}\,\underline{x}(t) + \underline{D}\,\underline{y}(t) - \underline{r}(t). \tag{2}$$

Bei einem zeitinvarianten System sind auch C und D konstante
Matrizen. Sofern keine der Spalten von C nur Nullen enthält,
werden die Zustandsgrößen 'vollständig beobachtbar' genannt.
Da $\underline{x}(t)$ nach Voraussetzung stetig ist, kann eine in $\underline{v}(t)$ enthaltene unstetige Komponente nur von $\underline{r}(t)$ oder über $\underline{D}$ von
$\underline{y}(t)$ herrühren. In Bild 10.3 ist ein allgemeines System dieser
Art in vereinfachter Form dargestellt.

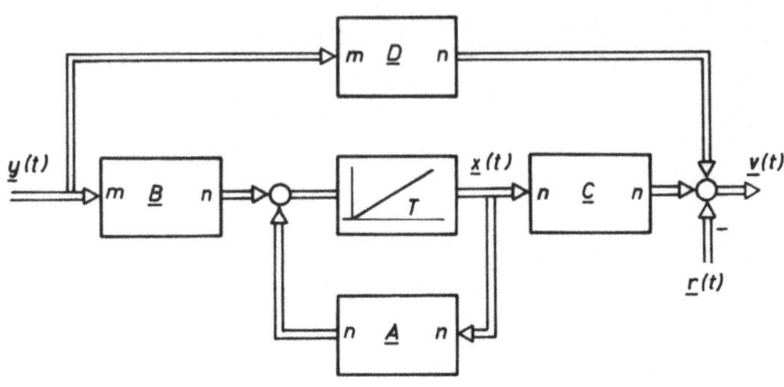

Bild 10.3

10.2. Modellabgleich

Die Zustandsgrößen x_i einer linearen Übertragungsstrecke nach
Bild 10.3 mit den gegebenen Matrizen $\underline{A}$, $\underline{B}$, $\underline{C}$, $\underline{D}$ und den unbekannten Störgrößen r_i sollen nun aufgrund einer fortlaufenden
Messung des Steuervektors $\underline{y}(t)$ und der Ausgangsgröße $\underline{v}(t)$ geschätzt werden.

Zu diesem Zweck wird gemäß Bild 10.4 der Strecke ein gleich-
artig aufgebautes konstantes Modell gegenübergestellt (Paral-
lelmodell) und mit den gleichen Steuergrößen versorgt. Wegen
der unterschiedlichen Anfangsbedingungen von Strecke und Modell (z.B. infolge offener Integratoren), der unbekannten
Störgrößen $\underline{r}(t)$ und der möglicherweise nicht exakt bekannten
Modellparameter sind die Ausgangsgrößen $\underline{v}(t)$ und $\hat{\underline{v}}(t)$ von
Strecke und Modell nicht identisch, d.h. der Fehlervektor $\underline{e}$
ist nicht von selbst Null. Um einen optimalen Abgleich herbeizuführen, werden deshalb die Fehlergrößen $e(t)$ über eine
passend gewählte Verteilermatrix $\underline{K}$ als zusätzliche Anregung
korrigierend auf das Modell gegeben.

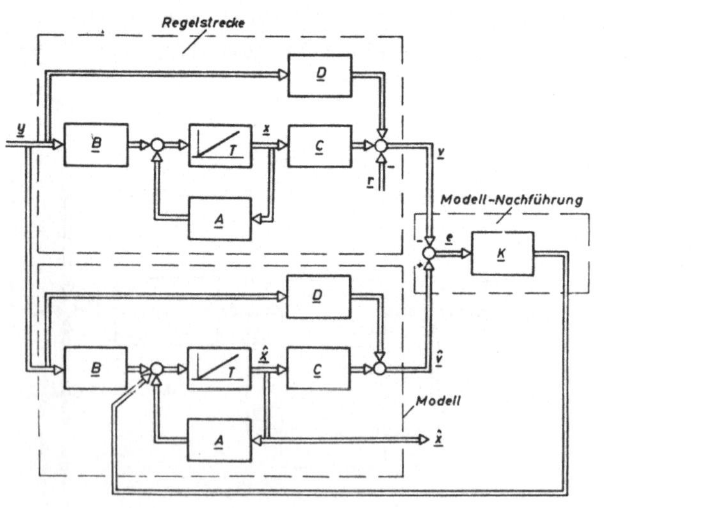

Bild
10.4

Man bezeichnet eine derartige Anordnung als Beobachter |80, 81|. Das Modell kann unter bestimmten Bedingungen wesentlich vereinfacht werden. Das Prinzip läßt sich auch auf diskrete Systeme übertragen.

Um die dynamischen Eigenschaften der entstehenden Anordnung besser überblicken zu können, ist sie in Bild 10.5 nach Zusammenfassung und Umzeichnung vereinfacht dargestellt. Dabei wurde angenommen, daß die einander entsprechenden Matrizen in Strecke und Modell identisch sind. Die zugehörigen Differentialgleichungen lauten

$$T \frac{dx}{dt} = \underline{A}\,\underline{x} + \underline{B}\,\underline{y}\,,$$

$$T \frac{d\hat{x}}{dt} = \underline{A}\,\underline{\hat{x}} + \underline{B}\,\underline{y} + \underline{K}\,\underline{e} = \underline{A}\,\underline{\hat{x}} + \underline{B}\,\underline{y} + \underline{K}\,\underline{C}(\underline{\hat{x}}-\underline{x}) + \underline{K}\,\underline{r}\,.$$

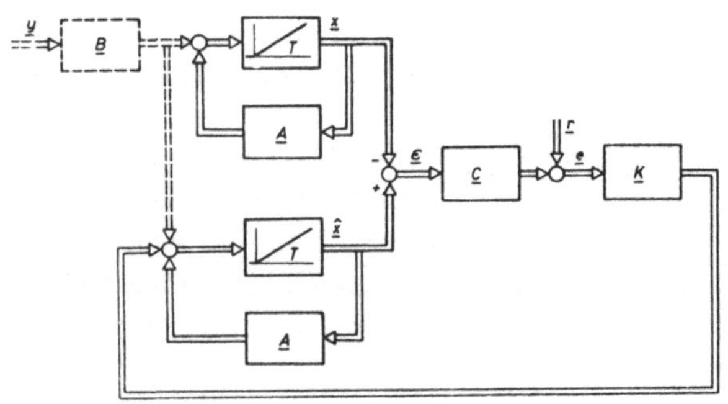

Bild 10.5

Durch Differenzbildung entsteht daraus eine Differentialgleichung für den Zustands-Fehlervektor $\underline{\varepsilon} = \underline{\hat{x}} - \underline{x}$,

$$T \frac{d\varepsilon}{dt} = \underline{A}\,\underline{\varepsilon} + \underline{K}\,\underline{C}\,\underline{\varepsilon} + \underline{K}\,\underline{r} = (\underline{A} + \underline{K}\,\underline{C})\,\underline{\varepsilon} + \underline{K}\,\underline{r}\,,$$

die nicht mehr explizit von der Anregung $y(t)$ abhängt.

Die Korrekturmatrix $\underline{K}$ muß so beschaffen sein, daß die Modellnachführung stabil, gut gedämpft und möglichst schnell erfolgt. Diese Eigenschaften werden bei einem linearen System
durch die Eigenwerte der homogenen Differentialgleichung bestimmt,

$$T \frac{d\underline{\varepsilon}}{dt} - (\underline{A} + \underline{K}\,\underline{C})\,\underline{\varepsilon} = \underline{0} \ .$$

Außerdem ist zu fordern, daß der stationäre Zustandsfehler
z.B. für $\underline{r}(t) = $ const. möglichst klein wird,

$$\underline{\varepsilon}_{st} = - (\underline{A} + \underline{K}\,\underline{C})^{-1}\underline{K}\,\underline{r} \rightarrow \text{Min.}$$

Unter Berücksichtigung dieser Forderungen kann die Matrix $\underline{K}$
geeignet gewählt werden.

Zur Illustration wurde die Anordnung nach Bild 10.4 für n = 2
mit dem Digitalrechner nachgebildet |82|. Die Systemmatrix $\underline{A}$
führte bei den Zustandsgrößen x_1, x_2 auf periodische Einschwingvorgänge mit geringer Dämpfung. $\underline{B}$ ist als Spalten- und
$\underline{C}$ als Zeilenmatrix angenommen, d.h. v, y und r sind skalare
Funktionen. In Bild 10.6 sind verschiedene gerechnete Verläufe der Komponenten des Zustandsvektors $\underline{x}(t)$ und des Schätz-
vektors $\hat{\underline{x}}(t)$ bei Verwendung eines exakten Modelles ($\underline{A}$, $\underline{B}$, $\underline{C}$)
aufgetragen; die Matrix $\underline{K}$ wurde dabei so bestimmt, daß die
Anpassung des geschätzten Zustandsvektors $\hat{\underline{x}}$ an den Zustands-
vektor $\underline{x}$ der Strecke schnell und in einem gut gedämpften Einstellvorgang erfolgt.

Der erste Teil des Oszillogrammes zeigt einen Ausgleichvor-
gang der Strecke ohne äußere Anregung bei gleichzeitiger Nachführung des Modelles; nach einigen Schwingungsperioden sind
$\underline{x}$, $\hat{\underline{x}}$ und $\underline{\varepsilon}$ auf Null abgeklungen. Bei der dann folgenden Auf-
schaltung einer sprungförmigen Steuergröße y(t) bleibt der
Abgleichzustand wegen der Übereinstimmung von Modell und
Strecke erhalten. Dagegen stellt sich ein Schätzfehler $\underline{\varepsilon}(t)$
ein, wenn am Ausgang der Strecke eine Störgröße r(t) angreift
und dem Modell veränderte Zustandsgrößen vortäuscht.

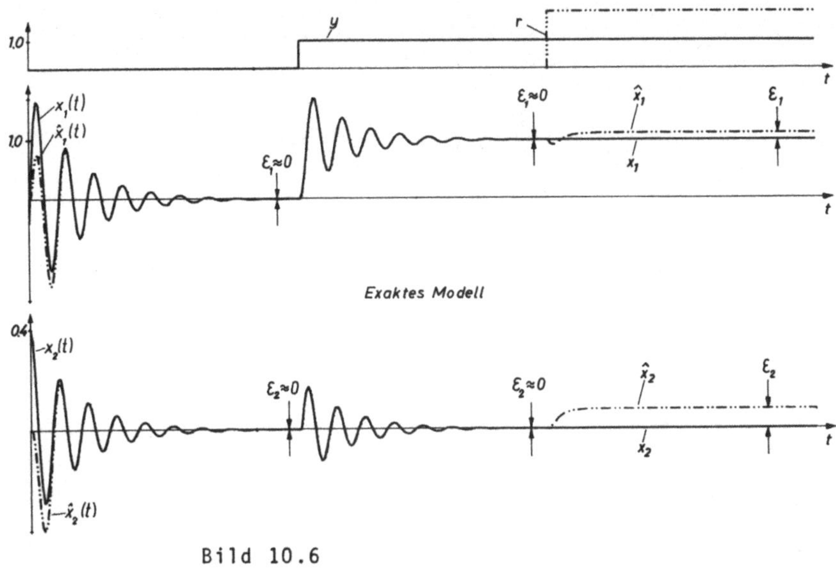

Bild 10.6

Zusätzliche Fehler sind zu erwarten, wenn die Parameter des
Modelles nicht exakt mit denen der Strecke übereinstimmen.
Dies ist in Bild 10.7 zu sehen. Es zeigt die entsprechenden
Vorgänge nach einer geringfügigen Änderung (ca. 10 %) von
Eigenfrequenz und Dämpfung des Modelles gegenüber der Strecke.
Hier ist auch im ungestörten stationären Zustand ein Fehler
zu beobachten, der bei Anwesenheit einer äußeren Störgröße
r(t) weiter zunimmt.

Die Ergebnisse lassen erkennen, daß eine Rekonstruktion der
infolge von Störgrößen nicht exakt erfaßbaren Zustandsgrößen
zwar im Prinzip möglich erscheint, daß aber im allgemeinen
Schätzfehler unvermeidlich sind. Diese Tatsache bildet bei
der praktischen Anwendung natürlich einen starken Anreiz, die
Meßeinrichtungen so zu vervollkommnen, daß die wesentlichen
Zustandsgrößen ohne Zuhilfenahme eines Modelles möglichst un-
gestört erfaßt werden können. Das Beobachterprinzip zur Schätzung der Zustandsgrößen ist deshalb von vorwiegend theoreti-
schem Interesse.

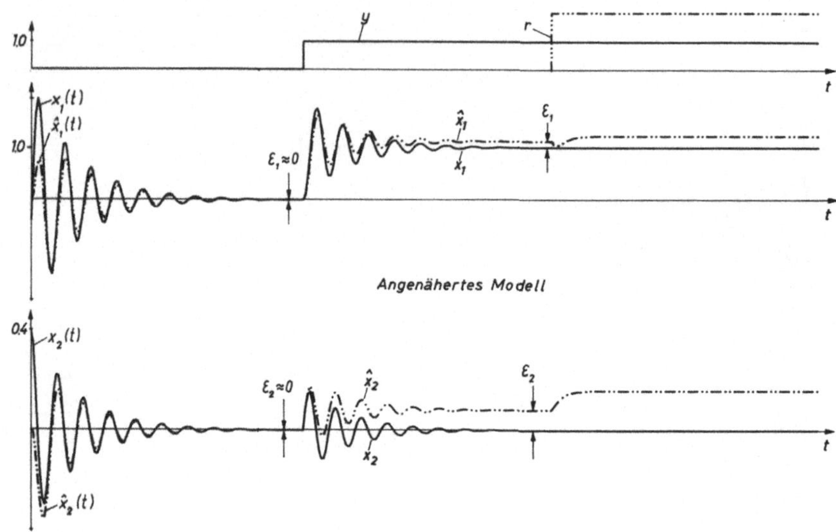

Bild 10.7

Das allgemeinere Problem der im Sinne des kleinsten Fehlerquadrates optimalen Zustandsschätzung eines gestörten diskreten Systems mit statistisch veränderlichen Parametern wurde
von K a l m a n |79| gelöst. Dabei entsteht eine Bild 10.5
ähnliche Struktur, wobei $K_{opt}(\nu)$ die rekursiv zu berechnende
Lösung einer Differentialgleichung vom Riccati-Typ darstellt.
Man kann auch zeigen |12, 73, 83| , daß zwischen dem Kalman'
schen Verfahren der Zustandsschätzung und dem rekursiven Regressionsverfahren zur Parameterschätzung enge Beziehungen bestehen. Eine genauere Darstellung dieser Zusammenhänge überschreitet allerdings den Rahmen einer einführenden Vorlesung.

Schrifttum

A. Lehrbücher

1. A.N. Kolmogoroff — Interpolation und Extrapolation stationärer regelloser Zahlenfolgen, Akad. d.Wiss., USSR, 1941

2. N. Wiener — Extrapolation, interpolation and smoothing of stationary time series, J. Wiley, 1949

3. H.M. James, N.B. Nichols, R.S. Phillips — Theory of Servomechanismus, Mc Graw-Hill, 1947

4. W.W. Solodownikow — Einführung in die statistische Dynamik linearer Regelungssysteme (deutsche Ausgabe), VEB Verlag Technik - Oldenbourg, 1963 (Russ. Ausgabe 1952)

5. H. Schlitt — Systemtheorie für regellose Vorgänge, J. Springer, 1960

6. H. Schlitt — Stochastische Vorgänge in linearen und nichtlinearen Regelkreisen, Vieweg, 1968

7. A. Papoulis — Probability, random variables and stochastic processes, Mc Graw-Hill, 1965

8. van der Grinten — Stochastische Prozesse in der Meß- und Regelungstechnik, Oldenbourg, 1965

9. G. Wunsch — Systemanalyse, Band II, Hüthig, 1970

10. F.H. Lange — Korrelationselektronik, VEB Verlag Technik, 1962

11. R. Ludwig — Methoden der Fehler- und Ausgleichsrechnung, Vieweg, 1969

12. R.C.K. Lee — Optimal estimation, identification and control, MIT Monograph 28, 1964

13. R.Deutsch   Estimation Theory
                                Prentice Hall, 1965

14. K.J. Åström   Introduction to stochastic
                                control theory, Academic Press,
                                1970

15. F.A. Fischer   Einführung in die statistische
                                Übertragungstheorie,
                                BI, Mannheim

16. G.C. Newton,L.A.Gould,   Analytical design of linear
    J.K. Kaiser   feedback controls, J. Wiley,
                                1957

17. W.B. Davenport,   An introduction to the theory of
    W.L. Root   random signals and noise
                                Mc Graw-Hill, 1958

18. G.E.P. Box,   Time series analysis, fore-
    G.H. Jenkins   casting and control,
                                Holden Day, 1970

B. Ergänzende Bücher

19. IFAC-Symposium   The theory of self-adaptive
                                Control Systems, Teddington,
                                1965, Plenum Press NY, 1966

20. IFAC-Symposium   Identification in automatic
                                control systems, Academia,
                                Prag, 1967

21. IFAC-Symposium   Identification and process
                                parameter estimation,
                                Academia, Prag, 1970

22. W. Leonhard   Wechselströme und Netzwerke,
                                Vieweg, 1968

23. W. Leonhard   Einführung in die Regelungs-
                                technik, lineare Regelvorgänge,
                                Vieweg, 1969

24. W. Leonhard   Einführung in die Regelungs-
                                technik, nichtlineare Regel-
                                vorgänge, Vieweg, 1970

25. W. Leonhard   Diskrete Regelsysteme,
                                BI, Mannheim, 1972

26. J.G. Truxal   Entwurf automatischer Regelungssysteme, Oldenbourg, 1960

27. H. Schlitt (Hrsgb.)   Anwendung statistischer Verfahren in der Regelungstechnik Beihefte zur 'Regelungstechnik', Oldenbourg, 1962

28. R. Isermann   Experimentelle Analyse der Dynamik von Regelsystemen, BI, Mannheim, 1971, 1972

29. W.Weber   Adaptive Regelungssysteme, Oldenbourg, 1971

30. W.W. Peterson   Prüfbare und korrigierbare Codes, Oldenbourg, 1967

31. B. van der Pol, H. Bremmer   Operational calculus, based on the two-sided Laplace transform, Cambridge University Press, 1964

32. R. Zurmühl   Praktische Mathematik, J. Springer, 1963

33. R. Zurmühl   Matrizen und ihre technischen Anwendungen, J. Springer, 1964

34. R.W. Hamming   Numerical methods for scientists and engineers, Mc Graw-Hill, 1962

35. J. Kowalik, M.R. Osborne   Methods for unconstrained optimization problems, Elsevier, 1968

36. M. Abramowitz, I.A. Stegun   Handbook of mathematical functions, Dover publications, 1965

37. I.S. Morossanow   Relais-Extremwertregelungssysteme, VEB-Verlag Technik, 1967

38. F.M. Fisher   The identification problem in econometrics, Mc Graw-Hill, 1966

39. J. Johnson   Econometric methods, Mc Graw-Hill, 1963

C. Einzelprobleme

40. P.A.N. Briggs,
    P.H. Hammond, M.T.G.Hughes

    Correlation analysis of process dynamics using pseudo-random binary test disturbances, Proc. Inst. Mech. Eng., 1964

41. C.S. Draper, Y.T. Li

    Principles of optimalizing control systems and an application to the internal combustion engine, ASME Publ., 1951

42. R. Hooke, R.I. van Nice

    Optimalizing control by automatic experimentation, ISA Journal, 1959, S. 78

43. A.J. Kisiel,
    D.W.T. Rippin

    Adaptive optimisation of a water-gas shift reactor IFAC-Symposium, Teddington, 1965

44. M. Zechnall

    Extremwertregelung am Beispiel der Gemischbildung einer Verbrennungskraftmaschine, Diss. TU Braunschweig, 1973

45. P. Schernus

    Generator zur Erzeugung binärer statistischer Signale, Diplomarbeit TU Braunschweig, 1966

46. J. Poschadel

    Rechnergesteuerte Korrelationsanalyse, Diplomarbeit TU Braunschweig, 1969

47. J. Schulze

    Korrelationsanalyse am pneumatischen Regelmodell, Diplomarbeit TU Braunschweig, 1969

48. H. Langemack

    Einsatz eines Prozeßrechners zur Schätzung von Streckenparametern mit Hilfe der Korrelationsanalyse, Diss. TU Braunschweig, 1973

49. C.E. Shannon

    A mathematical theory of communication, Bell Syst. Techn. Journal, 1948, S. 623

50. J.W. Cooley, J.W. Tukey   Algorithm for the machine
                              calculation of complex Fourier
                              series, Mathematics of compu-
                              tation, 1965, S. 297

51. W. Bode, C.E. Shannon   A simplified derivation of
                              linear least squares smoothing
                              and prediction theory,
                              Proc. IRE, 1950, S. 423

52. H. Hofmeister   Die optimale Einstellung von
                              Reglerparametern mit quadrati-
                              schem Gütefunktional, Studien-
                              arbeit TU Braunschweig, 1971

53. L. Horn   Eine Maschine zur Auflösung
                              linearer Gleichungssysteme,
                              Diss. TH STuttgart, 1954

54. W. Weber   Ein systematisches Verfahren
                              zum Entwurf linearer und adap-
                              tiver Regelsysteme,
                              ETZ 1967, S. 130

55. D. Ströle   Adaptivsysteme der elektri-
                              schen Antriebstechnik,
                              ETZ 1967, S. 182

56. W. Speth   Selbstanpassende Regelsysteme
                              in der Antriebstechnik, Diss.
                              TU Braunschweig, 1971

57. J. Marsik   Quick response adaptive
                              identification, IFAC-Symposi-
                              um, Prag, 1967

58. P.C. Parks   Stability problems of model
                              reference and identification
                              systems, IFAC-Symposium,
                              Prag, 1967

59. W. Schüßler   Über den Entwurf optimaler
                              Suchfilter, NTZ 1964, S. 605

60. W. Leonhard   Angepaßte diskrete Filter mit
                              Binärsignalen, Messen, Steu-
                              ern, Regeln, 1972, S. 212

61. K.J. Åström,   System identification,
    P. Eykhoff   a survey IFAC-Symposium,
                              Prag, 1970

62. D.W. Clarke

Generalised least squares
estimation of the parameters
of a dynamic model
IFAC-Symposium, Prag, 1967

63. R. Hastings-James,
    M.W. Sage

Recursive generalised least
squares procedure for on line
identification of process
parameters,
Proceedings IEEE, 1969, S.2057

64. H. Hofmeister

Ermittlung der Kenngrößen
einer linearen diskreten Übertragungsstrecke durch Modellanpassung nach iterativen Ex-
tremwert-Suchverfahren,
Diplomarbeit TU Braunschweig,
1971

65. J. Nahrstaedt

Untersuchung eines rekursiven
Verfahrens nach der verallgemeinerten Methode der kleinsten
Fehlerquadrate zur Bestimmung
von System-Parametern,
Diplomarbeit TU Braunschweig,
1970

66. G. Gröber

Untersuchung numerischer Verfahren zur Lösung überbestimm-
ter Gleichungssysteme und ihre
Anwendung zur Parameterschätzung bei linearen Abtastsyste-
men, Diplomarbeit TU Braunschweig, 1971

67. V. Knigge

Untersuchung des verallgemeinerten Regressionsverfahrens
zur Identifizierung von linearen Regelstrecken in Anwesenheit von korrelierten Störungen, Diplomarbeit TU Braunschweig, 1972

68. H. Schulze

Anwendung von Schätzverfahren
für die Kenngrößen von Regelstrecken aufgrund von Messungen am geschlossenen Regelkreis
Regelungstechnik, 1971, S. 113
Auszug aus Diss. TU Braunschwg.

69. M.B. Priestley — Estimation of transfer functions in closed loop stochastic
systems, Automatica, Vol. 5,
pp. 623 - 632, 1969

70. D.P. Turtle,
    P.H. Phillipson — Simultaneous identification
and control,
Automatica, 1971, S. 445

71. W. Spietschka — Verfahren zur rekursiven Berechnung der quadratischen Regel-
fläche bei diskontinuierlichen
Systemen. Messen, Steuern,
Regeln, 1969, S. 250

72. K.J. Åström, T. Bohlin — Numerical identification of
linear dynamic systems from
normal operating records,
IFAC Symposium, Teddington,1965

73. P.C. Young — Process parameter estimation
and self adaptive control,
IFAC Symposium Teddington, 1965

74. I. Gustavsson — Comparison of different methods
for identification of industri-
al processes, Automatica, 1972,
S. 127

75. P.C. Young — Lectures on parameter estimation, Proceed. Theory and
practice of systems modeling
and identification,
ENSAE, Toulouse, 1972

76. W. Leonhard — Some results with identification procedures using linear
discrete models, Proceed.Theory
and practice of systems modeling
and identification,
ENSAE, Toulouse, 1972

77. I.D. Landau — Model reference adaptive
systems - a survey,
Journ. of dynamic systems,
measurement and control, 1972,
S. 119

78. R.E. Kalman — On the general theory of control
systems, IFAC Kongress Moskau,
1960, Butterworth, 1961

79. R.E. Kalman

A new approach to linear
filtering and prediction
problems, J. Basic Engg., 1960,
S. 35

80. D.G. Luenberger

Observing the state of a linear
system, IEEE Trans.mil.electr.,
1964, S. 74

81. D.G. Luenberger

Observers for multivariable
systems, IEEE Trans.automatic
control, 1966, S. 190

82. W. Dankmeier

Ein rekursives Parameterschätz-
verfahren und das Kalman-Fil-
ter, Diplomarbeit TU Braunschweig, 1971

83. K.J. Åström

Lectures on the identification
problem - the least squares
method, Lund Inst. of Techno-
logy, Report 6806, 1968

84. I.H. Rowe, I.M. Kerr

A broad-spectrum pseudorandom
Gaussian noise generator,
IEEE-Trans. automatic control,
1970, S. 529

85. H. Böger

Anwendung des Regressionsverfahrens zur Echtzeit-Parameter-
schätzung bei kontinuierlichen
Übertragungsstrecken, Diplomarbeit TU Braunschweig, 1972

86. H. Röhe

Anwendung iterativer Extrem-
wertsuchverfahren zur Berechnung optimaler Steuerfunktio-
nen an ausgewählten Beispielen
der Regelungstechnik, Diss.
TU Braunschweig, 1973

87. H. Straub

Anwendung der schnellen Fourier-Transformation, Diplomarbeit TU Braunschweig, 1972

D. Neue Lehrbücher

88. A.P. Sage, J.L. Melsa

Estimation theory with appli-
cations to communications and
control, Mc Graw-Hill, 1971

89. D. Graupe

Identification of systems,
van Nostrand, 1972

Sachwortverzeichnis

Aus der Reihe Teubner Studienbücher

G.Lautz, <u>Elektromagnetische Felder</u>
Ein einführendes Lehrbuch

180 Seiten mit 104 Bildern. Kart.DM 15,80

Aus dem Inhalt: Feldtheorie in ruhender Materie:
Allgemeine Grundlagen . Elektrostatische Felder .
Magnetostatische Felder . Stationäre Felder .
Quasistationäre Felder . Schnellveränderliche
Felder / Zur Maxwellschen Theorie in bewegter Materie:
Die Kraft des elektromagnetischen Feldes auf bewegte
Ladungen . Das Induktionsgesetz für bewegte Körper

Teubner Studienskripten Elektrotechnik

Ebel, Regelungstechnik
160 Seiten. Kart.DM 7,80

Frohne, Einführung in die Elektrotechnik

Band 1 Grundlagen und Netzwerke
       127 Seiten. Kart.DM 4,80

Band 2 Elektrische und magnetische Felder
       229 Seiten. Kart.DM 8,80

Band 3 Wechselstrom 197 Seiten. Kart.DM 6,80

Haack, Einführung in die Digitaltechnik
160 Seiten. Kart.DM 6,80

Harth, Halbleitertechnologie
135 Seiten. Kart.DM 5,80

Hilbert, Halbleiterbauelemente
158 Seiten. Kart.DM 6,80

v.Münch, Werkstoffe der Elektrotechnik
179 Seiten. Kart.DM 6,80

Preisänderungen vorbehalten

Teubner Studienskripten Elektrotechnik (Fortsetzung)

Neumann, Steuerungslehre
Ein Unterweisungsprogramm

Band 1 Schaltalgebra. Boolesche Systeme
        114 Seiten. Kart.DM 8,80 (Lernprogramme)
Band 2 Speicher. Optimierung
        150 Seiten. Kart.DM 9,80 (Lernprogramme)
Band 3 Code und Bausteingruppen
        120 Seiten. Kart.DM 8,80 (Lernprogramme)

Oberg, Berechnung nichtlinearer Schaltungen
für die Nachrichtenübertragung
168 Seiten. Kart.DM 7,80

Pregla/Schlosser, Passive Netzwerke
Analyse und Synthese
198 Seiten. Kart.DM 7,80

Schaller/Nüchel, Nachrichtenverarbeitung
Band 1: Digitale Schaltkreise
        161 Seiten. Kart.DM 6,80

Unger, Hochfrequenztechnik in Funk und Radar
223 Seiten. Kart.DM 8,80

Vaske, Übertragungsverhalten elektrischer Netzwerke
Frequenzgang und Übertragungsfunktion
158 Seiten. Kart.DM 5,80

Vaske, Berechnung von Gleichstromschaltungen
117 Seiten. Kart.DM 5,80

Preisänderungen vorbehalten

Teubner Studienbücher

Jaeger/Wenke: **Lineare Wirtschaftsalgebra**
Band 1 XVI, 174 Seiten. DM 16,–
Band 2 IV, 160 Seiten. DM 16,–

Kandzia/Langmaack: **Informatik: Programmierung**
232 Seiten. DM 18,80

Kochendörffer: **Determinanten und Matrizen**
VI, 148 Seiten. DM 12,80
Vertrieb nur in der BRD und West-Berlin

Lautz: **Elektromagnetische Felder**
Ein einführendes Lehrbuch. 180 Seiten. DM 15,80

Leonhard: **Statistische Analyse linearer Regelsysteme**
268 Seiten. DM 18,80

Magnus: **Schwingungen**
Eine Einführung in die theoretische Behandlung von
Schwingungsproblemen. 2. Auflage. 251 Seiten. DM 18,80

Mayer-Kuckuk: **Physik der Atomkerne**
Eine Einführung. 288 Seiten. DM 19,80

Stiefel: **Einführung in die numerische Mathematik**
Eine Darstellung unter Betonung des algorithmischen
Standpunktes. 257 Seiten. DM 18,80

Stummel/Hainer: **Praktische Mathematik**
300 Seiten. DM 26,80

Walcher: **Praktikum der Physik**
2. Auflage. 366 Seiten. DM 22,–

Wirth: **Systematisches Programmieren**
Eine Einführung. 160 Seiten. DM 14,80